技能大赛实战丛书

智能家居安装与维护

Installation and Maintenance of Smart Home Appliances

郭曙光　乔艳梅　编著

段　欣　主审

電子工業出版社

Publishing House of Electronics Industry

北京 • BEIJING

内 容 简 介

“智能家居安装与维护”是一门集设备配置、安装、调试与网关开发和移动开发于一体的特色课程。本书以物联网通信和控制技术为行业背景，以智能家居安装与维护技能大赛操作平台为载体，重在培养学生理解分析基于物联网技术的智能家居系统实现的能力，包括对智能家居系统网络组建、智能家居设备配置、信息的采集和处理等应用技能的掌握水平和职业能力。同时兼顾考查参赛学生的学习质量、效率、成本和规范意识。

本书根据职业岗位实际工作任务需要的知识、能力和素质要求，设计了智能家居设备安装调试及应用配置、智能家居网关程序开发、智能家居移动终端软件开发这 3 个项目，以完成任务为线索，按照企业标准，在做中学，在学中做，调动学生学习的主动性和积极性，以自主地完成各环节的工作和学习任务。

本书主要适合中职、高职物联网技术类及智能楼宇类专业，如楼宇智能化安装与调试、物联网应用技术、计算机应用、计算机网络技术、电子与信息技术、电子技术应用等专业的教师和学生使用。

图书在版编目（CIP）数据

智能家居安装与维护 / 郭曙光，乔艳梅编著. —北京：电子工业出版社，2019.5
ISBN 978-7-121-35164-8

Ⅰ. ①智…　Ⅱ. ①郭…　②乔…　Ⅲ. ①住宅—智能化建筑—建筑安装—职业教育—教材　Ⅳ. ①TU241

中国版本图书馆 CIP 数据核字（2018）第 228203 号

策划编辑：关雅莉
责任编辑：杨　波　　特约编辑：李云霞
印　　刷：北京虎彩文化传播有限公司
装　　订：北京虎彩文化传播有限公司
出版发行：电子工业出版社
　　　　　北京市海淀区万寿路 173 信箱　邮编 100036
开　　本：787×1 092　1/16　印张：16.25　字数：416 千字
版　　次：2019 年 5 月第 1 版
印　　次：2024 年 7 月第 7 次印刷
定　　价：49.80 元

凡所购买电子工业出版社图书有缺损问题，请向购买书店调换。若书店售缺，请与本社发行部联系，联系及邮购电话：（010）88254888，88258888。

质量投诉请发邮件至 zlts@phei.com.cn，盗版侵权举报请发邮件至 dbqq@phei.com.cn。

本书咨询联系方式：（010）88254589，yangbo@phei.com.cn。

前 言

“智能家居安装与维护”是由全国职业院校大赛组委会设立的一个团队竞赛项目，每个参赛代表队由 3 名选手参加，竞赛主要考核团队的工作能力、项目组织与时间管理能力、理解分析智能家居系统设计的能力、智能家居布线能力、智能家居设备配置与调试能力、智能家居系统安全配置和防护能力、信息采集和处理能力、智能家居技术的应用实施能力、制作工程文档的能力等。

竞赛分为 4 个部分：智能家居设备安装调试及应用配置、智能家居网关应用配置、智能家居移动终端软件应用配置、团队风貌及职业素养。分别占总成绩的 45%、30%、20%和 5%。

学习本书您将获得以下知识和技能：在智能家居设备安装调试及应用配置部分，设置布线路径，安装控制节点板，安装燃气探测器、CO_2监测器、PM2.5 监测器、报警灯，安装温湿度监测器、照度监测器、烟雾探测器、气压监测器、人体红外监测器，安装 LED 射灯、电动窗帘、换气扇，安装电视、空调、DVD 等器件，安装门禁系统，配置服务器、网络和测试连通性。在智能家居网关应用配置部分，实现多界面切换，数据库的增删改查，实现数据采集和执行器件控制，实现执行器件状态与图标的一致性，实现执行器件的条件设置，实现两个关联执行器件的控制，实现与服务器端的交互，最终实现镜像烧写和移植。在智能家居移动终端软件应用配置部分，实现与服务器通信软件配置，实现应用的界面设计，实现信息采集和执行器件控制，实现指定的功能，实现执行器件的条件设置，实现两个关联执行器件的控制，掌握 ViewPager 的使用。

竞赛成绩满分为 100 分，采取结果性评分和过程性评分相结合、累计总分的计分方式评定成绩。其中，团队风貌及职业素养采用过程性评分，其他部分采用结果性评分。团队风貌及职业素养主要考核学生以下几方面：在安装射灯时是否有人协助、在安装电动窗帘时是否有人协助、在使用扶梯时是否有人保护、竞赛完成后工具是否摆放整齐、竞赛完成后垃圾是否清理干净。

本书由郭曙光、乔艳梅编著，段欣主审。在教材的编写过程中，得到了上海企想信息技术有限公司的大力帮助，在此表示感谢。

由于作者水平有限，书中难免有疏漏之处，恳请读者批评指正。

编　者

目 录

01 第 1 章　家居设备安装调试及应用配置

1.1　智能网关配置工具

智能网关配置工具是智能家居设备配置和服务器网络配置的重要工具，可用来实现以下功能：进行节点板和继电器配置以确保正确组网；进行设备调试，获取各节点板的信息及对设备（换气扇、电动窗帘、红外设备、RFID 门禁设备）进行控制；可以进行服务器网络配置，使移动端软件通过由网关镜像等组建的服务器网络进行样板间传感器信息的采集和设备的控制。

1.1.1　配置概述

智能网关配置工具是节点板配置和服务器网络配置的重要工具之一。接下来分别对智能网关配置工具的位置和可配置的参数进行讲解。

智能家居应用配置软件是智能网关配置工具中的可执行程序，如图 1-1 所示，双击【智能家居应用配置软件.exe】即可运行此程序。文件所在位置：智能家居安装与维护资源\开发环境\样板间\手动搭建\智能网关配置工具\智能家居应用配置软件.exe。若不能正常打开，请先安装.net 环境，见智能家居安装与维护资源\开发环境\样板间\运行环境 DotNETFramework。

图 1-1　智能网关配置工具

智能网关配置工具可以配置各个节点板的网络参数，包括智能网关、环境监测器、继电器、RFID 门禁的 PanID 和通道，确保各节点与协调器处于同一 ZigBee 网络，正确组网。同时可以配置各节点板的系统参数，确保板类型、传感器类型、系统参数正确，以便正确实现控制。

智能网关配置工具还可用来设置 IP，是服务器安装与配置的关键一环，具体内容参见“1.5.9 网关 IP 和 MAC 地址配置”。

1.1.2 网络和系统参数

在安装节点板前要进行节点板配置的操作，以确保各个节点板的正常使用。各个节点板的网络参数必须与协调器的网络参数保持一致，这是 ZigBee 组网的关键。各个节点板的系统参数根据节点板功能的不同而不同。

各节点的配置参数见表 1-1。假设拿到的协调器 PanID 为 1A4C，通道为 0B。注意所有节点板的传感器类型除具有表 1-1 列出的传感器类型外，还需要在配置的同时勾选“电池 电压”这一选项。

表 1-1 节点配置参数

序号	设 备	网络参数		系统参数		
		PanID	通道	板号	板类型	传感器类型
1	温湿度监测器	1A4C	0B	4	STH10	板载温湿度
2	照度监测器	1A4C	0B	5	数字照度	板载光照度
3	烟雾探测器	1A4C	0B	6	烟雾 MQ-2	MQ2 或 CO_2
4	燃气探测器	1A4C	0B	7	燃气 MQ5	MQ5 -燃气
5	CO_2 监测器	1A4C	0B	13	CO_2	MQ2 或 CO_2
6	PM2.5 监测器	1A4C	0B	8	PM25	PM25
7	气压监测器	1A4C	0B	3	气象压力	气象 压力
8	人体红外监测器	1A4C	0B	2	人体红外	人体 红外
9	LED 射灯继电器	1A4C	0B	11	四路继电器	4 路继电器
10	电动窗帘继电器	1A4C	0B	10	四路继电器	电动 窗帘
11	红外转发器	1A4C	0B	1	红外转发	红外 遥控
12	换气扇继电器	1A4C	0B	12	四路继电器	4 路继电器
13	报警灯继电器	1A4C	0B	9	四路继电器	4 路继电器
14	RFID 门禁	1A4C	0B	14	RFID	RFID
15	智能网关	1A4C	0B	无	无	无

1.2　节点板配置

在节点板配置前要先读取协调器的PanID和通道，所有节点包括智能网关、环境监测器、继电器、RFID 门禁和红外转发器的 PanID 与通道必须与协调器保持一致，这样才能保证正确组网及正常的数据通信。

1.2.1　设备连接

为了进行节点板配置，需要依次将节点板包括温湿度监测器、照度监测器、烟雾探测器、燃气探测器、CO_2监测器、PM2.5 监测器、气压监测器、人体红外监测器、LED 射灯继电器、电动窗帘继电器、红外转发器、换气扇继电器、报警灯继电器和 RFID 门禁，通过 USB 转串口线与计算机进行连接。在与计算机连接完毕后，方可使用智能网关配置工具开始节点板配置。

将 USB 转串口线的一端连接计算机，另外一端连接设备。协调器与计算机的连接如图 1-2（a）所示，RFID 门禁与计算机的连接如图 1-2（b）所示。

（a）协调器与计算机的连接

（b）RFID 门禁与计算机的连接

图 1-2　设备连接图

1.2.2　驱动程序安装

如果是首次使用 USB 转串口线连接计算机，则应先安装相应的驱动程序，否则计算机将无法识别这个硬件设备，从而无法进行节点板配置。驱动程序安装的具体操作步骤如下。

（1）先把 USB 转串口线插到计算机上，在桌面上右击【计算机】图标，在弹出的快捷菜单中选择【管理】命令，打开【计算机管理】窗口，选择【设备管理器】选项，窗口右侧显示内容如图 1-3 所示，其中带有黄色警示号的设备就是 USB 转串口线设备。

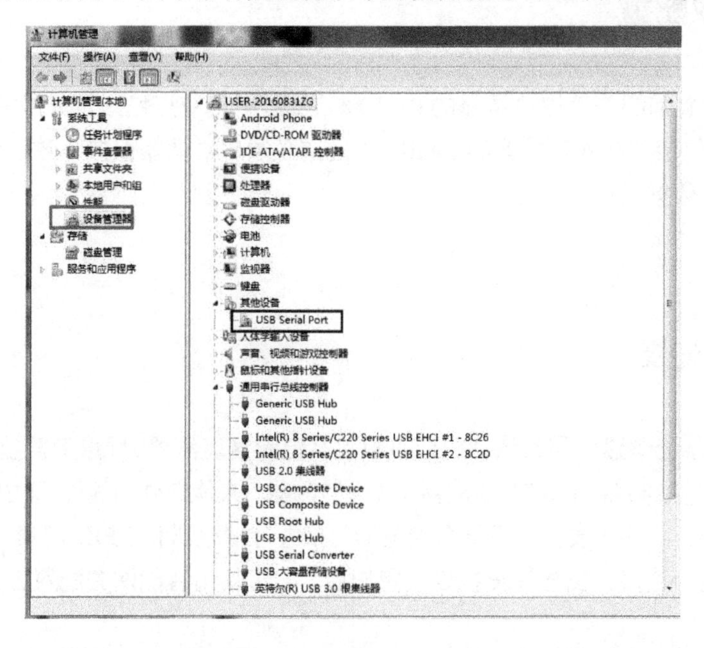

图 1-3　设备管理器找到未安装驱动的 USB 转串口线设备

（2）在带有黄色警示号的设备上单击右键，在弹出的快捷菜单中单击【更新驱动程序软件】命令，如图 1-4 所示。

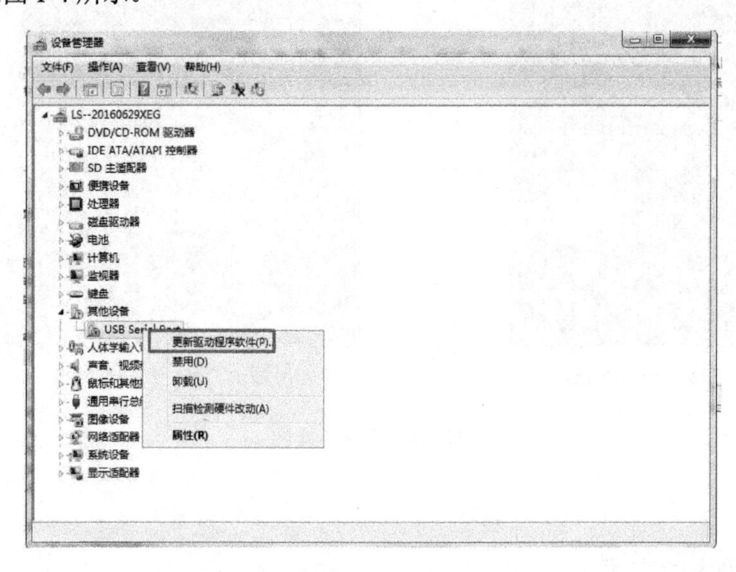

图 1-4　【更新驱动程序软件】命令

（3）在图 1-5 所示的窗口中选择【浏览计算机以查找驱动程序软件】选项。

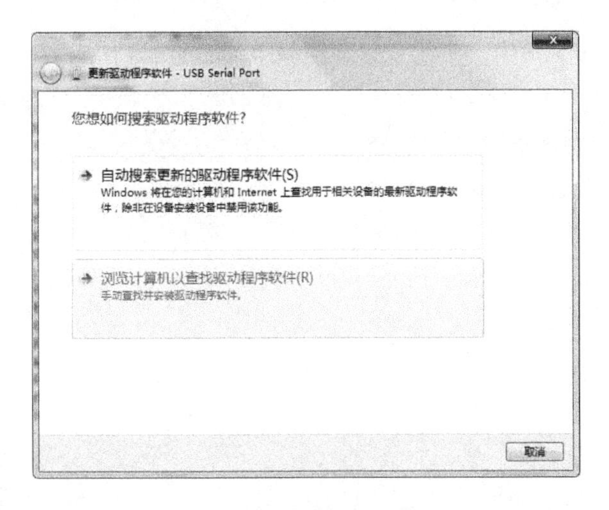

图 1-5　【浏览计算机以查找驱动程序软件】选项

（4）在计算机中找到驱动程序软件存放的位置，如图 1-6 所示（文件位置：智能家居安装与维护资源\驱动\协调器 USB 线驱动）。选中【协调器 USB 线驱动】程序文件夹，单击【确定】按钮，进入图 1-7 所示的界面。

图 1-6　找到【协调器 USB 线驱动】程序文件

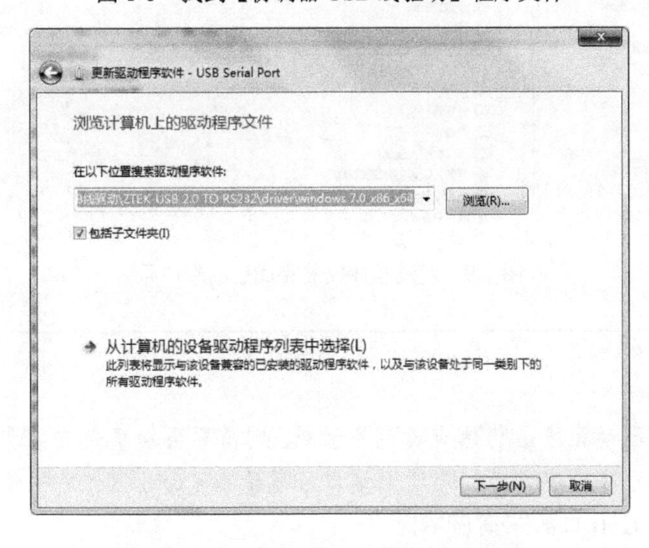

图 1-7　找到计算机上的驱动程序软件

（5）单击【下一步】按钮，开始安装驱动程序，如图 1-8 所示。

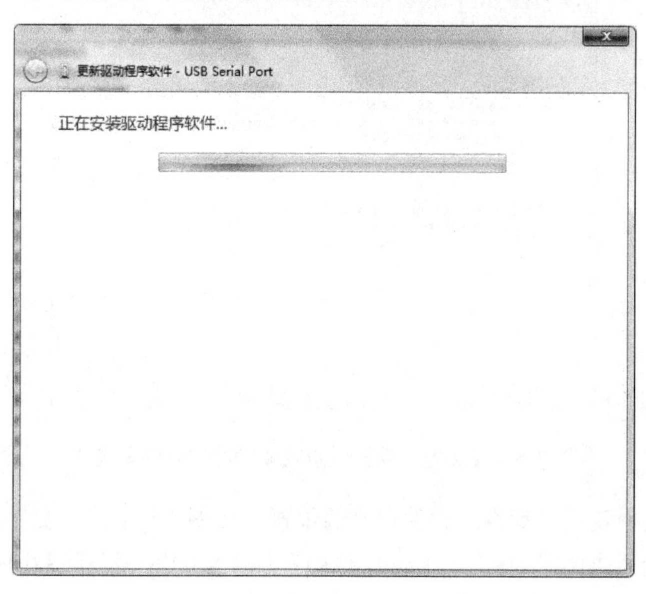

图 1-8　安装驱动程序

（6）安装完成后会显示端口号，如图 1-9 所示。

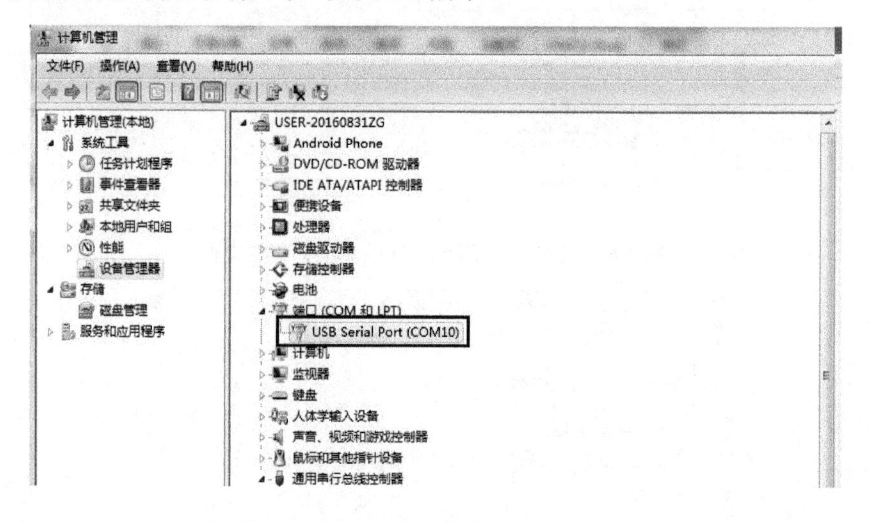

图 1-9　驱动程序安装完成后的端口号

【技术点评】

若首次安装驱动程序后仍然有黄色警示号，则需要再次重复安装驱动程序的步骤。在完成驱动程序的安装后，会看到端口号显示为 COM X，X 的值会因计算机的不同或选择的 USB 口的不同而不同。

1.2.3 环境监测器配置

需要配置的环境监测器有气压监测器、温湿度监测器、照度监测器、燃气探测器、烟雾探测器、人体红外监测器、CO_2 监测器和 PM2.5 监测器。在配置以上各种监测器时，均需要提前完成两个步骤：一是配置网络参数，二是配置系统参数。只有参数配置正确的节点板方能与协调器进行组网，并将数据上传到协调器。

配置开始时先要打开端口。用 USB 转串口线将监测器连接至计算机，以管理员身份运行智能家居应用配置软件，选择正确的端口并单击【打开】按钮后，如图 1-10 所示。

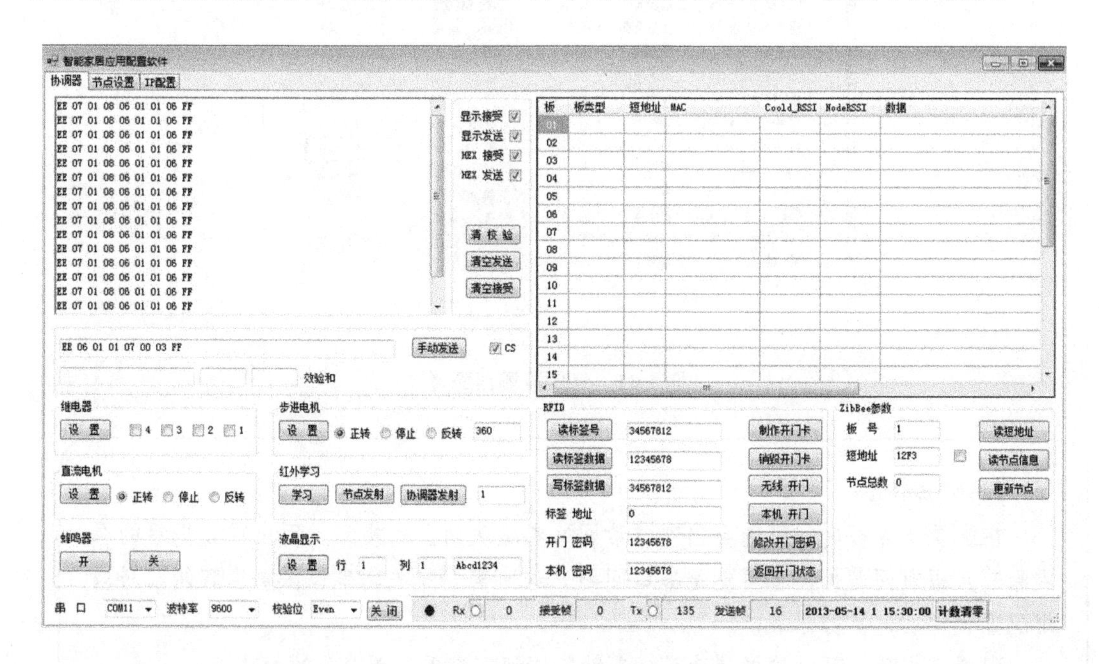

图 1-10 打开端口

1. 气压监测器配置

配置气压监测器的具体操作步骤如下。

（1）写网络参数。如图 1-11 所示，切换至【节点设置】界面，单击【读网络参数】按钮，设置【PanID】为“1A4C”，【通道】设置为“0B”，再单击【写网络参数】按钮，出现【写网络参数成功】提示对话框，单击【确定】按钮，即可完成写网络参数的操作。

（2）写系统参数。如图 1-11 所示，【板类型】选择【气象压力 -19】选项，【板号】设置为“03”，【传感器类型】选择【气象　压力】选项与【电池　电压】选项，最后单击【写系统参数】按钮，出现【写系统参数成功】提示对话框，单击【确定】按钮，即可完成写系统参数的操作。

图 1-11　气压监测器配置

【技术点评】

在配置节点板时，可能会出现【读网络参数失败】的提示，而出现此提示的原因除节点板有问题外，也可能是串口问题。这时需要先关闭串口，重启智能家居应用配置软件后，再打开串口。

配置完成后，可以单击【读网络参数】按钮，查看配置是否成功。

2．温湿度监测器配置

配置温湿度监测器的具体操作步骤如下。

（1）写网络参数。如图 1-12 所示，切换至【节点设置】界面，单击【读网络参数】按钮，设置【PanID】为“1A4C”，【通道】设置为“0B”，再单击【写网络参数】按钮，出现【写网络参数成功】提示对话框，单击【确定】按钮，即可完成写网络参数的操作。

（2）写系统参数。如图 1-12 所示，【板类型】选择【STH10 -02】选项，【板号】设置为“04”，【传感器类型】选择【板载温湿度】选项与【电池　电压】选项，最后单击【写系统参数】按钮，出现【写系统参数成功】提示对话框，单击【确定】按钮，即可完成写系统参数的操作。

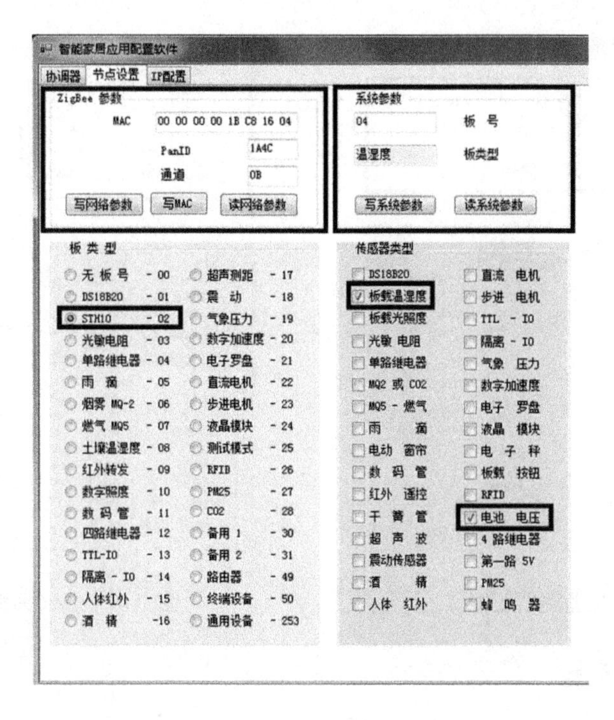

图 1-12　温湿度监测器配置

3．照度监测器配置

配置照度监测器的具体操作步骤如下。

（1）写网络参数。如图 1-13 所示，切换至【节点设置】界面，单击【读网络参数】按钮，设置【PanID】为“1A4C”，【通道】设置为“0B”，再单击【写网络参数】按钮，出现【写网络参数成功】提示对话框，单击【确定】按钮，即可完成写网络参数的操作。

（2）写系统参数。如图 1-13 所示，【板类型】选择【数字照度 -10】选项，【板号】设置为“05”，【传感器类型】选择【板载光照度】选项与【电池　电压】选项，最后单击【写系统参数】按钮，出现【写系统参数成功】提示对话框，单击【确定】按钮，即可完成写系统参数的操作。

4．燃气探测器配置

配置燃气探测器的具体操作步骤如下。

（1）写网络参数。如图 1-14 所示，切换至【节点设置】界面，单击【读网络参数】按钮，设置【PanID】为“1A4C”，【通道】设置为“0B”，再单击【写网络参数】按钮，出现【写网络参数成功】提示对话框，单击【确定】按钮，即可完成写网络参数的操作。

（2）写系统参数。如图 1-14 所示，【板类型】选择【燃气 MQ5-07】选项，【板号】设置为“07”，【传感器】类型选择【MQ5 -燃气】选项与【电池　电压】选项，最后单击【写系统参数】按钮，出现【写系统参数成功】提示对话框，单击【确定】按钮，即可完成写系统参数的操作。

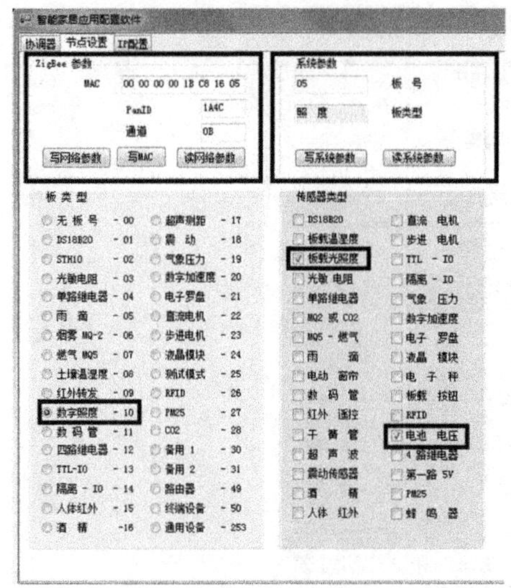

图 1-13 照度监测器配置

图 1-14 燃气探测器配置

5. 烟雾探测器配置

配置烟雾探测器的具体操作步骤如下。

（1）写网络参数。如图 1-15 所示，切换至【节点设置】界面，单击【读网络参数】按钮，设置【PanID】为“1A4C”，【通道】设置为“0B”，再单击【写网络参数】按钮，出现【写网络参数成功】提示对话框，单击【确定】按钮，即可完成写网络参数的操作。

（2）写系统参数。如图 1-15 所示，【板类型】选择【烟雾 MQ-2 -06】选项，【板号】设置为“06”，【传感器类型】选择【MQ2 或 CO_2】选项与【电池　电压】选项，最后单击【写系统参数】按钮，出现【写系统参数成功】提示对话框，单击【确定】按钮，即可完成写系统参数的操作。

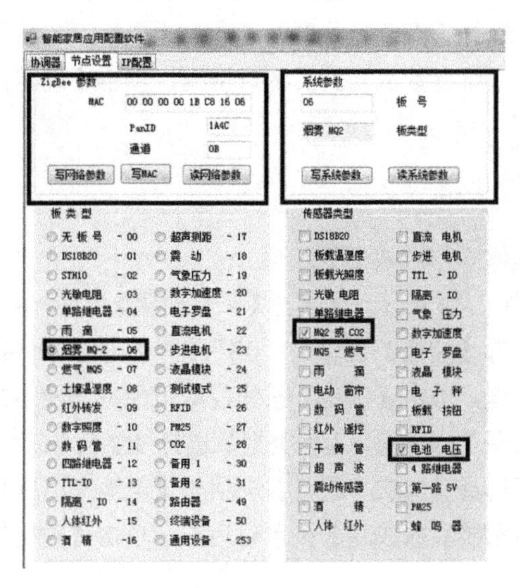

图 1-15 烟雾探测器配置

6. 人体红外监测器配置

配置人体红外监测器的具体操作步骤如下。

（1）写网络参数。如图 1-16 所示，切换至【节点设置】界面，单击【读网络参数】按钮，设置【PanID】为“1A4C”，【通道】设置为“0B”，再单击【写网络参数】按钮，出现【写网络参数成功】提示对话框，单击【确定】按钮，即可完成写网络参数的操作。

（2）写系统参数。如图 1-16 所示，【板类型】选择【人体红外 -15】选项，【板号】设置为“02”，【传感器类型】选择【人体　红外】选项与【电池　电压】选项，最后单击【写系统参数】按钮，出现【写系统参数成功】提示对话框，单击【确定】按钮，即可完成写系统参数的操作。

7. CO_2 监测器配置

配置 CO_2 监测器的具体操作步骤如下。

（1）写网络参数。如图 1-17 所示，切换至【节点设置】界面，单击【读网络参数】按钮，设置【PanID】为“1A4C”，【通道】设置为“0B”，再单击【写网络参数】按钮，出现【写网络参数成功】提示对话框，单击【确定】按钮，即可完成写网络参数的操作。

（2）写系统参数。如图 1-17 所示，【板类型】选择【CO_2 -28】选项，【板号】设置为“13”，【传感器类型】选择【MQ2 或 CO_2】选项与【电池　电压】选项，最后单击【写系统参数】按钮，出现【写系统参数成功】提示对话框，单击【确定】按钮，即可完成写系统参数的操作。

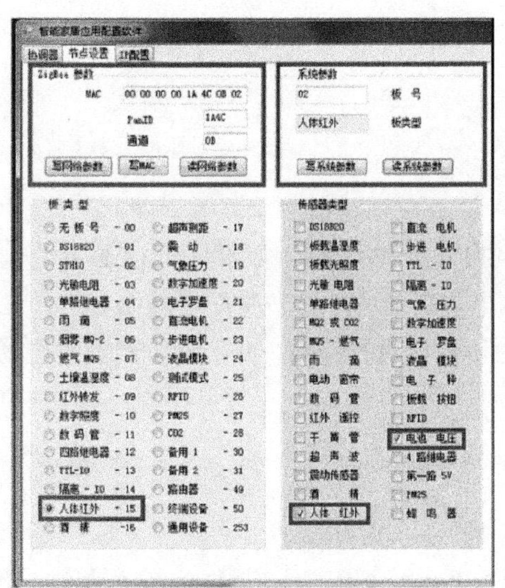

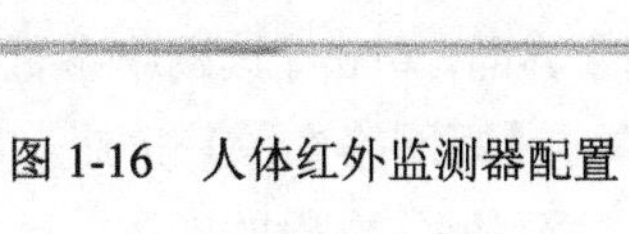

图 1-16　人体红外监测器配置

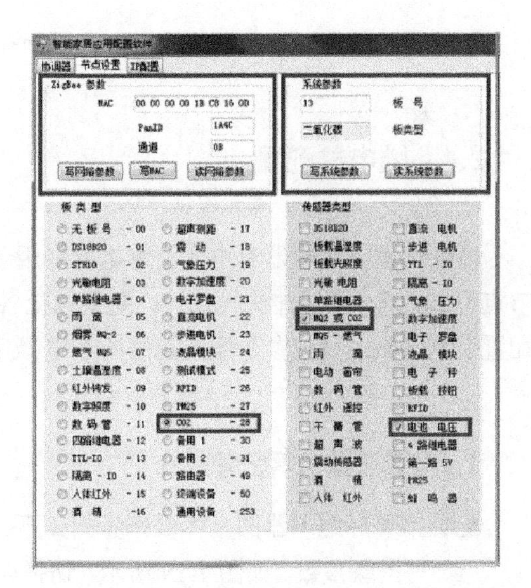

图 1-17　CO_2 探测器配置

8. PM2.5 监测器配置

配置 PM2.5 监测器的具体操作步骤如下。

（1）写网络参数。如图 1-18 所示，切换至【节点设置】界面，单击【读网络参数】按钮，设置【PanID】为“1A4C”，【通道】设置为“0B”，再单击【写网络参数】按钮，出现【写网络参数成功】提示对话框，单击【确定】按钮，即可完成写网络参数的操作。

（2）写系统参数。如图 1-18 所示，【板类型】选择【PM25 -27】选项，【板号】设置为“08”，【传感器类型】选择【电池　电压】选项与【PM25】选项，最后单击【写系统参数】按钮，出现【写系统参数成功】提示对话框，单击【确定】按钮，即可完成写系统参数的操作。

图 1-18　PM2.5 探测器配置

1.2.4　继电器配置

需要配置的继电器有电压型继电器（用于控制换气扇（风扇）、报警灯和 LED 射灯）和节点型继电器（用于控制窗帘）。配置以上各种继电器需要两步：一是配置网络参数，二是配置系统参数。只有参数配置正确的继电器才能与协调器进行组网，并接收协调器的控制命令。

1．报警灯继电器配置

配置报警灯继电器的具体操作步骤如下。

（1）写网络参数。如图 1-19 所示，切换至【节点设置】界面，单击【读网络参数】按钮，设置【PanID】为“1A4C”，【通道】设置为“0B”，再单击【写网络参数】按钮，出现【写网络参数成功】提示对话框，单击【确定】按钮，即可完成写网络参数的操作。

（2）写系统参数。如图 1-19 所示，【板类型】选择【四路继电器 -12】选项，【板号】设置为“09”，【传感器类型】选择【电池　电压】选项与【4 路继电器】选项，最后单击【写系统参数】按钮，出现【写系统参数成功】提示对话框，单击【确定】按钮，即可完成写系统参数的操作。

2. LED 射灯继电器配置

配置 LED 射灯继电器的具体操作步骤如下。

（1）写网络参数。如图 1-20 所示，切换至【节点设置】界面，单击【读网络参数】按钮设置【PanID】为“1A4C”，【通道】设置为“0B”，再单击【写网络参数】按钮，出现【写网络参数成功】提示对话框，单击【确定】按钮，即可完成写网络参数的操作。

（2）写系统参数。如图 1-20 所示，【板类型】选择【四路继电器 -12】选项，【板号】设置为“11”，【传感器类型】选择【电池　电压】选项与【4 路继电器】选项，最后单击【写系统参数】按钮，出现【写系统参数成功】提示对话框，单击【确定】按钮，即可完成写系统参数的操作。

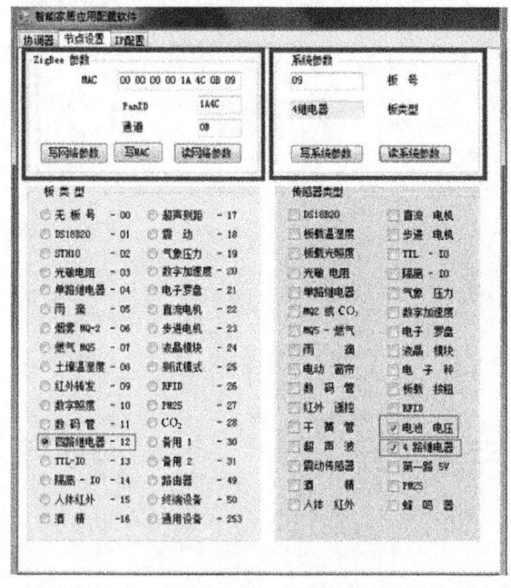

图 1-19　报警灯继电器配置

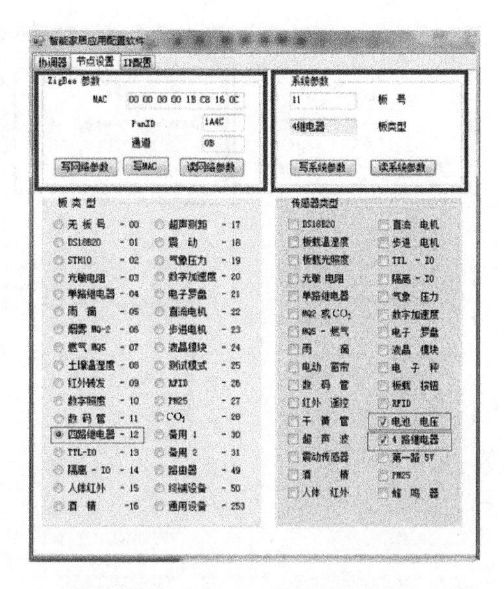

图 1-20　LED 射灯继电器配置

3. 换气扇继电器配置

配置换气扇继电器的具体操作步骤如下。

（1）写网络参数。如图 1-21 所示，切换至【节点设置】界面，单击【读网络参数】按钮，设置【PanID】为“1A4C”，【通道】设置为“0B”，再单击【写网络参数】按钮，出现【写网络参数成功】提示对话框，单击【确定】按钮，即可完成写网络参数的操作。

（2）写系统参数。如图 1-21 所示，【板类型】选择【四路继电器 -12】选项，【板号】设置为“12”，传感器类型选择【电池　电压】选项与【4 路继电器】选项，最后单击【写系统参数】按钮，出现【写系统参数成功】提示对话框，单击【确定】按钮，即可完成写系统参数的操作。

4. 窗帘继电器配置

窗帘继电器的传感器类型不再是【4 路继电器】，而是【电动 窗帘】。配置窗帘继电器的具体操作步骤如下。

（1）写网络参数。如图 1-22 所示，切换至【节点设置】界面，单击【读网络参数】按钮，设置【PanID】为“1A4C”，【通道】设置为“0B”，再单击【写网络参数】按钮，出现【写网络参数成功】提示对话框，单击【确定】按钮，即可完成写网络参数的操作。

（2）写系统参数。如图 1-22 所示，【板类型】选择【四路继电器-12】选项，【板号】设置为“10”，【传感器类型】选择【电动 窗帘】选项与【电池 电压】选项，最后单击【写系统参数】按钮，出现【写系统参数成功】提示对话框，单击【确定】按钮，即可完成写系统参数的操作。

图 1-21 换气扇继电器配置

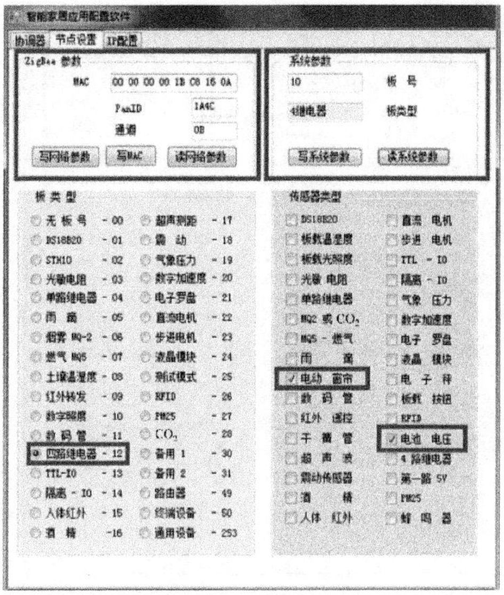

图 1-22 窗帘继电器配置

1.2.5 RFID 门禁配置

配置 RFID 门禁的具体操作步骤如下。

（1）写网络参数。如图 1-23 所示，切换至【节点设置】界面，单击【读网络参数】按钮，设置【PanID】为“1A4C”，【通道】设置为“0B”，再单击【写网络参数】按钮，出现【写网络参数成功】提示对话框，单击【确定】按钮，即可完成写网络参数的操作。

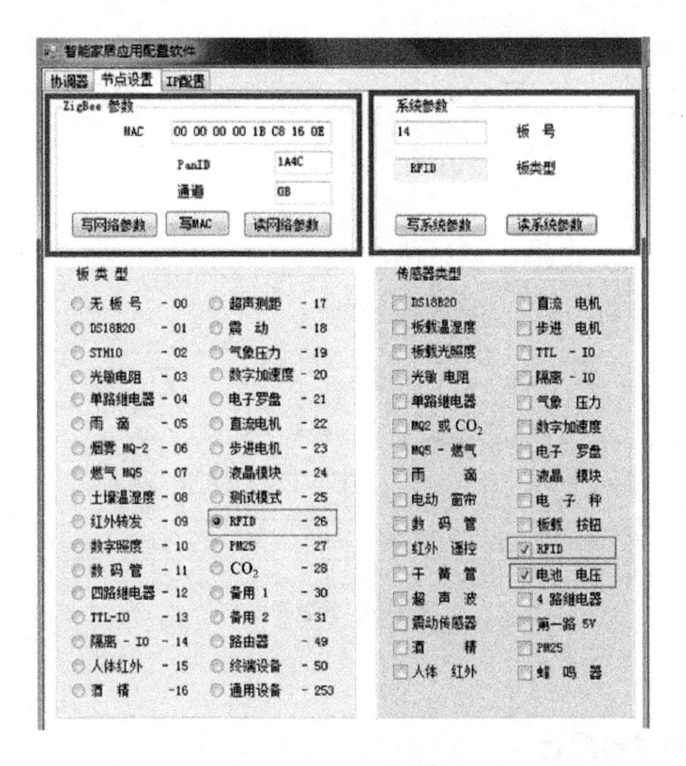

图 1-23　RFID 门禁配置

（2）写系统参数。如图 1-23 所示，【板类型】选择【RFID -26】选项，【板号】设置为“14”，【传感器类型】选择【RFID】选项与【电池　电压】选项，最后单击【写系统参数】按钮，出现【写系统参数成功】提示对话框，单击【确定】按钮，即可完成写系统参数的操作。

1.2.6　RFID 门禁卡的制作

制作 RFID 门禁卡可以实现刷卡开门，也就是将门禁卡靠近门禁的读卡区，即可开门。具体操作步骤如下。

（1）在配置时，先将门禁卡放置到 RFID 门禁上，再用 USB 转串口线连接 RFID 门禁到计算机，然后打开串口。

（2）将【开门-密码】设置为“34567812”，【本机-密码】设置为“AA5555AA”，如图 1-24 所示，单击【制作开门卡】按钮。出现【制作开门卡成功】提示对话框后，单击【确定】按钮，即可完成制作 RFID 门禁卡的操作。

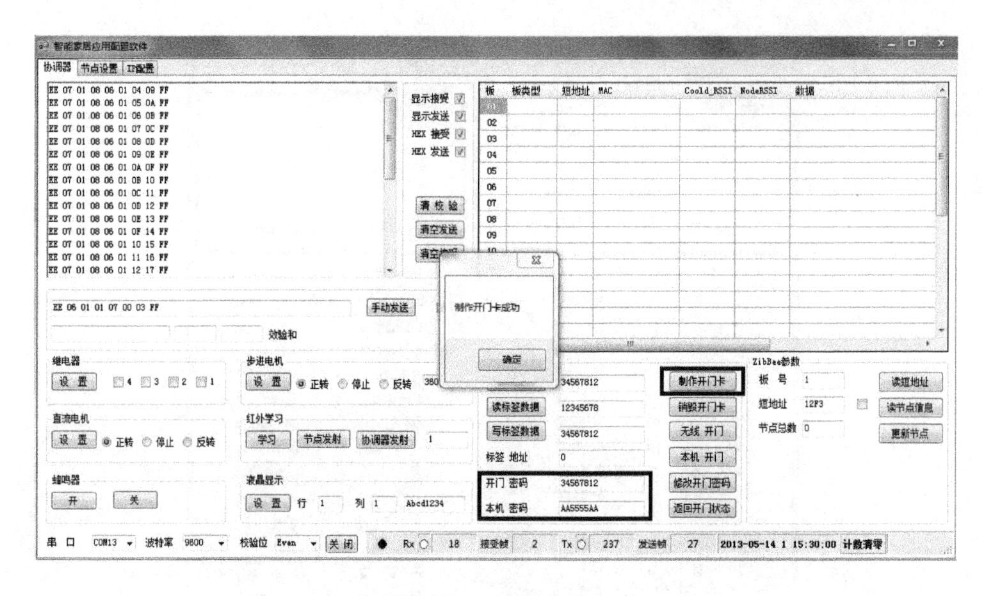

图 1-24　设置密码

1.2.7　红外转发器配置

配置红外转发器的具体操作步骤如下。

（1）写网络参数。如图 1-25 所示，切换至【节点设置】界面，单击【读网络参数】按钮，设置【PanID】为“1A4C”，【通道】设置为“0B”，再单击【写网络参数】按钮，出现【写网络参数成功】提示对话框，单击【确定】按钮，即可完成写网络参数的操作。

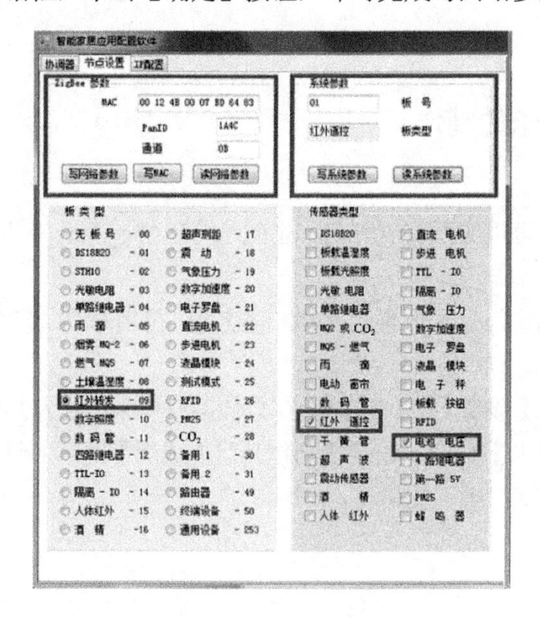

图 1-25　红外转发器配置

（2）写系统参数。如图 1-25 所示，【板类型】选择【红外转发 -09】选项，【板号】设置为“01”，【传感器类型】选择【红外　遥控】选项与【电池　电压】选项，最后单击【写系统参数】按钮，出现【写系统参数成功】提示对话框，单击【确定】按钮，即可完成写系统参数的操作。

1.2.8　红外学习

一个红外转发器可以同时控制多个设备，这取决于它的红外学习功能。经过红外转发器配置后，再进行红外学习。

红外模块功能对应的学习频道号见表 1-2。

表 1-2　红外模块功能对应的学习频道号

红外模块功能	学习频道号
电视机开关功能	1
空调开关功能	2
DVD 开关仓功能（请自行打开电源）	3

以学习电视机开关功能为例，具体操作步骤如下。

（1）用 USB 转串口线连接红外转发器和计算机。

（2）先打开智能家居应用配置软件，再打开串口，找到【红外学习】模块，如图 1-26 所示，在【协调器发射】按钮右侧的输入框中填写“1”（学习频道号）。

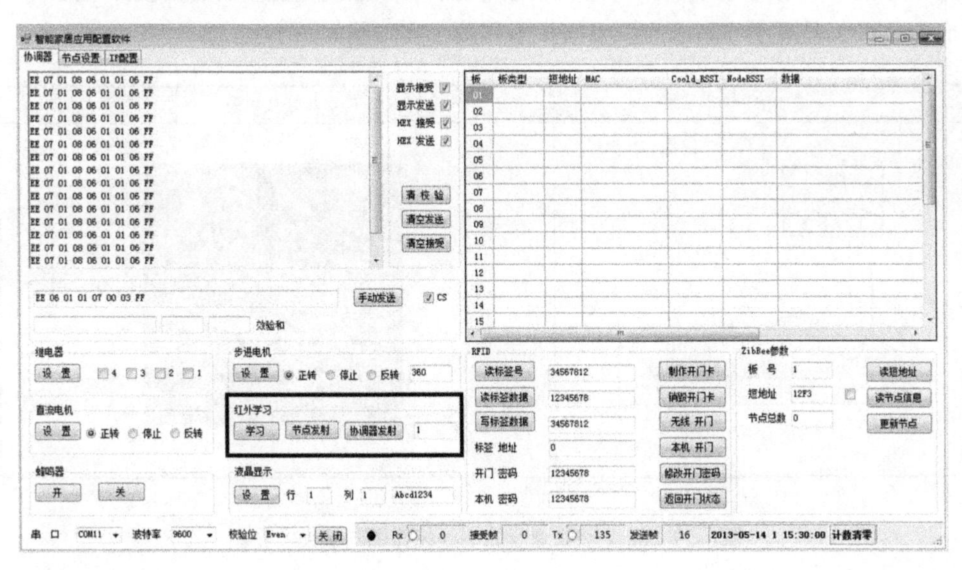

图 1-26　【红外学习】模块

（3）单击【学习】按钮，待听到红外转发器发出“滴滴”两声时，按住电视遥控器的开机按钮 2s 后松手，红外转发器会再响 3s 左右，表示学习成功。

（4）空调开关功能与 DVD 开关仓功能的学习与上述操作步骤类似，只需要改变学习频道号和使用空调遥控器或 DVD 遥控器的相关功能即可。

1.3 设备接线

在开始接线前要明确拓扑图的标识符含义。在接线拓扑图中，GND 代表负极，5V 代表节点板的正极和额定电压值。具体到各个节点板则略有不同，例如烟雾探测器、燃气探测器、CO_2 监测器、PM2.5 监测器、人体红外监测器、红外转发器上出现的是 GND 和 5V，而在温湿度监测器、照度监测器、气压监测器、四路继电器、电动窗帘继电器上出现的是＋和－（公司人工标记的）。在接线实物图中，用红线连接端子板和节点板的是正极，用黑线连接端子板和节点板的是负极。

本节通过接线拓扑图与接线实物图的对比，实现设备接线的讲解。

1.3.1 温湿度监测器

温湿度监测器的安装比较简单，只需要完成供电即可。GND 代表负极，5V 代表正极和其额定电压值。在接线时可以用红线分别连接端子板和温湿度监测器的正极，用黑线分别连接它们的负极。温湿度监测器的接线拓扑图和接线实物图如图 1-27 所示。

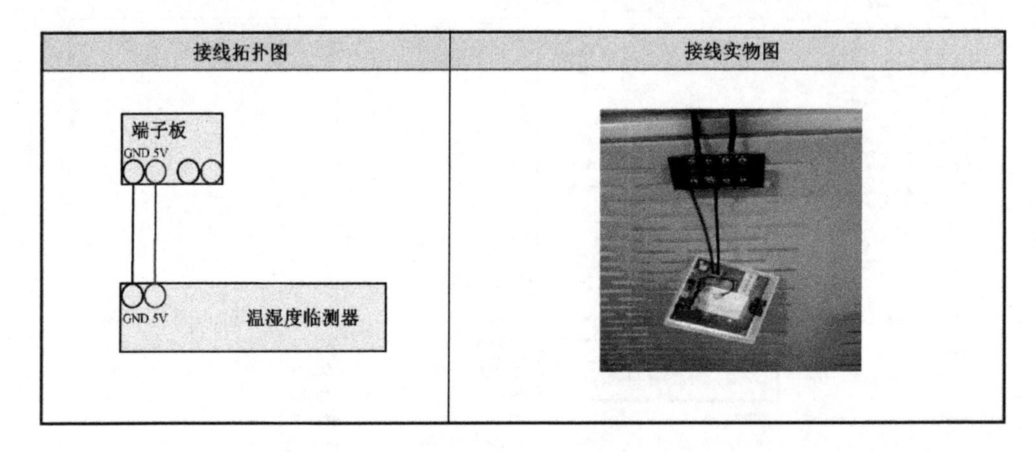

图 1-27　温湿度监测器的接线拓扑图与接线实物图

1.3.2　照度监测器

照度监测器的安装，只需要完成供电即可。GND 代表负极，5V 代表正极和其额定电压值。接线时可以用红线分别连接端子板和照度监测器的正极，用黑线分别连接它们的负极。照度监测器的接线拓扑图和接线实物图如图 1-28 所示。

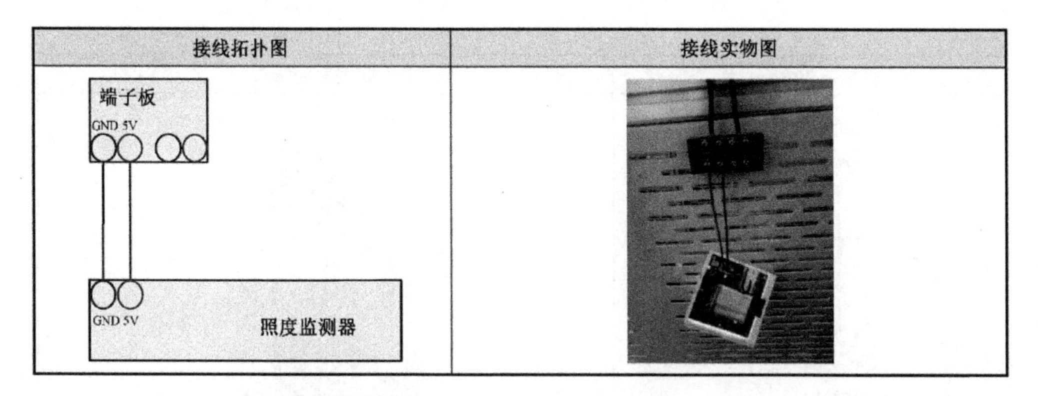

图 1-28　照度监测器的接线拓扑图和接线实物图

1.3.3　烟雾探测器

烟雾探测器的安装，只需要完成供电即可。GND 代表负极，5V 代表正极和其额定电压值。接线时可以用红线分别连接端子板和烟雾探测器的正极，用黑线分别连接它们的负极。烟雾探测器的接线拓扑图和接线实物图如图 1-29 所示。

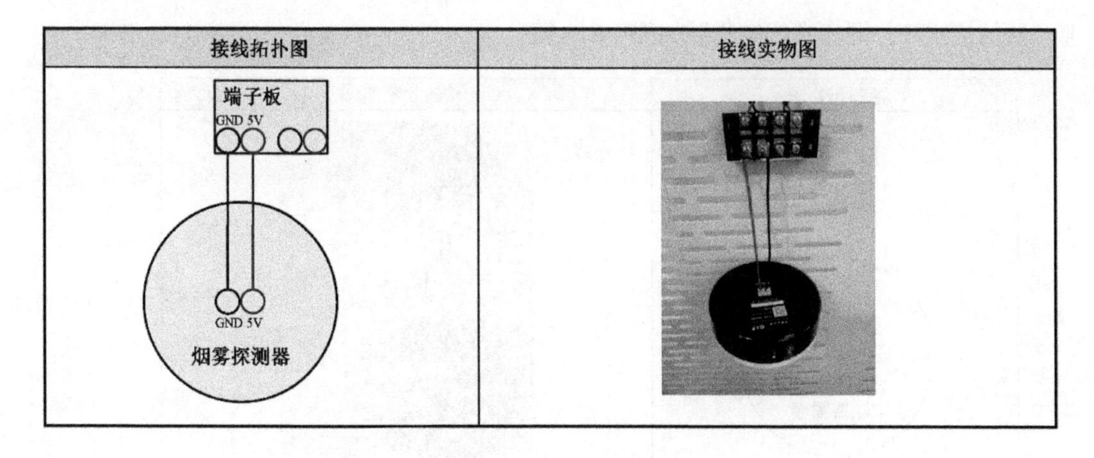

图 1-29　烟雾探测器的接线拓扑图和接线实物图

1.3.4 燃气探测器

燃气探测器的安装，只需要完成供电即可。GND 代表负极，5V 代表正极和其额定电压值。接线时可以用红线分别连接端子板和燃气探测器的正极，用黑线分别连接它们的负极。燃气探测器的接线拓扑图和接线实物图如图 1-30 所示。

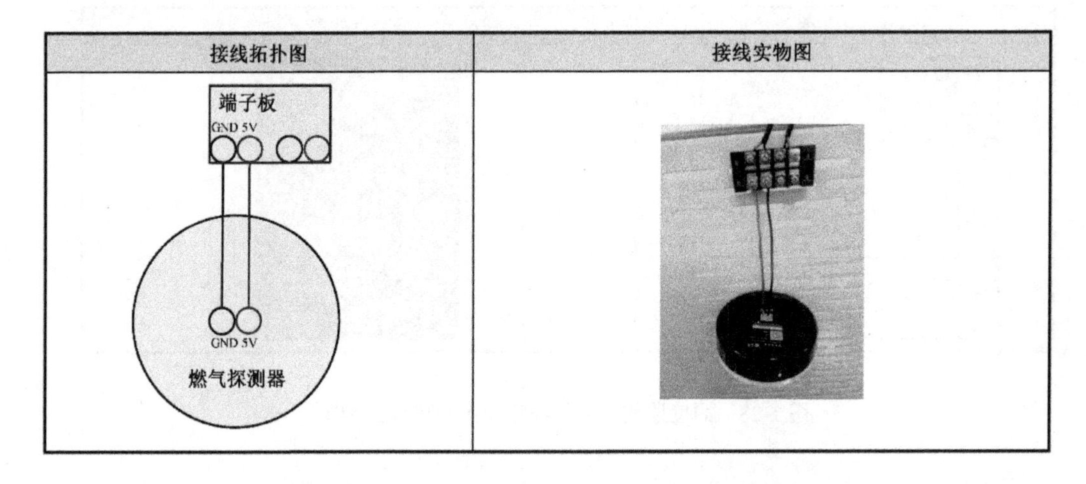

图 1-30 燃气探测器的接线拓扑图和接线实物图

1.3.5 CO_2 监测器

CO_2 监测器的安装，只需要完成供电即可。GND 代表负极，5V 代表正极和其额定电压值。接线时可以用红线分别连接端子板和 CO_2 监测器的正极，用黑线连接它们的负极。CO_2 监测器的接线拓扑图和接线实物图如图 1-31 所示。

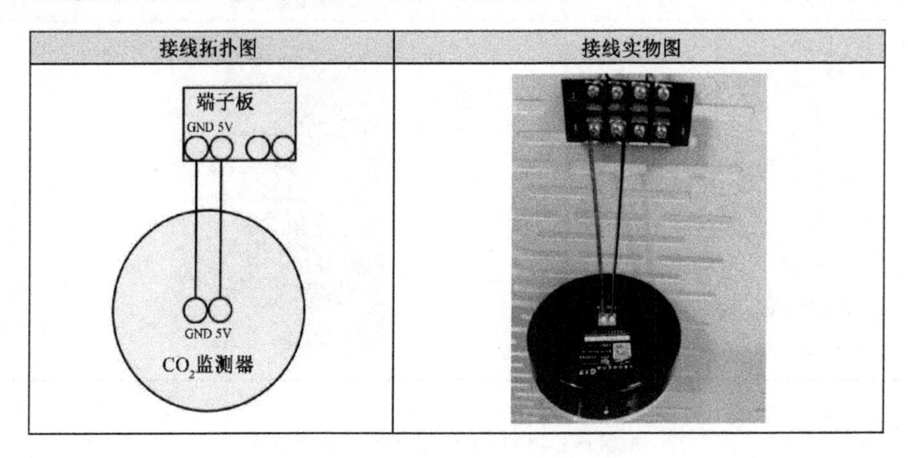

图 1-31 CO_2 监测器的接线拓扑图和接线实物图

1.3.6 PM2.5 监测器

PM2.5 监测器的安装，只需要完成供电即可。GND 代表负极，5V 代表正极和其额定电压值。接线时可以用红线分别连接端子板和 PM2.5 监测器的正极，用黑线连接它们的负极。PM2.5 监测器的接线拓扑图和接线实物图如图 1-32 所示。

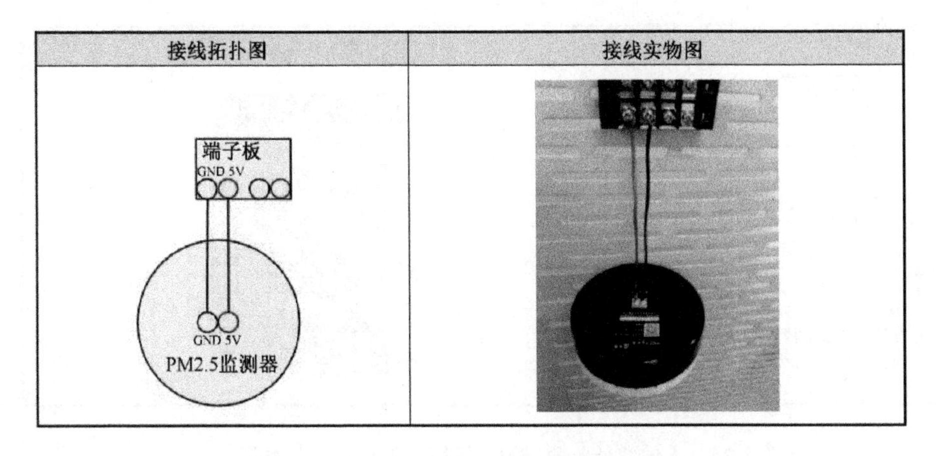

图 1-32　PM2.5 监测器的接线拓扑图和接线实物图

1.3.7 气压监测器

气压监测器的安装，只需要完成供电即可。GND 代表负极，5V 代表正极和其额定电压值。接线时可以用红线分别连接端子板和气压监测器的正极，用黑线连接它们的负极。气压监测器的接线拓扑图和接线实物图如图 1-33 所示。

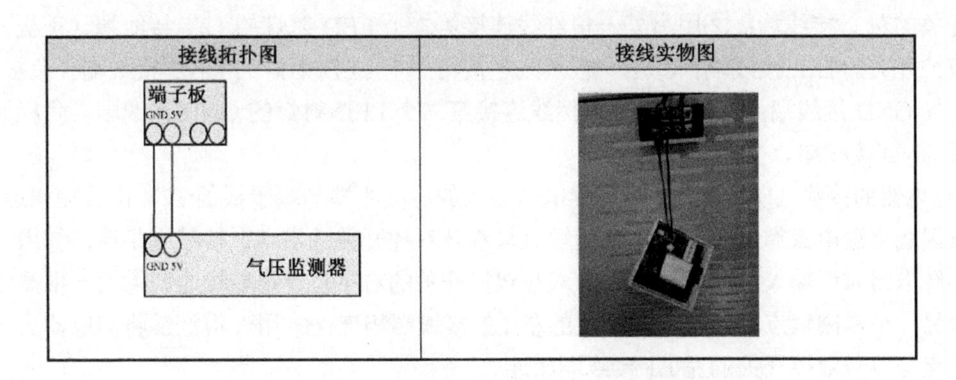

图 1-33　气压监测器的接线拓扑图和接线实物图

1.3.8 人体红外监测器

人体红外监测器的安装，只需要完成供电即可。GND 代表负极，5V 代表正极和其额定电压值。接线时可以用红线分别连接端子板和人体红外监测器的正极，用黑线连接它们的负极。人体红外监测器的接线拓扑图和接线实物图如图 1-34 所示：

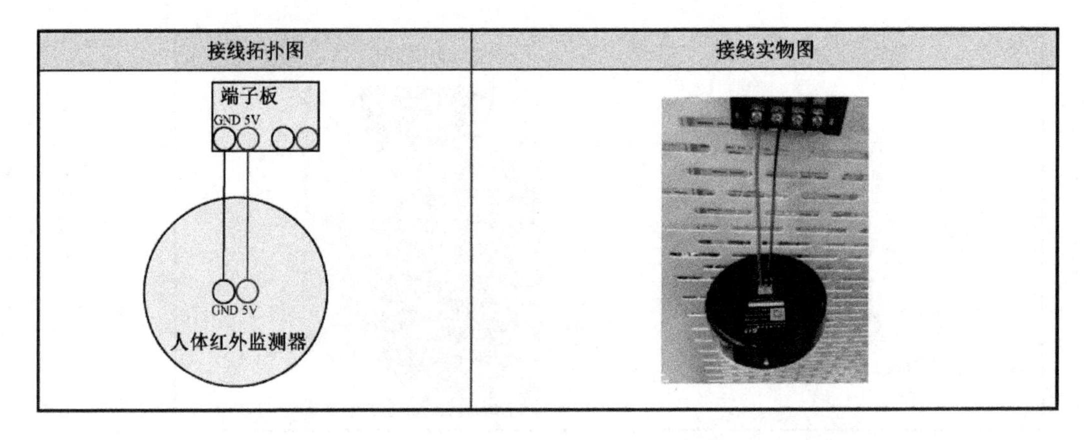

图 1-34 人体红外监测器的接线拓扑图和接线实物图

1.3.9 LED 射灯继电器

LED 射灯继电器是电压型继电器，其安装需要完成 LED 射灯、继电器、双开双控开关与端子板的接线。接线的操作步骤如下：

（1）准备 6 根红线，5 根黑线。

（2）LED 射灯的接线。①用一根红线连接第一个 LED 射灯的 12V 接线端（正极）和双开双控开关的左 L 接线端；②用另外一根红线连接第二个 LED 射灯的 12V 接线端（正极）和双开双控开关的右 L 接线端；③用一根黑线连接第一个 LED 射灯的 GND 接线端（负极）和端子板的 GND 接线端；④用另外一根黑线连接第二个 LED 射灯的 GND 接线端（负极）和端子板 GND 接线端。

（3）继电器的接线。①用一根红线将继电器输入的右接线端与端子板的 12V 接线端相连；②用一根黑线将继电器靠近输入端的常闭触点与双开双控开关的右 L2 接线端相连；③用一根红线将继电器靠近输入端的常开触点与双开双控开关的右 L1 接线端相连；④用一根黑线将继电器另一个常闭触点与双开双控开关的左 L2 接线端相连；⑤用一根红线将继电器另一个常开触点与双开双控开关的左 L1 接线端相连。

（4）用一根红线连接端子板的 5V 接线端和继电器的 5V 接线端，用一根黑线连接端子板的 GND 接线端和继电器的 GND 接线端。

LED 射灯继电器的接线拓扑图和接线实物图如图 1-35 所示。

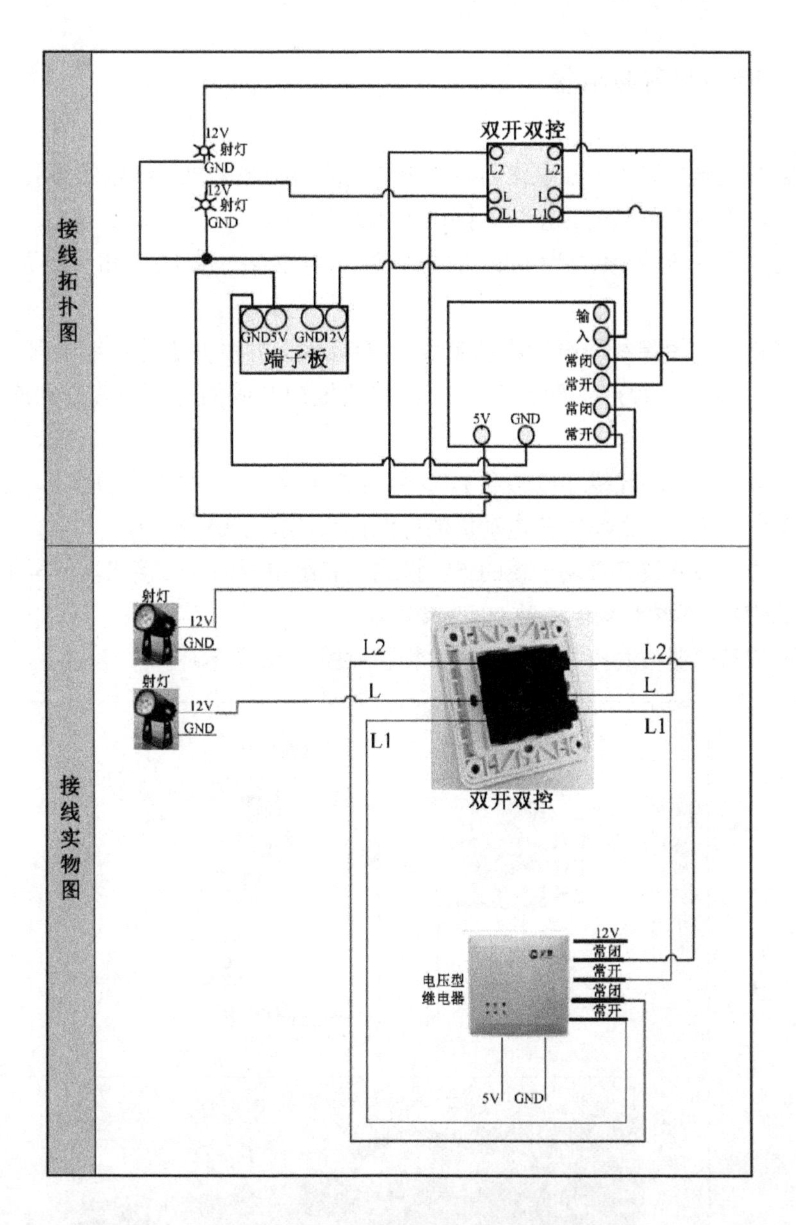

图 1-35　LED 射灯继电器的接线拓扑图和接线实物图

【技术点评】

若 LED 射灯继电器无法正常控制，可依次考虑以下因素。

1．手动开关 L1 端与 L2 端接反。

2．L 端与其他线接触造成短路。

3．常开与常闭线脱落或常开与常闭线接反。

1.3.10 电动窗帘继电器

电动窗帘继电器属于节点型继电器，需要完成窗帘电动机、继电器与端子板的接线，以实现开、关、停等控制功能。接线的操作步骤如下。

（1）先准备两根长度约为 6cm 的短黑线，再准备一根红线和一根黑线用于连接端子板。

（2）先将两根短黑线与电话线的黑线（COM 线）并联并连接到继电器的触点 4 上（从上往下编号，依次是触点 1 到触点 6），再将两根短黑线的另外一端分别连接触点 2 和触点 6。

（3）先将电话线的红线连接触点 1，绿线连接触点 3，白线连接触点 5，再将电话线水晶头接入窗帘电动机，接着将窗帘电动机的电源插头连接 220V 电源。

（4）先用一根红线连接端子板的 5V 接线端和继电器的 5V 接线端，再用一根黑线连接端子板的 GND 接线端和继电器的 GND 接线端。

电动窗帘继电器接线拓扑图和接线实物图如图 1-36 所示。

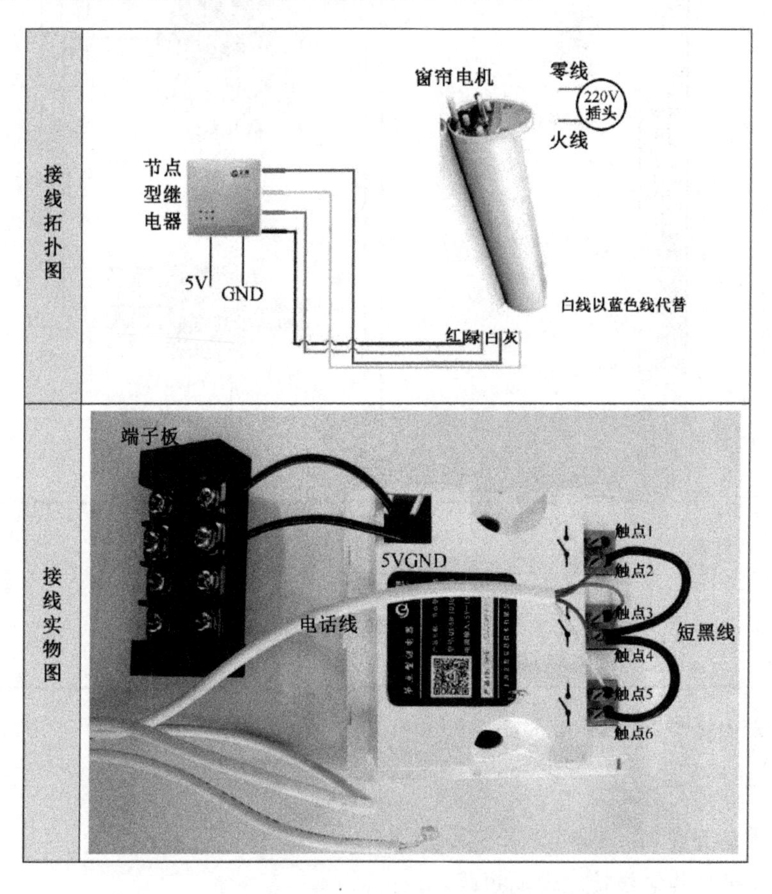

图 1-36　电动窗帘继电器接线拓扑图和接线实物图

【技术点评】

若电动窗帘继电器无法正常控制，可依次考虑以下因素。

1．继电器与电话线的连接脱落。

2．电话线水晶头与窗帘电动机的接触不好，电话线水晶头损坏。

3．电话线的红、绿、白线是控制线，连接到不同的端口，对应的开关关闭命令会不一样，检查是否因控制线与端口间接错，而导致无法正常控制窗帘。

1.3.11　红外转发器

红外转发器的接线原理与温湿度传感器等类似，此处不再赘述。红外转发器的接线拓扑图和接线实物图如图 1-37 所示。

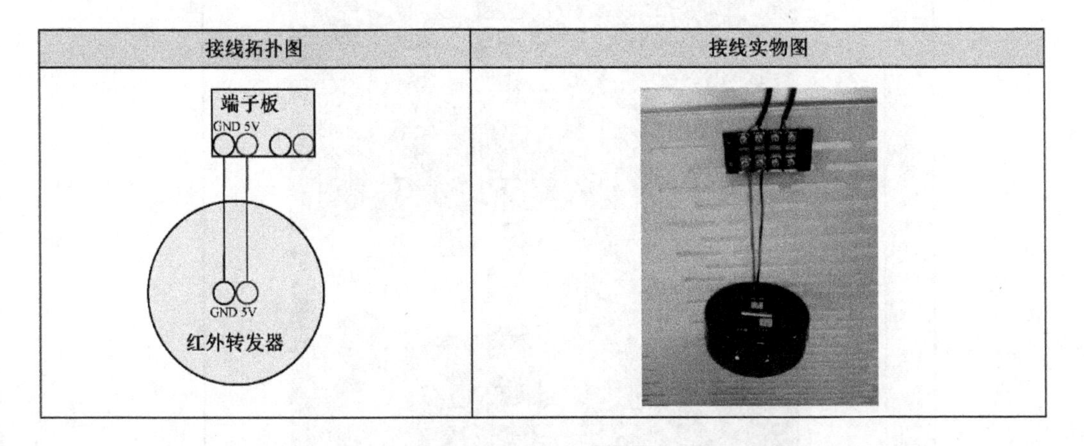

图 1-37　红外转发器的接线拓扑图和接线实物图

1.3.12　换气扇继电器

换气扇继电器是电压型继电器，安装包括完成继电器、220V 电源插头、换气扇与端子板的接线。接线的操作步骤如下。

（1）先用一根红线连接端子板的 5V 接线端和继电器的 5V 接线端，再用一根黑线连接端子板的 GND 接线端和继电器的 GND 接线端。

（2）将 220V 电源插头的火线连接继电器的输入端（正极），其零线与换气扇的零线连接。

（3）将换气扇的火线与继电器的常开触点连接。

换气扇继电器的接线拓扑图和接线实物图如图 1-38 所示。

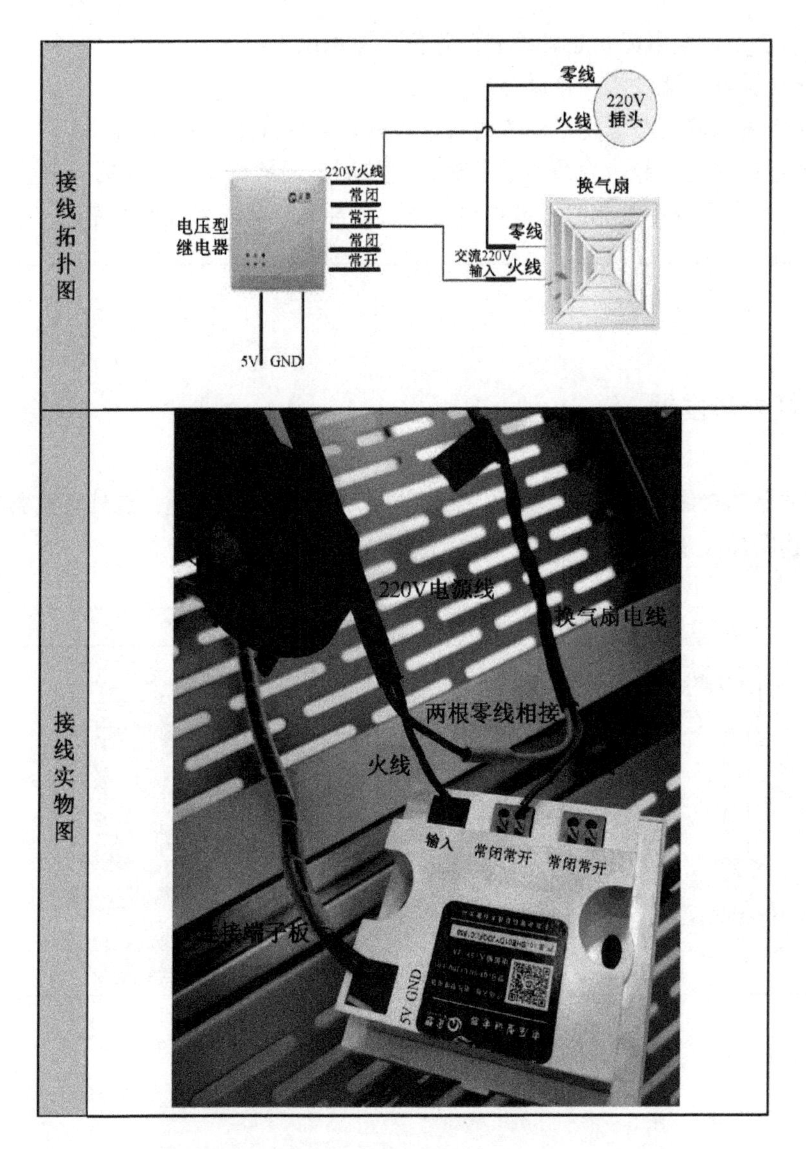

图 1-38　换气扇继电器的接线拓扑图和接线实物图

1.3.13　报警灯继电器

报警灯继电器是四路继电器，其安装需要完成继电器、报警灯和端子板的接线。接线的操作步骤如下。

（1）用一根红线将继电器输入的左接线端与端子板的 12V 接线端相连。用一根红线将报警灯的正极与继电器左边的常开触点相连；用一根黑线将报警灯的负极与端子板的 GND 接线端相连。

（2）先用一根红线连接端子板的 5V 接线端和继电器的 5V 接线端，再用一根黑线连接端子板的 GND 接线端和继电器的 GND 接线端。

报警灯继电器的接线拓扑图和接线实物图如图 1-39 所示。

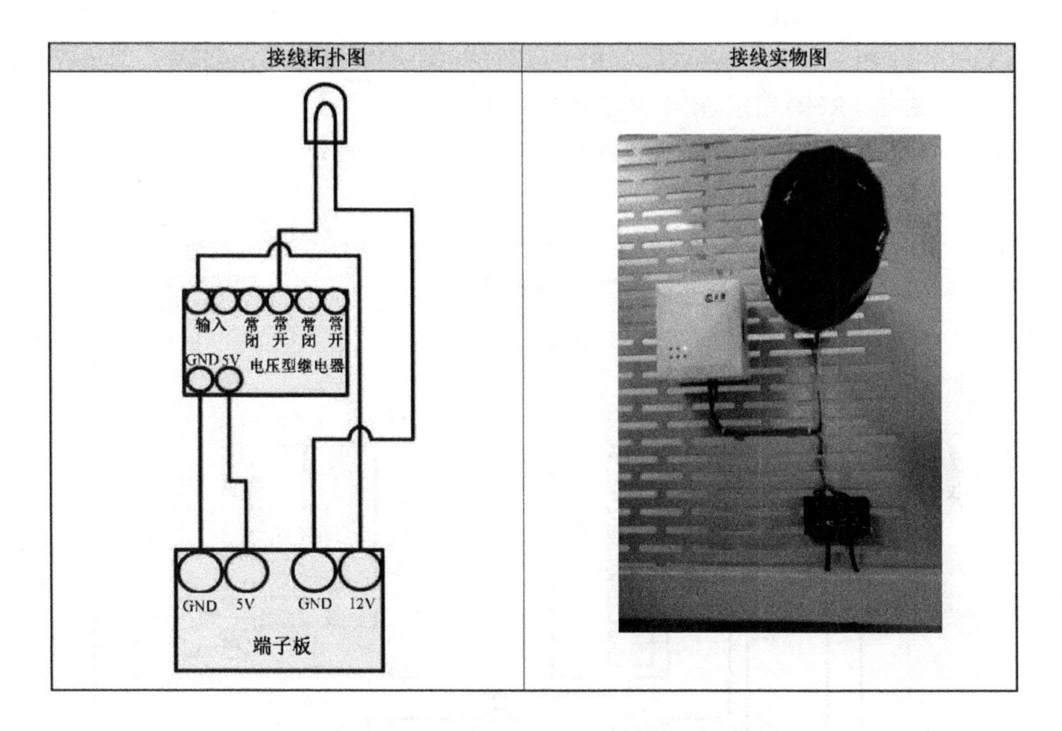

图 1-39　报警灯继电器的接线拓扑图和接线实物图

1.3.14　RFID 门禁

RFID 门禁的安装需要完成变压器、电插锁、门禁、手动开关、门铃、手动门铃与端子板的连接。接线的操作步骤如下。

（1）准备 7 根红线和 7 根黑线。

（2）先用一根红线连接电插锁 L+接线端和变压器 NO 接线端，再用一根黑线连接电插锁 L-接线端和变压器 COM-接线端。

（3）先用一根红线连接电插锁+12V 接线端和变压器+12V 接线端，再用一根黑线连接电插锁-12V 接线端和变压器的 GND 接线端。

（4）先用一根红线将变压器 PUSH 接线端与 RFID 门禁检测输出的正极相连，再用一根黑线将变压器 GND 接线端和 RFID 门禁检测输出的负极相连。

（5）先用一根红线将变压器的+12V 接线端与 RFID 门禁 DC-12V 输入的正极相连，再用一根黑线将变压器 GND 接线端与 RFID 门禁 DC-12V 输入的负极相连。

（6）先用一根红线将手动开关的任意一个接线端和 RFID 门禁检测输出的正极相连，再用一根黑线将手动开关的其他一个接线端和 RFID 门禁检测输出的负极相连。

（7）先用一根红线将门铃开关的任意一个接线端与门铃的除黑线和红线以外的任何一根线（如绿线）相连，再用一根黑线将门铃开关的另一个接线端与门铃的除黑线和红线以外的另外一根线（如黄线）相连。

（8）先用一根红线将门铃的红线和 RFID 门禁的 DC-12V 输入的正极相连，再用一根黑线将门铃的黑线与 RFID 门禁 DC-12V 输入的负极相连。

RFID 门禁的接线拓扑图如图 1-40 所示。

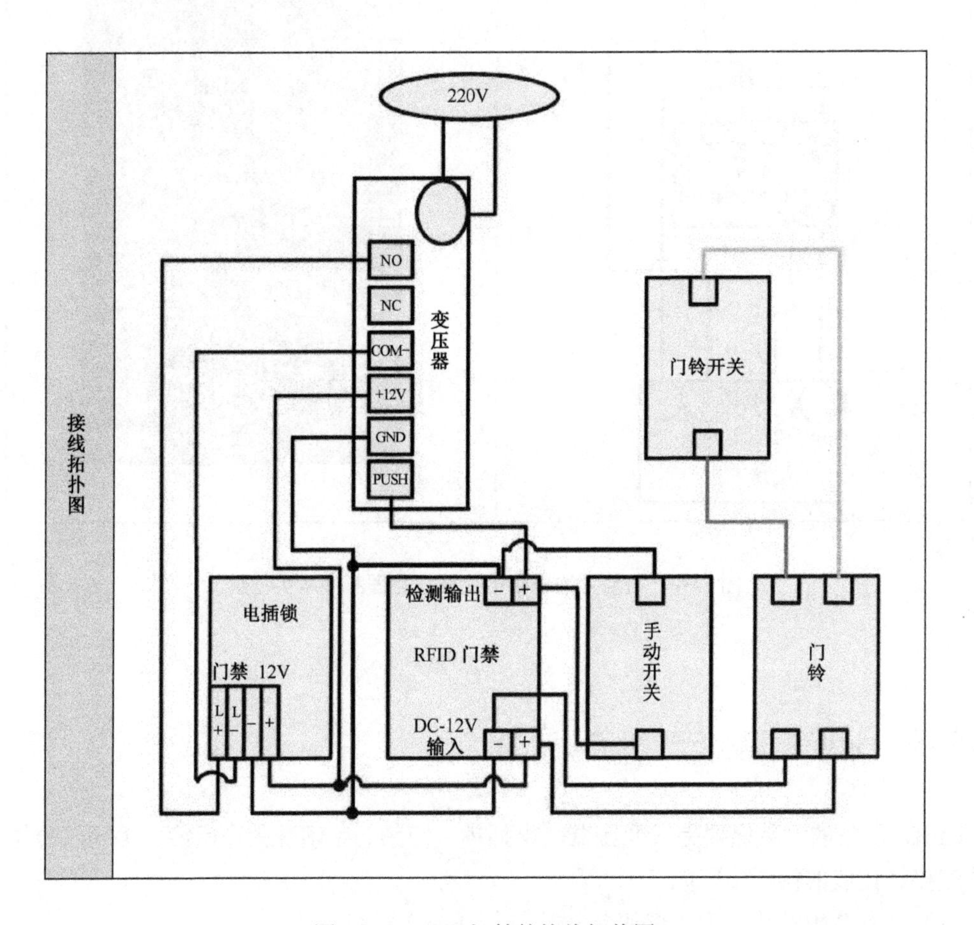

图 1-40　RFID 门禁的接线拓扑图

【技术点评】

若门禁无法手动开门，可依次考虑以下因素。

1．PUSH 线掉落。

2．线与其他线有接触。

1.4　设备调试

1.4.1　获取各节点信息

若尚未进行网关程序和移动终端软件的开发，可以借助智能网关配置工具下的智能家居应用配置软件来查看各个节点的信息，包括板号、板类型、短地址、MAC 地址、信号强度和数据。具体操作步骤如下。

（1）首先要用 USB 转串口线的一端连接计算机，另外一端连接协调器。

（2）打开智能家居应用配置软件。

（3）选择正确的串口并打开后，在软件界面的右上角列表中会出现各个节点板的信息，如图 1-41 所示。

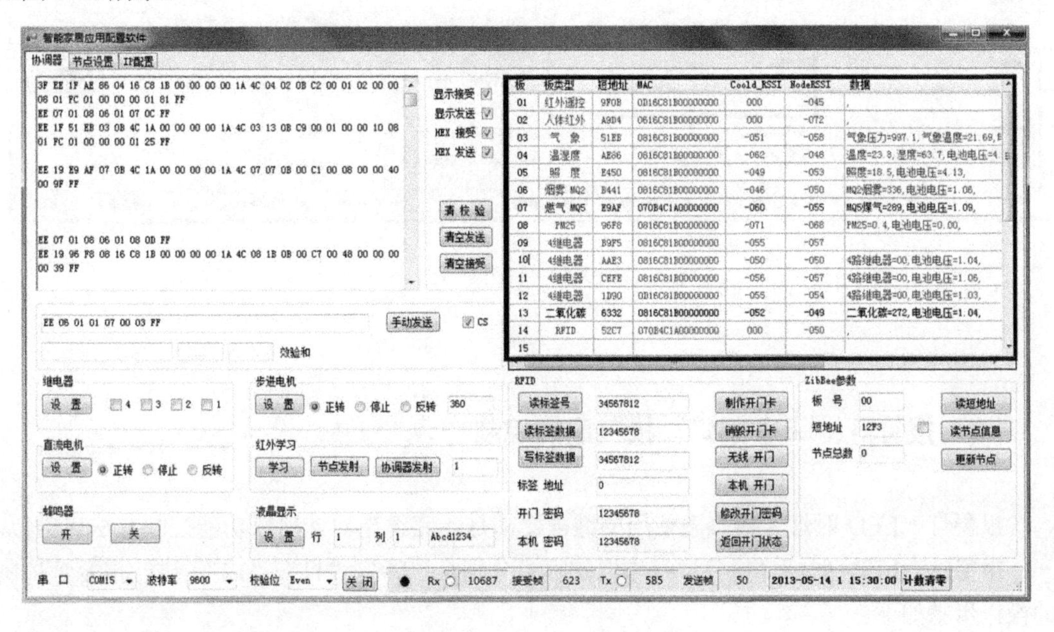

图 1-41　获取节点信息

1.4.2　红外控制

通过智能网关配置工具下的智能家居应用配置软件，可以实现红外控制，通过输入频道号，来分别控制红外学习频道上的设备。前面介绍了红外学习，并讲述了红外模块功能对应的学习频道号，而这里将讲述如何进行红外控制。进行红外控制的具体操作步骤如下。

（1）单击节点板信息列表中的“01”板号，单击【更新节点】按钮，如图 1-42 所示。

（2）在智能家居应用配置软件中找到【红外学习】模块，在【协调器发射】按钮右侧输入框中输入需要调试的学习频道号。例如以控制电视机的开关为例，输入学习频道号“1”。单击【协调器发射】按钮，控制电视机开，再次单击【协调器发射】按钮则控制电视机关。

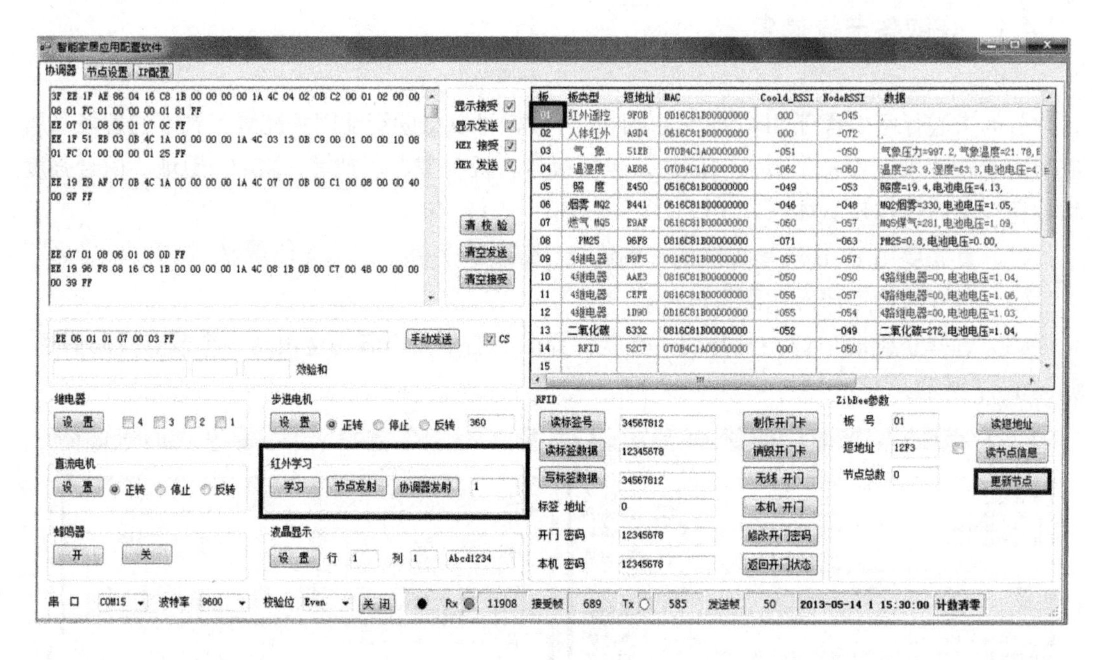

图 1-42　红外控制

1.4.3　报警灯、LED 射灯、换气扇的控制

报警灯、LED 射灯、换气扇使用的继电器都是 4 路继电器，所以功能控制方法也类似。

报警灯、LED 射灯、换气扇继电器的板号分别是“09”，“11”，“12”，进行报警灯控制的操作步骤如下。

（1）如图 1-43 所示，单击节点板信息列表中的“09”板号，单击【更新节点】按钮。

（2）在智能家居应用配置软件中找到【继电器】模块，在【设置】按钮右侧选中复选框“1”、“3”、“4”后，单击【设置】按钮，控制报警灯开，若取消选择复选框“1”、“3”、“4”，再次单击【设置】按钮则控制报警灯关。

若想调试 LED 射灯和换气扇，则分别选中板号“11”或“12”，重复操作步骤（1），（2）即可。

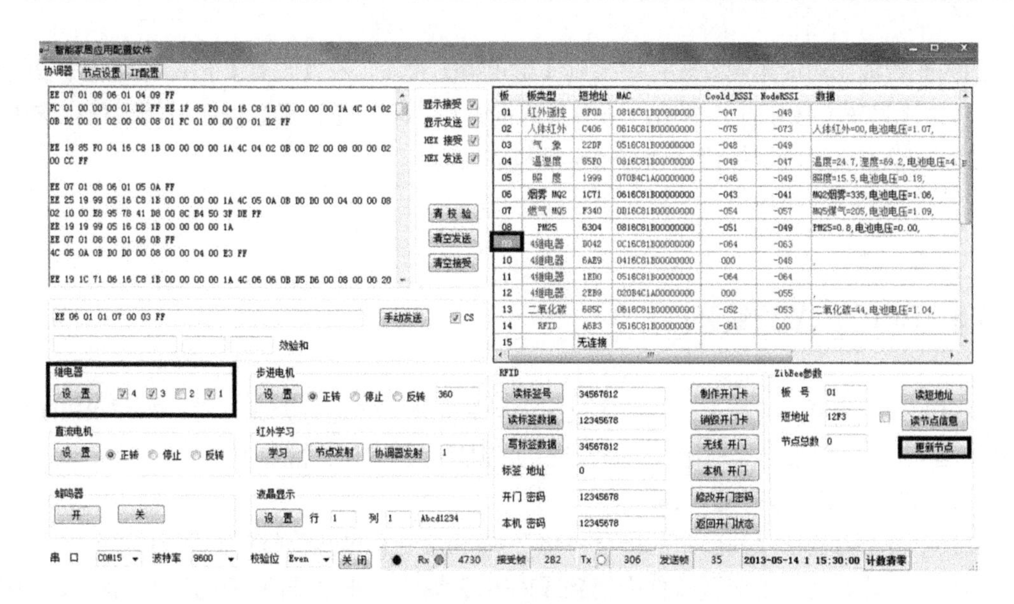

图 1-43　控制报警灯

1.4.4　窗帘的控制

窗帘的控制同样是通过【继电器】模块进行的，勾选不同的复选框对应着不同的功能。进行窗帘控制的具体操作步骤如下。

（1）窗帘的板号是“10”。

（2）单击节点板信息列表中的板号“10”，单击【更新节点】按钮，如图 1-44 所示。

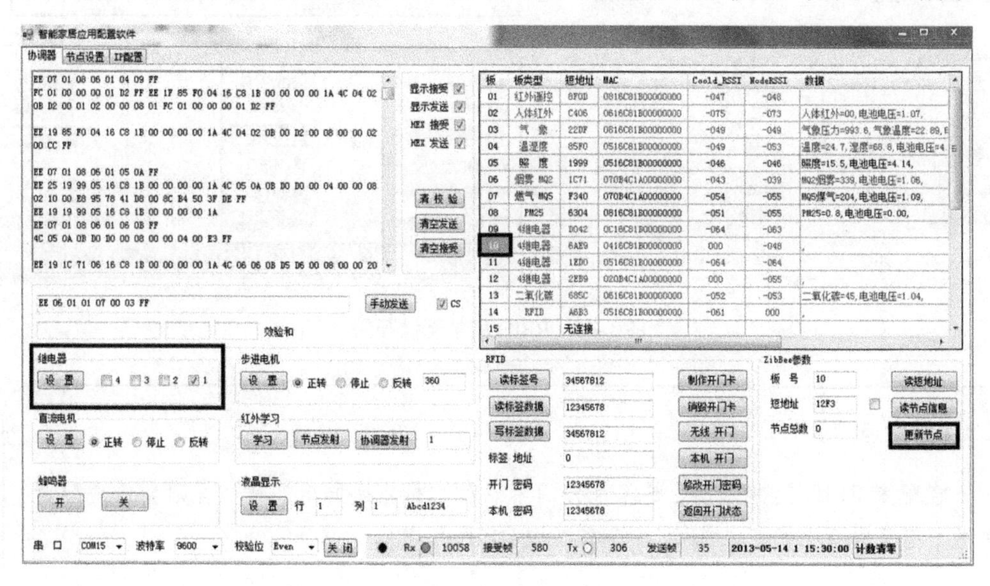

图 1-44　关闭窗帘

（3）在智能家居应用配置软件中找到【继电器】模块，在【设置】按钮右侧选中复选框“4”，单击【设置】按钮打开窗帘；选中复选框“1”，单击【设置】按钮关闭窗帘；选中复选框“3”，单击【设置】按钮停止窗帘电动机的转动。

1.4.5 RFID 门禁无线开门

只有制作了 RFID 门禁卡，才能通过智能网关配置工具进行无线开门。制作 RFID 门禁卡见“1.2.6 RFID 门禁卡的制作”。进行 RFID 门禁无线开门功能的调试步骤如下。

（1）RFID 门禁的板号是“14”。

（2）单击节点板信息列表中的板号“14”，单击【更新节点】按钮，如图 1-45 所示。

（3）在智能家居应用配置软件中找到【RFID】模块，在“开门 密码”右侧输入框中输入“34567812”，在“本机 密码”右侧输入框中输入“AA5555AA”后，单击【无线开门】按钮即可控制开门。

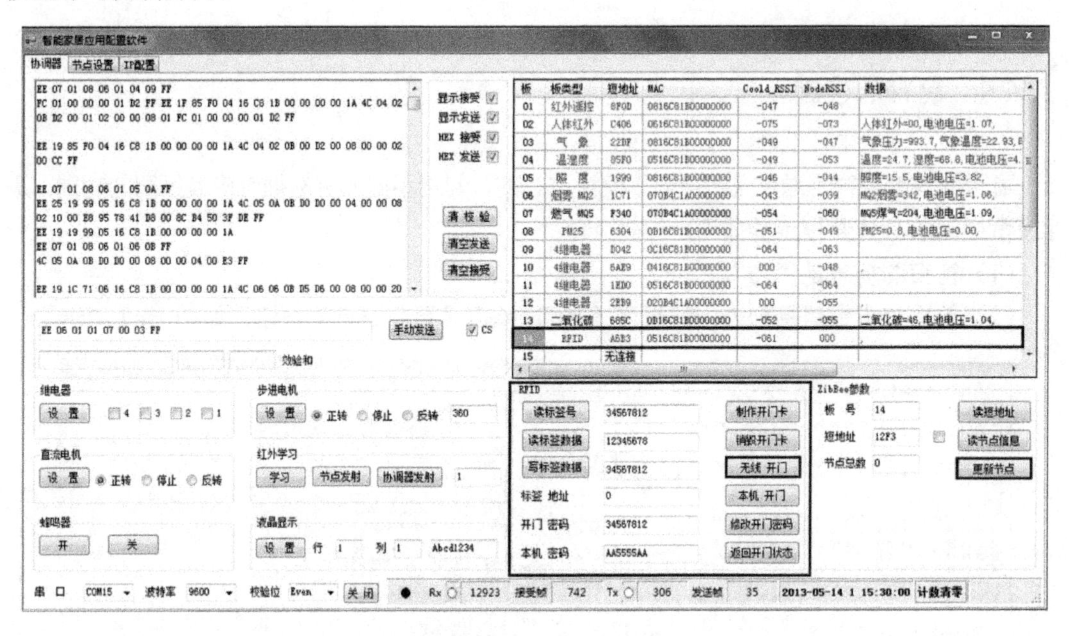

图 1-45　RFID 门禁无线开门

【技术点评】

在配置 RFID 门禁卡时，要保证开门密码和本机密码同时正确，否则会造成配置失败。若无法无线开门，可能是没有制作 RFID 门禁卡。

1.5　服务器安装与配置

只有搭建好了服务器网络，才能通过移动终端软件来采集各个节点的信息，以及控制已经安装好的设备。其中，网关 IP 和 MAC 地址配置需要采用智能网关或者开发完毕的 A8 网关和协调器。

服务器安装与配置包括 JDK 安装，环境变量配置，xampp 解压与运行，MySQL 配置，Tomcat 配置，服务器软件 SmartHomeServer 安装，网关链接查询注册，路由器、服务器 IP 配置，网关 IP 和 MAC 地址配置，以及服务器可用性的验证。

1.5.1　JDK 安装

JDK 安装比较简单，一般默认安装参数即可。但是要牢记 JDK 的安装路径，以供后续环境变量的配置使用。具体操作步骤如下：

（1）双击 JDK 安装包，jdk-7u5-windows-i586.exe（文件所在位置：智能家居安装与维护资源\开发环境\android 环境\jdk-7u5-windows-i586.exe），进入安装向导，如图 1-46 所示。

（2）选择 JDK 的安装路径，如图 1-47 所示，单击【下一步】按钮。

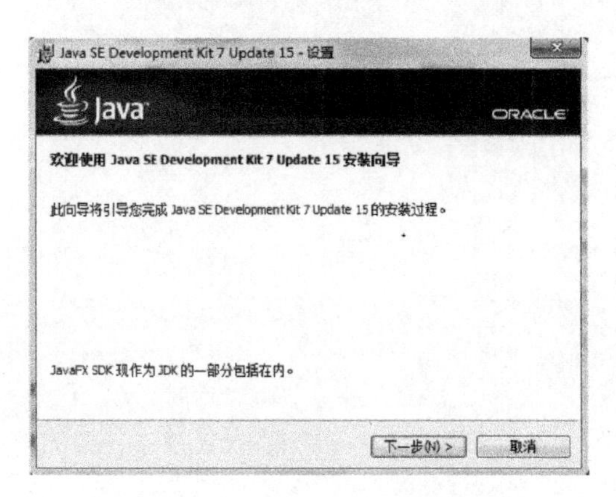

图 1-46　JDK 安装向导—安装程序

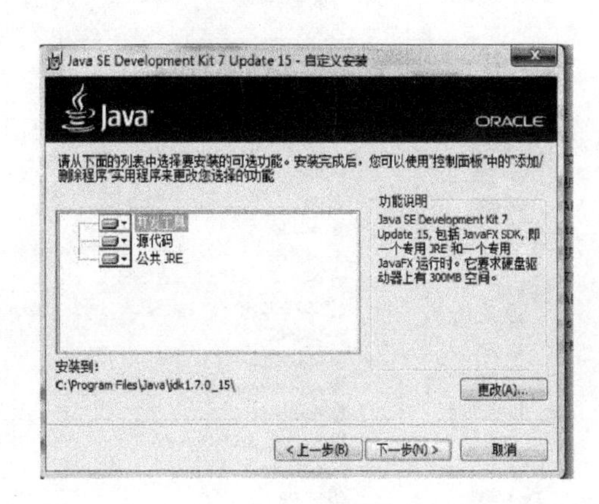

图 1-47　JDK 安装向导—定制安装

（3）选择 Java 虚拟机 JRE 的安装路径，如图 1-48 所示，单击【下一步】按钮。JRE 是运行 Java 程序必需的环境，包含 JVM 及 Java 核心类库。

（4）单击【关闭】按钮，完成 JDK 的安装，如图 1-49 所示。

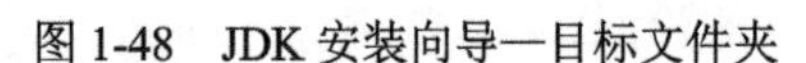
图 1-48　JDK 安装向导—目标文件夹

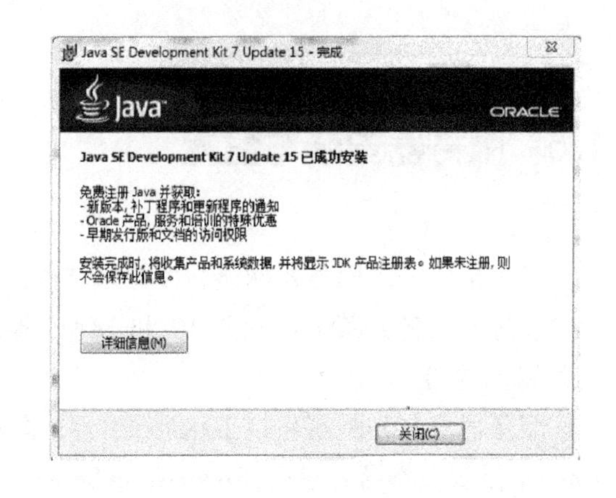

图 1-49　JDK 安装向导—完成

1.5.2　环境变量配置

环境变量配置的正确与否将直接影响 Tomcat 的运行。需要配置 JAVA_HOME、CLASSPATH 和 Path 这 3 个系统环境变量，具体操作步骤如下。

（1）进入 JDK 的 bin 目录（根据自己安装的路径），复制 JDK 目录的路径：C:\Program Files\Java\jdk1.7.0_05，如图 1-50 所示。

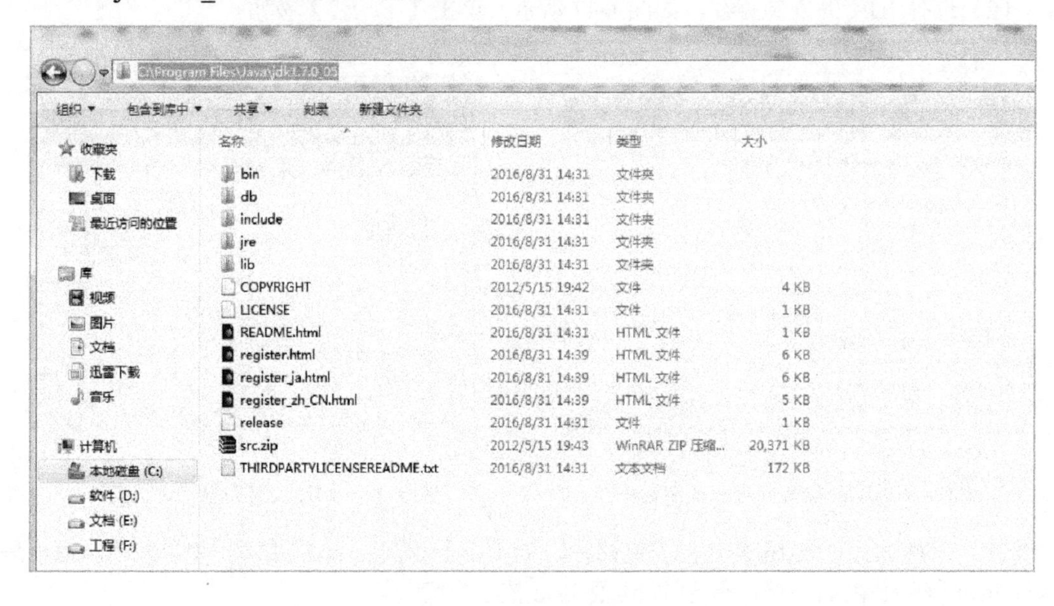

图 1-50　复制 JDK 路径

（2）返回桌面，右击【计算机】图标，在弹出的快捷菜单中选择【属性】命令，如图 1-51 所示。

（3）单击【高级系统设置】按钮，如图 1-52 所示。

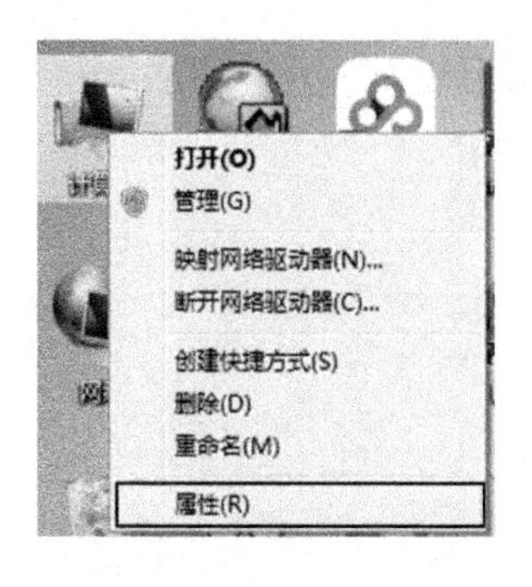

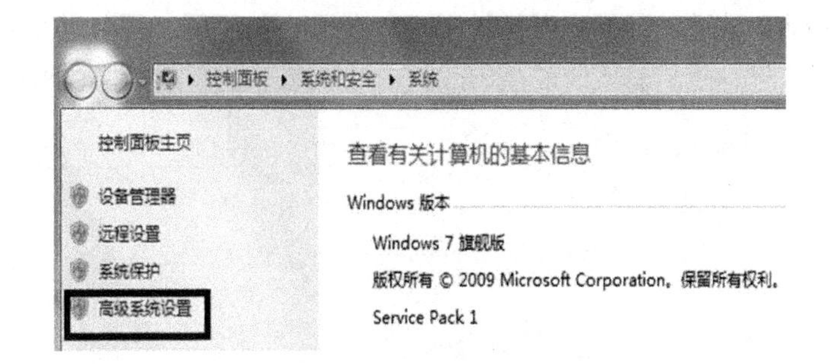

图 1-51　计算机—属性　　　　图 1-52　高级系统设置

（4）在【系统属性】窗口中，单击【环境变量】按钮，如图 1-53 所示。

（5）在“系统变量”中单击【新建】按钮，在“变量名”中输入“JAVA_HOME”，在“变量值”中粘贴刚刚复制的 JDK 的目录地址为“C:\Program Files\Java\jdk1.7.0_05”，如图 1-54 所示。

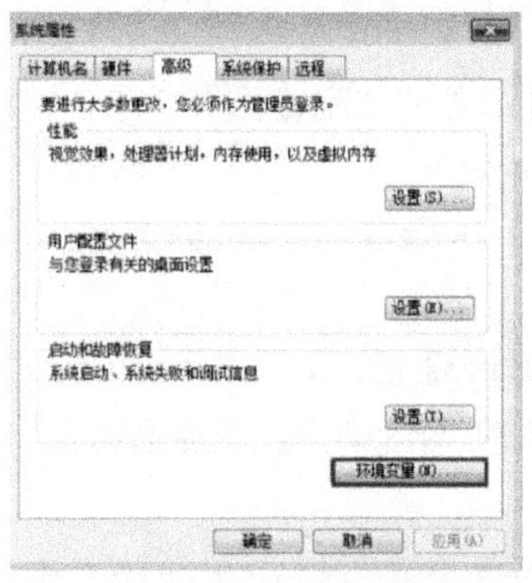

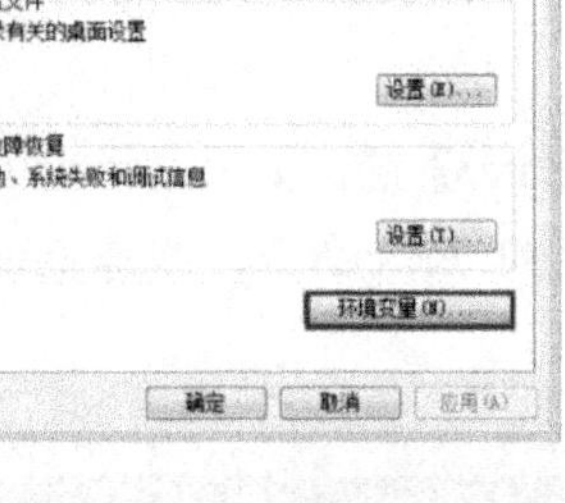

图 1-53　环境变量　　　　图 1-54　配置 JAVA_HOME 系统变量

（6）在“系统变量”中新建 CLASSPATH 的变量，其“变量名”为“CLASSPATH”，“变量值”为“.;%JAVA_HOME%\lib;%JAVA_HOME%\lib\tools.jar”，如图 1-55 所示。

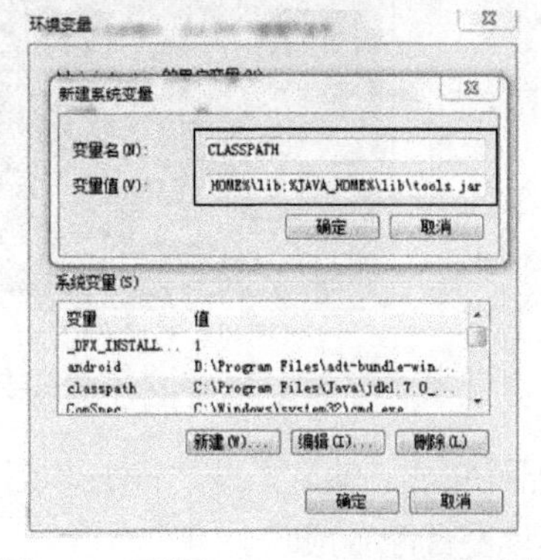

图 1-55　配置 CLASSPATH 系统变量

（7）找到“系统变量”中名为“Path”的环境变量，并单击选中，如图 1-56 所示。再单击【编辑】按钮，出现【编辑系统变量】对话框，如图 1-57 所示。在“变量值”中，将鼠标移动到地址的最后，若地址最后有分号，就不用加了，若地址最后没有分号，请加上一个英文分号，然后输入“%JAVA_HOME%\bin;%JAVA_HOME%\jre\bin”。

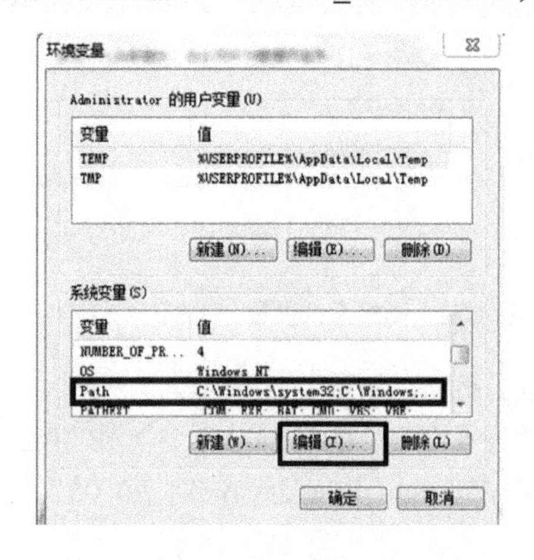

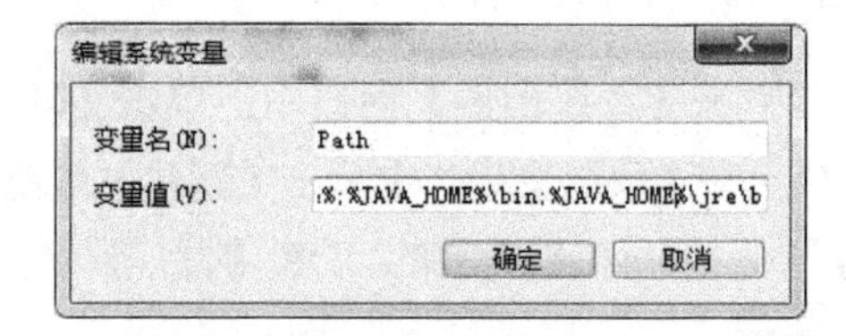

图 1-56　找到环境变量“Path”

图 1-57　编辑系统变量对话框

（8）把所有的环境变量配置完成后，单击【确定】按钮完成配置。

（9）检查 Java 环境变量是否配置成功，其操作步骤如下。

① 按【Windows+R】组合键，输入“cmd”，如图 1-58 所示，按【Enter】键，运行 DOS 窗口。

② 在窗口中输入命令“java　-version”后，按【Enter】键，如果显示出 Java 的版本信息则 JDK 安装成功，如图 1-59 所示（注意：这里是用的 Java 命令，这是 Java 的一个编译命令，“-version”表示查看版本信息）。

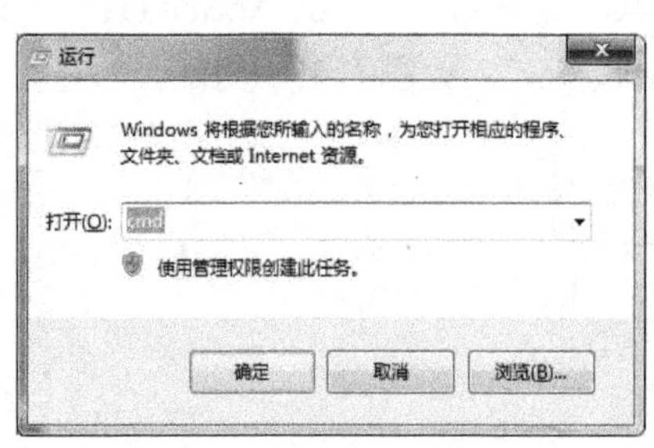

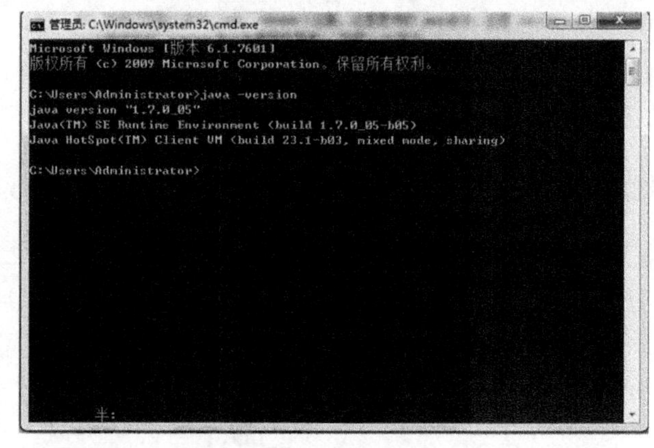

图 1-58　运行“cmd”

图 1-59　查看 Java 版本

③ 查看 Java 编译器是否配置完成。输入命令“javac”后，按【Enter】键，如果出现如图 1-60 所示的内容，则证明环境变量配置成功。

```
管理员: C:\Windows\system32\cmd.exe
Microsoft Windows [版本 6.1.7601]
版权所有 (c) 2009 Microsoft Corporation。保留所有权利。

C:\Users\Administrator>java -version
java version "1.7.0_05"
Java(TM) SE Runtime Environment (build 1.7.0_05-b05)
Java HotSpot(TM) Client VM (build 23.1-b03, mixed mode, sharing)

C:\Users\Administrator>javac
用法: javac <options> <source files>
其中, 可能的选项包括:
  -g                         生成所有调试信息
  -g:none                    不生成任何调试信息
  -g:{lines,vars,source}     只生成某些调试信息
  -nowarn                    不生成任何警告
  -verbose                   输出有关编译器正在执行的操作的消息
  -deprecation               输出使用已过时的 API 的源位置
  -classpath <路径>            指定查找用户类文件和注释处理程序的位置
  -cp <路径>                   指定查找用户类文件和注释处理程序的位置
  -sourcepath <路径>           指定查找输入源文件的位置
  -bootclasspath <路径>        覆盖引导类文件的位置
  -extdirs <目录>              覆盖所安装扩展的位置
  -endorseddirs <目录>         覆盖签名的标准路径的位置
  -proc:{none,only}          控制是否执行注释处理和/或编译。
     半:
```

图 1-60　环境变量配置成功

1.5.3　xampp 解压与运行

xampp（Apache+MySQL+PHP+Perl）是一个功能强大的软件站集成软件包。xampp 的安装和使用也非常方便，只需下载、解压缩、启动即可。具体操作步骤如下。

（1）解压 xampp.rar（文件所在位置：智能家居安装与维护资源\开发环境\样板间\手动搭建\xampp.rar）。将 xampp.rar 解压至 C 盘根目录下，如图 1-61 所示（数据库和 Web 服务器等都已经配置安装好了，可以直接使用）。

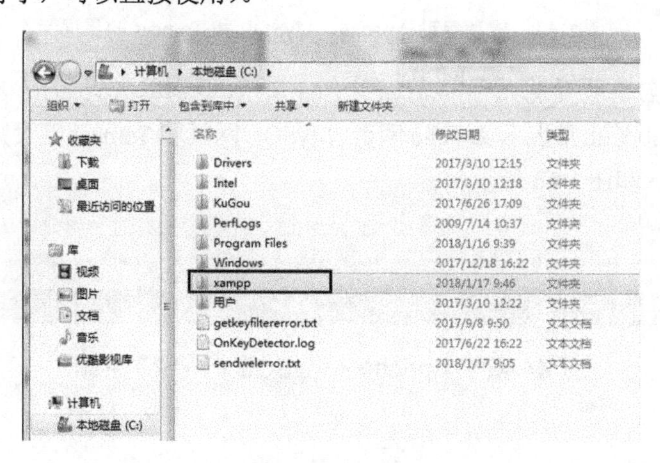

图 1-61　xampp 路径

（2）启动服务。进入【C:\xampp】文件夹，右击【xampp-control.exe】可执行程序，在弹出的快捷菜单中选择【以管理员身份运行】命令，依次单击 3 个【Start】按钮即可启动 Apache、MySQL 和 Tomcat 服务，如图 1-62 所示。

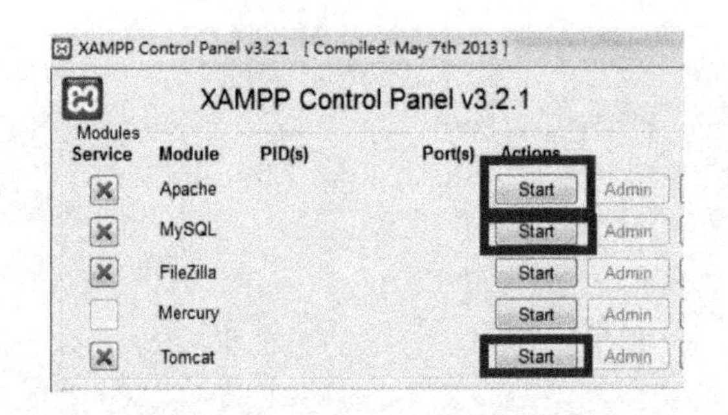

图 1-62　启动服务

注意：若 Apache、MySQL 服务启动失败，则有可能是端口被占用，可以查看当前占用 443 端口或者 3306 端口的进程，关闭该进程，重新启动 xampp 即可。

如果上面的两个服务顺利启动完成，再单击 Tomcat 的【Start】按钮，启动 Tomcat 服务，如果启动 Tomcat 服务出错，则检查 JDK 环境变量是否配置好，参见 1.5.2 节。Apache、MySQL 和 Tomcat 成功启动后的界面，如图 1-63 所示。

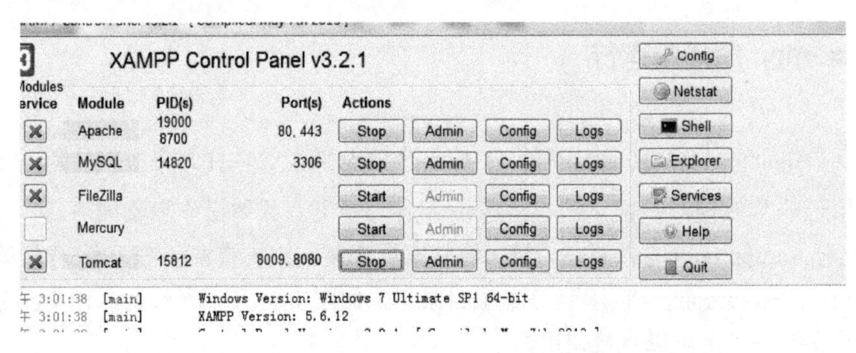

图 1-63　成功启动 Apache、MySQL 和 Tomcat 的界面

(3)验证服务启动是否成功。完成后如图 1-63 所示，分别单击 Apache、MySQL 和 Tomcat 的【Admin】按钮，能够正常显示 Apache 网页、MySQL 网页和 Tomcat 网页则说明启动成功，如图 1-64、图 1-65 和图 1-66 所示。

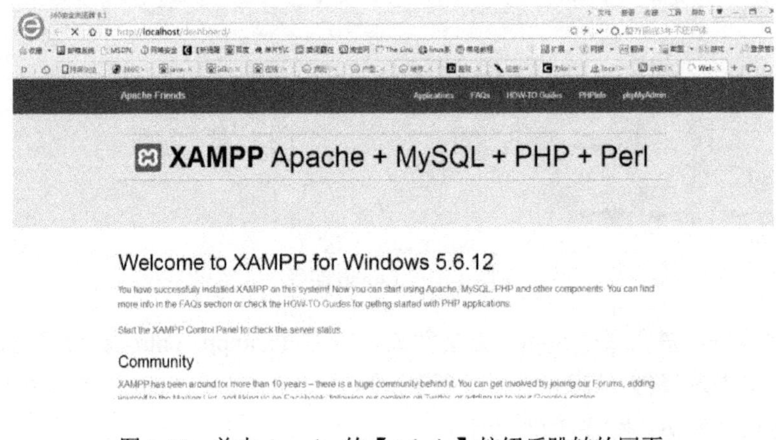

图 1-64　单击 Apache 的【Admin】按钮后跳转的网页

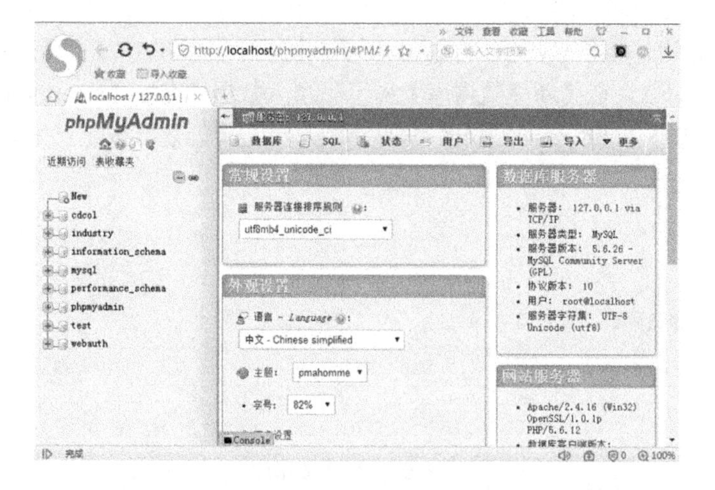

图 1-65　单击 MySQL 的【Admin】按钮后跳转的数据库网页

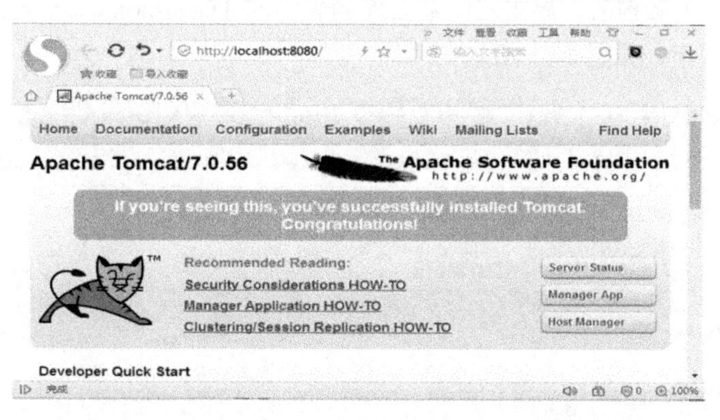

图 1-66 单击 Tomcat 的【Admin】按钮后跳转的网页

【技术点评】

1. 要确保将解压后的 xampp 文件夹放在 C 盘根目录下。

2. 如果 Apache 和 MySQL 这两个服务启动不起来，可考虑查看以下因素：

（1）xampp 文件夹的放置不对。注意：一定要解压 xampp 为【C:\xampp】，不要成为【C:\xampp\xampp】;

（2）查看环境变量是否正确配置，参见 1.5.2 节。

1.5.4　MySQL 配置

服务器网络需要的底层数据库不需要创建，本书资源中已经提供，只需要完成 MySQL 数据库的创建、导入已有的数据表即可。具体操作步骤如下。

（1）创建数据库。单击 MySQL 的【Admin】按钮，弹出如图 1-65 所示的数据库网页后，单击【数据库】工具。，在【新建数据库】提示下填入数据库名字“smarthomeserversql”，在右侧编码列表中选择【utf8_general_ci】编码选项，单击【创建】按钮，完成数据库的创建，如图 1-67 所示。

数据库

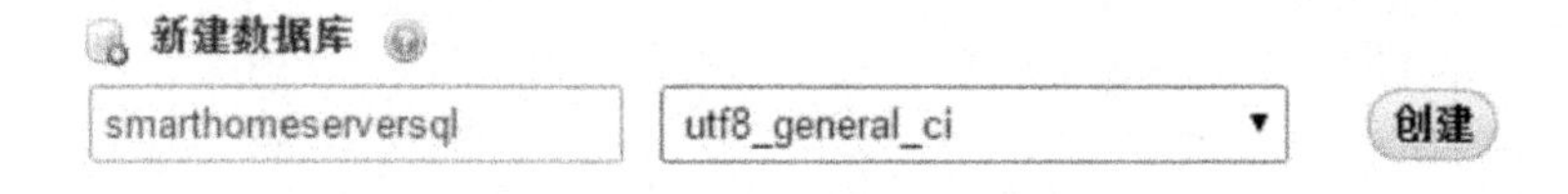

图 1-67　创建数据库

（2）导入已有的数据表。单击左侧数据库列表中的【smarthomeserversql】数据库后，单击右侧【导入】按钮，如图 1-68 所示。

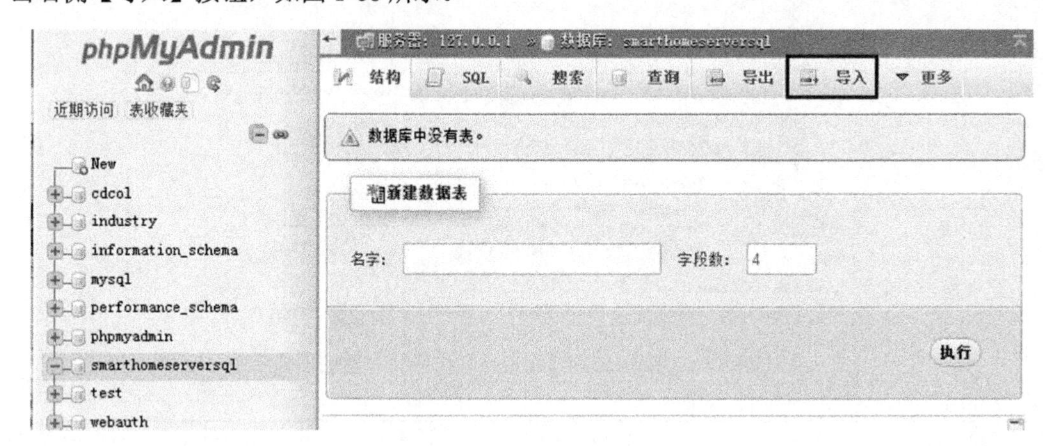

图 1-68　数据表导入

（3）单击【选择文件】按钮选择文件，如图 1-69 所示。

导入到数据库“smarthomeserversql”

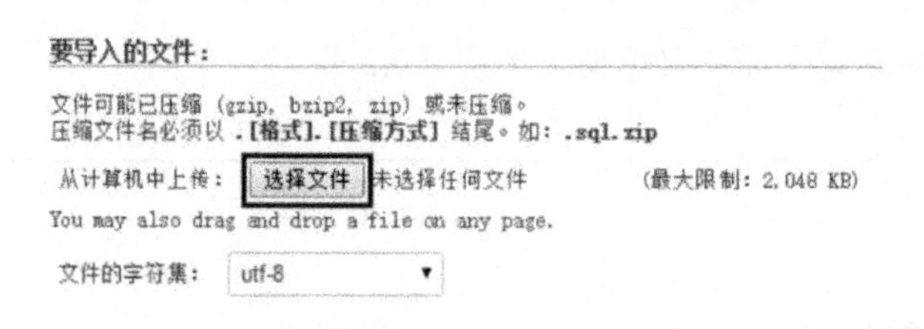

图 1-69　数据表导入—选择文件

（4）选择【smarthomeserversql.sql】文件，单击【打开】按钮，如图 1-70 所示。

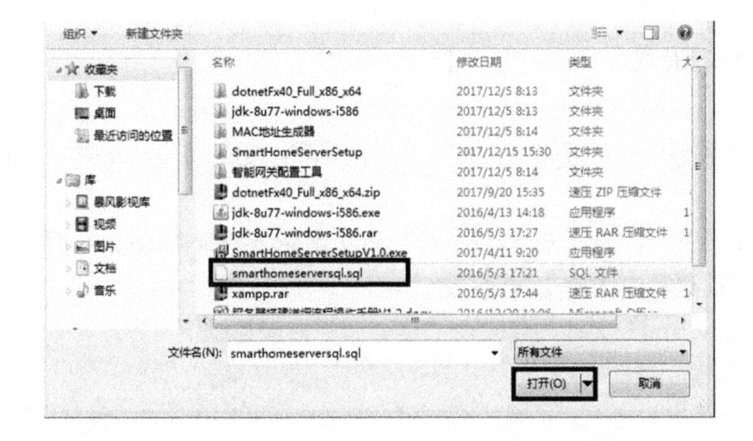

图 1-70　选择【smarthomeserversql.sql】文件

（5）将右侧的滚动条拖动到最后，单击【执行】按钮，如图 1-71 所示。

图 1-71　执行“.sql”文件

（6）等待执行完成，可在左侧列表内看见多个数据库表，表示数据库表导入成功，如图 1-72 所示。

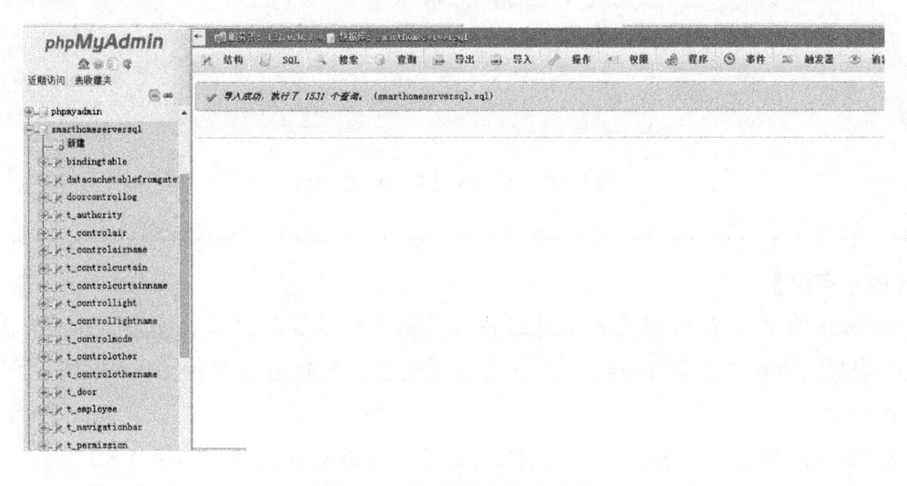

图 1-72　数据库表导入成功

1.5.5 Tomcat 配置

Tomcat 的配置体现在对【server.xml】文件的编辑，定义访问网站的 url 和应用部署。具体操作步骤如下。

（1）如图 1-73 所示，在【xampp\tomcat\conf】目录下找到【server.xml】文件，右击此文件，在弹出的快捷菜单中选择【编辑】命令。

（2）在【server.xml】文件的<Host></Host>节点内添加以下内容：

```
    <Context path="/bizidealconfig" docBase="C:\Program Files(x86)\
SmartHomeServer\ Bizideal_SmartHomeServer.war" unpackWAR="false"/>
```

完成后的效果图如图 1-74 所示。其中，“/bizidealconfig”为自定义字符串，访问该网站的 url 地址的名称如“http://localhost:8080/ bizidealconfig/login.jsp”（“bizidealconfig”是在【server.xml】文件里面设置的【/bizidealconfig】路径）。【docBase】是 Web 应用和本地路径，【docBase】下面的【.war】文件将被自动解压缩并部署为应用。

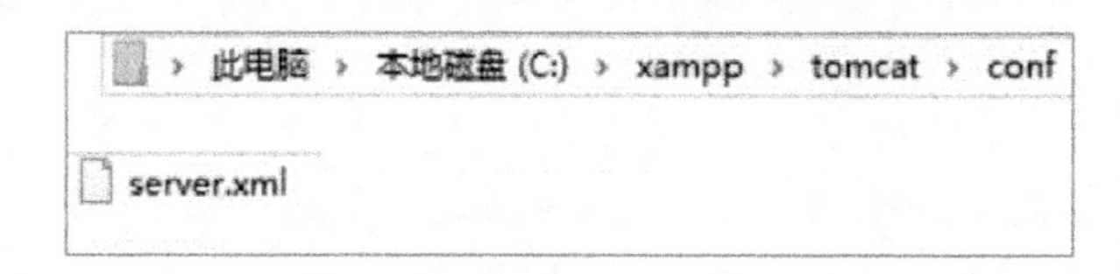

图 1-73　打开【server.xml】文件

```
server.xml - 记事本
文件(F) 编辑(E) 格式(O) 查看(V) 帮助(H)
        <!-- SingleSignOn valve, share authentication between web applications
             Documentation at: /docs/config/valve.html -->
        <!--
        <Valve className="org.apache.catalina.authenticator.SingleSignOn" />
        -->

        <!-- Access log processes all example.
             Documentation at: /docs/config/valve.html
             Note: The pattern used is equivalent to using pattern="common" -->
        <Valve className="org.apache.catalina.valves.AccessLogValve" directory="logs"
               prefix="localhost_access_log." suffix=".txt"
               pattern="%h %l %u %t &quot;%r&quot; %s %b" />

<Context path="/bizidealconfig" docBase="C:\Program Files\SmartHomeServer
\Bizideal_SmartHomeServer.war" unpackWAR="false"/>


        </Host>
    </Engine>
  </Service>
</Server>
```

图 1-74　【Tomcat】的配置内容

【技术点评】

docBase 的值为 Web 应用和本地路径（具体位置以实际计算机安装目录为准）。配置完毕后，请重新启动 xampp，以保证配置生效，重新启动后的 xampp 的界面与图 1-56 一致。

若 Tomcat 闪退，请查看 JAVA_HOME 变量是否配置正确，参见 1.5.2 节。

1.5.6　服务器软件 SmartHomeServer 安装

SmartHomeServer 是服务器网络创建中必须启动的服务，主要负责网关通信等，也可以通过此软件窗口查看移动端软件控制样板间设备的响应状态。安装 SmartHomeServer 的操作步骤如下。

（1）双击【SmartHomeServerSetup.exe】可执行程序（文件所在位置：智能家居安装与维护资源\开发环境\样板间\手动搭建\ SmartHomeServerSetup.exe），如图 1-75 所示，单击【下一步】按钮。

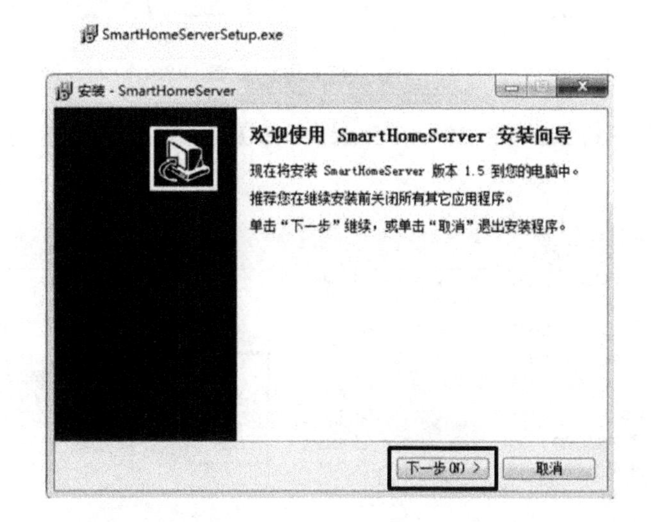

图 1-75　安装 SmartHomeServer

（2）安装程序需要输入密码：“BizidealSmartHome”，如图 1-76 所示，单击【下一步】按钮。

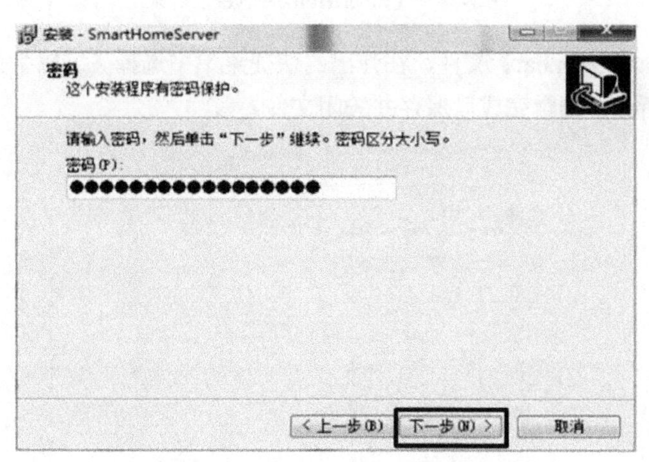

图 1-76　输入密码“BizidealSmartHome”

（3）单击【安装】按钮，开始安装程序，如图 1-77 所示。

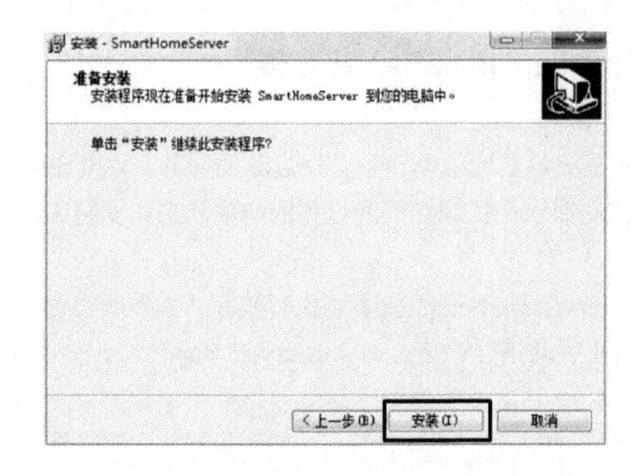

图 1-77　确定安装

（4）在【C:\Program Files\SmartHomeServer】目录下可以看到如图 1-78 所示的【StartServer.bat】文件。

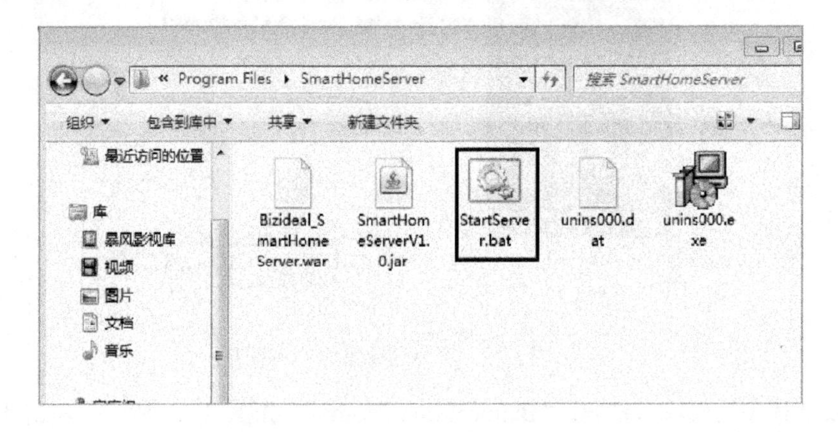

图 1-78　【SmartHomeServer】目录

（5）右击【StartServer.bat】文件，在弹出的快捷菜单中选择【编辑】命令，编辑此文件内容，如图 1-79 所示，编辑完成后保存并关闭文件。

图 1-79　编辑【StartServer.bat】文件内容

(6) 再次右击【StartServer.bat】文件，在弹出的快捷菜单中选择【以管理员身份运行】命令，出现如图 1-80 所示的【设备 ID】提示框，单击【确定】按钮，则出现如图 1-81 所示的“警告”提示框。

图 1-80　【设备 ID】提示框

图 1-81　“警告”提示框

(7) 此时，在【C:\Program Files\SmartHomeServer】目录下会多出一个文件名为【DeviceKye.text】的文本文件，如图 1-82 所示。

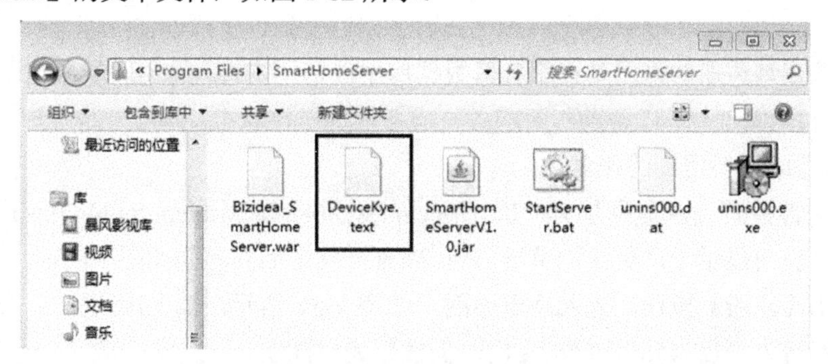

图 1-82　【DeviceKey.text】文本文件

(8) 右击【DeviceKey.text】文件，在弹出的快捷菜单中选择【编辑】命令，可以看到如图 1-83 所示的设备 ID。将获取到的如图 1-84 所示的激活码（由企想公司提供，激活码根据计算机的不同而不同）覆盖到【DeviceKye.text】并保存。

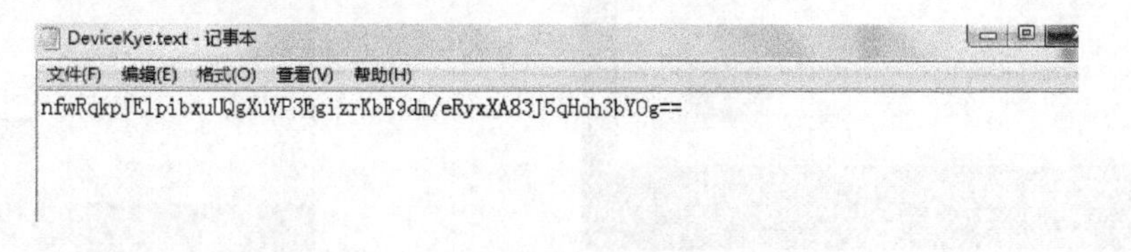

图 1-83　【DeviceKey.text】内的设备 ID

图 1-84　激活码示例

（9）再次双击运行【StartServer.bat】文件，会发现多了【Log_】文件，并且在任务管理器中可以找到【javaw.exe】进程，表示程序运行正常，如图 1-85 所示。

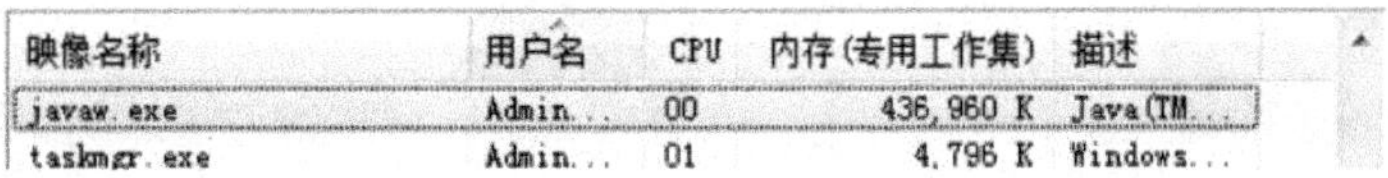

映像名称 用户名 CPU 内存(专用工作集) 描述
javaw.exe Admin... 00 436,960 K Java(TM...
taskmgr.exe Admin... 01 4,796 K Windows...

图 1-85 【javaw.exe】进程

1.5.7 网关链接查询注册

网关链接查询注册的作用是在服务器数据库中注册用户管理账号，登录这个账号后可以查看网关 IP 和网关信息，以帮助判断网关与服务器的链接状态。此账号是 1.5.9 节网关 IP 和 MAC 地址配置时需要用到的账号。

（1）网关链接查询注册网址为“http://localhost:8080/bizidealconfig/login.jsp”（如果网页为白色，没有任何显示，请更换浏览器），正确打开网址后的界面如图 1-86 所示。

（2）单击【注册】按钮，进入注册界面，如图 1-87 所示，输入用户账号“bizideal”,密码和确认密码皆为“123456”，单击【注册】按钮完成注册。

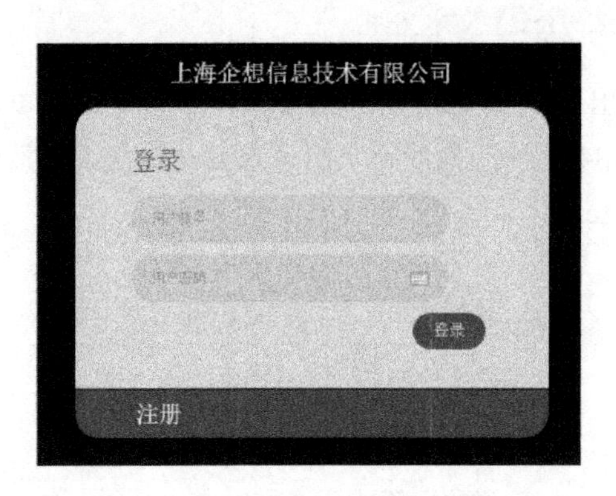

上海企想信息技术有限公司
登录
登录
注册

图 1-86 网关链接查询登录首页

上海企想信息技术有限公司
注册
bizideal
注册
登录

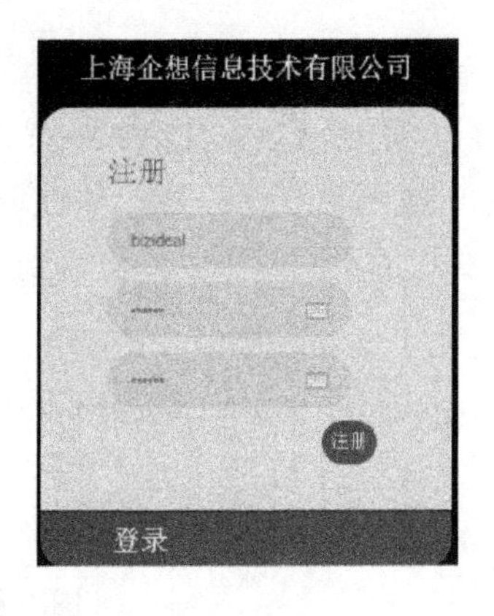

图 1-87 注册界面

（3）注册成功后，单击【登录】按钮，设定用户名和密码后可进入账户管理界面，如图 1-88 所示。

（4）若已经进行了 1.5.9 节的网关 IP 和 MAC 地址配置，即可以通过单击【查看 IP】命令查看当前网关 IP，判断网关是否连接上服务器，如图 1-89 所示。

（5）可以通过单击【网关信息】命令，来查看网关最后上传信息的时间，如图 1-90 所示。

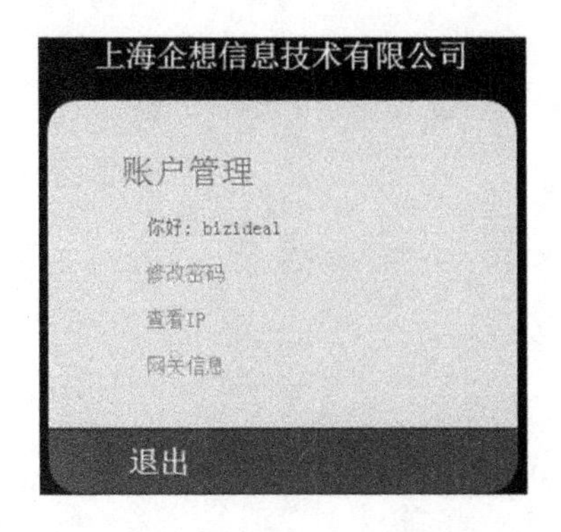

图 1-88　账户管理界面

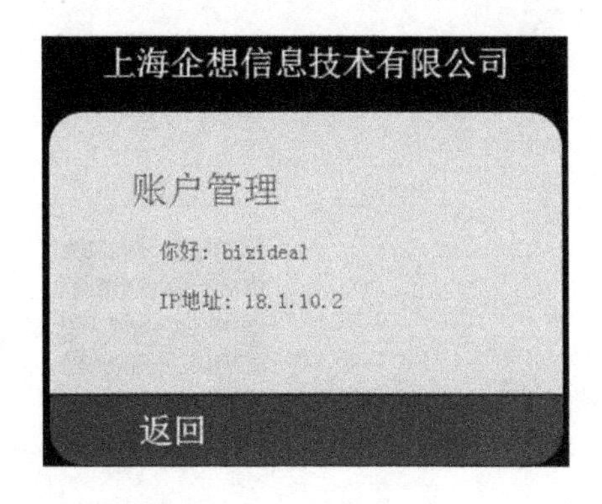

图 1-89　查看当前网关 IP

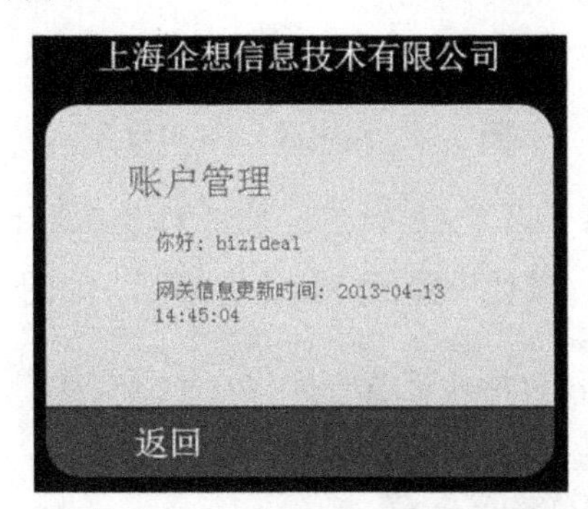

图 1-90　网关信息

【技术点评】

此处的账号和密码是 1.5.9 节用智能网关配置工具配置网关时的登录用户名和密码，两处必须保持一致。注册完毕后，在 MySQL 数据库的最后一张表【usermanagement】中可以看到所注册的账号和密码。

1.5.8　路由器、服务器 IP 配置

路由器、服务器 IP 配置的目的是搭建一个局域网，以供移动终端软件使用，具体操作步骤如下。

（1）LAN 口设置。在浏览器中输入路由器 IP，默认是“192.168.1.1”，具体见路由器的背面，按【Enter】键后，进入路由器设置界面，将路由器的【LAN 口 IP】改为“18.1.10.1”，子网掩码改为 255.255.0.0，单击【保存】按钮，保存 LAN 口设置，如图 1-91 所示。

图 1-91　路由器 LAN 口设置

（2）配置 DHCP 服务器。将【地址池开始地址】设置为“18.1.10.1”，将【地址池结束地址】设置为“18.1.10.100”，其他设置保持默认值即可，如图 1-92 所示。

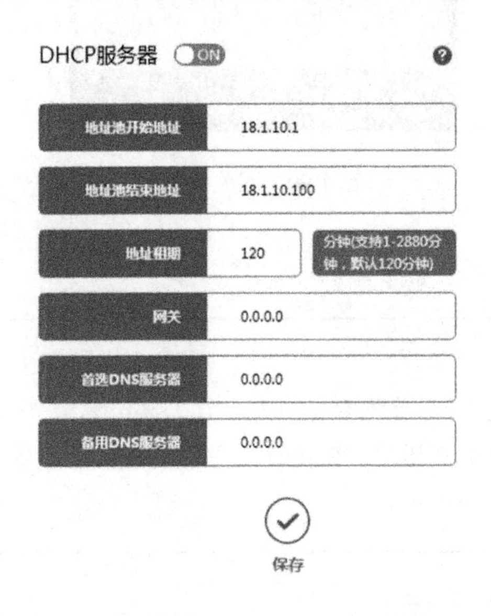

图 1-92　DHCP 服务器配置

（3）单击【开始】菜单，找到【控制面板】并打开，依次选择【网络和 Internet】选项、【网络和共享中心】选项，在“查看活动网络”分组下找到【本地连接】并单击打开，弹出【本地连接 状态】对话框，单击【属性】按钮，弹出【本地连接 属性】对话框，单击选中【Internet 协议版本 4（TCP/IPv4）】项目，再单击【属性】按钮，弹出【Internet 协议版本 4（TCP/IPv4）属性】对话框，将计算机的 IP 地址改为固定的 IP 地址“18.1.10.7”，子网掩码设置为“255.255.0.0”，默认网关设置为“18.1.10.1”，如图 1-93 所示，此服务器的 IP 地址在后续程序开发中会用到。

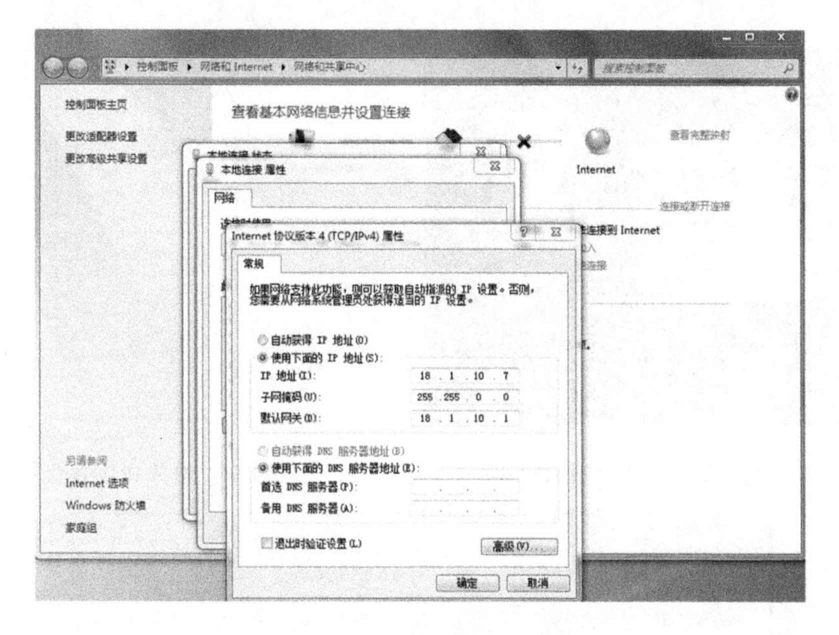

图 1-93　服务器计算机 IP 配置

【技术点评】

在配置服务器时，若出现 IP 地址冲突，先将计算机的 IP 地址设置为自动获取，查看与计算机的 IP 地址相同的设备，断开该设备与路由器的连接，再将计算机的 IP 地址改成要求的 IP 地址，然后再重新连接刚才的设备即可。这里默认网关的 IP 地址是路由器 IP 地址，如果默认网关有错误，将无法进入路由器管理界面。

1.5.9　网关 IP 和 MAC 地址配置

网关 IP 和 MAC 地址配置是安装配置服务器的最后一步，也是第 2 章开发的 A8 网关程序在服务器网络搭建中起作用的一环，具体操作步骤如下。

（1）将 A8 网关用网线与路由器某一 LAN 口相连。注意，配置前，A8 网关要通过 USB 转串口线连接协调器，如图 1-94 所示，并打开串口，连接服务器，开启监听。

（2）以管理员身份运行智能网关配置工具下的智能家居应用配置软件，切换至【IP 配置】选项卡，输入用户名“bizideal”，密码“123456”，单击【登录】按钮，如图 1-95 所示。

（3）进行网关配置，配置的参数如图 1-96 所示，这里的 IP 指的是网关的 IP 地址，可以在路由器管理界面中查看；服务器 IP 是计算机的 IP 地址；Mask 是掩码，与配置服务器 IP 时保持统一，为“255.255.0.0”；Mac 地址为“08:90:90:82:66:3F”,在本书提供的资源的【开发环境\样板间\手动搭建\MAC 地址生成器】目录下的【Mac.txt】文件中可以任选一个 MAC 地址作为网关的 MAC 地址。

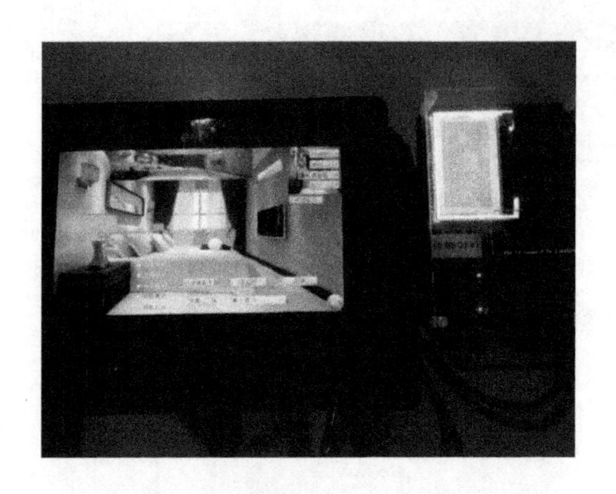

图 1-94　待配置的 A8 网关连接协调器

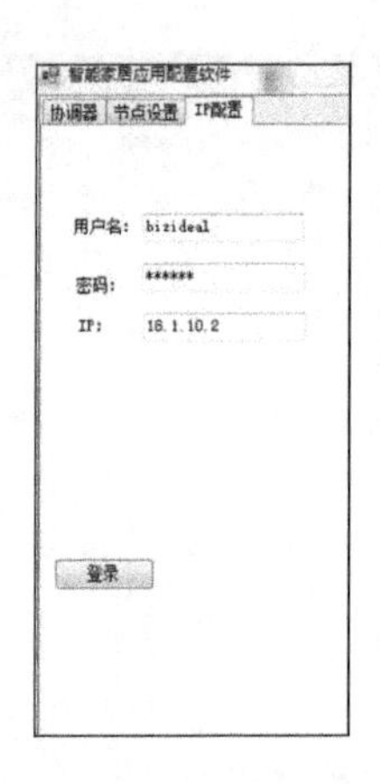

图 1-95　网关 IP 配置登录

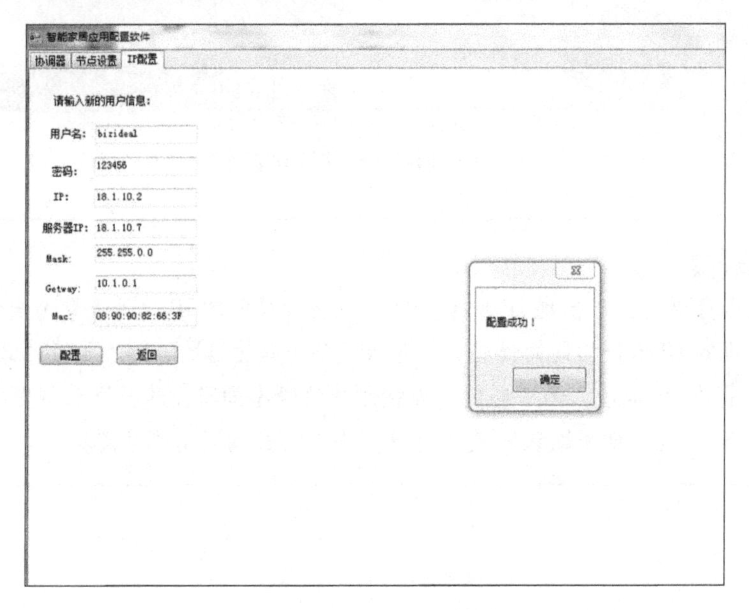

图 1-96　配置网关

（4）出现【配置成功】提示对话框，则表示网关 IP 和 MAC 地址配置成功。这时，网关会自动重启。在重启成功后，若无法进行信息采集和控制，请手动重启网关。

【技术点评】

在配置 A8 网关与智能网关时不要使用同一个 MAC 地址。

若配置 A8 网关出现“无法连接网关”的提示时，请查看网关是否已经连接了服务器，开启了监听。然后请查看网关的 IP 是否与路由器管理界面呈现的网关 IP 保持一致，若不一致，请重启 A8 网关，并按照新的网关 IP 进行配置。

若出现“网关积极拒绝”的提示时，请查看网关连接和监听服务器的代码是否正确；在烧写镜像时，可更换一个 MAC 地址，以防止 MAC 地址冲突。

1.5.10　服务器可用性的验证

服务器可用性的验证可通过查看 3 张数据库表的内容进行，若 3 张表的内容正确，则证明服务器配置成功，具体操作步骤如下。

（1）服务器配置完毕后，打开已经运行的【xampp】窗口界面，如 1.5.3 节中的图 1-62 所示。

（2）单击“MySQL”的【Admin】按钮，进入数据库管理界面，如图 1-97 所示。

图 1-97　数据库管理界面

（3）单击数据库列表中的【smarthomeserversql】数据库，找到该数据库中最后一张数据表【usermanagement】，确定用户名“bizideal”和密码“123456”在数据库表中，如图 1-98 所示。

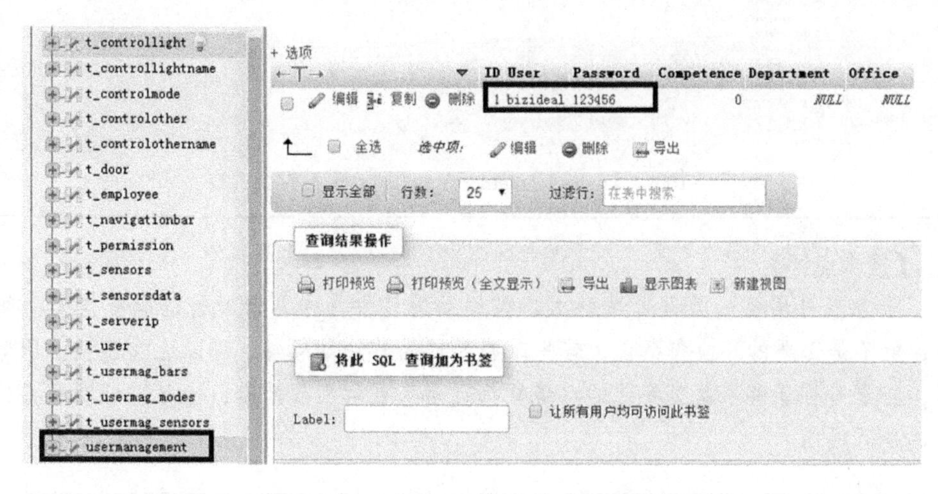

图 1-98　【usermanagement】数据表内容

（4）打开第一张数据表【bindingtable】，查看用户名、IP、端口是否正确，其中 IP 指的是网关 IP，如图 1-99 所示。

图 1-99 【bindingtable】数据表内容

（5）最后打开数据表【datacachetablefromgateway】，查看是否能够采集到数据，以及数据是否可以实时刷新，如图 1-100 所示。

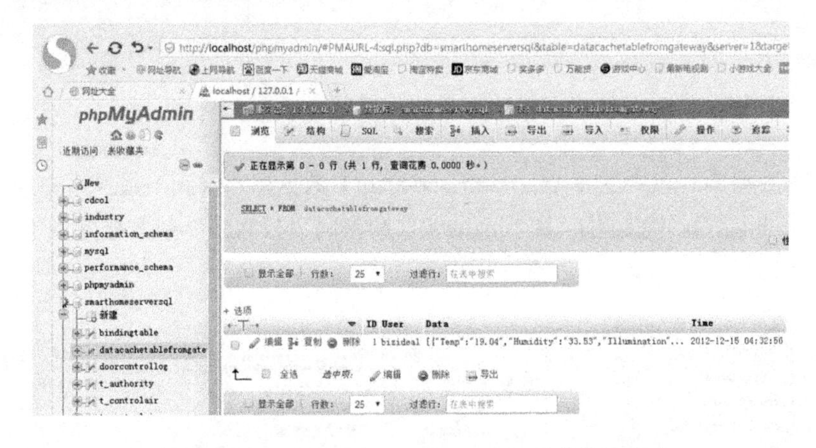

图 1-100 【datacachetablefromgateway】数据表内容

【技术点评】

服务器可用性的验证可帮助用户在移动端软件尚未写好时验证服务器是否可用，但不是必要的。换句话说，若此时有现成的移动端软件，可以让它连接上服务器，查看是否能够采集到变化的环境数据，是否能够实现控制，也可以证明服务器搭建是否成功。

02 第 2 章　智能家居网关程序开发

2.1　新建工程

创建工程是整个项目的开始，在此之前要先了解 Ubuntu 和 Qt 开发环境。创建 QtGui 应用是创建工程的第一步，为了开发智能家居网关程序，必须进行一些基础性工作：导入提供的库文件及头文件；修改【.pro】文件和【main.cpp】文件；新建并导入资源文件；创建串口文件；新建 Qt 设计师界面类及运行程序。

2.1.1　开启虚拟机

智能家居网关程序开发是在虚拟机中进行的，使用的操作系统是【Ubuntu】。智能家居网关程序开发，也称为下位机开发，是先在计算机中开发程序，然后制作镜像，移植到网关，再使用网关控制样板间的设备。

（1）认识 Ubuntu 开发环境。它是一种以桌面应用为主的开源 GNU/Linux 操作系统。这里 Ubuntu 运行在虚拟机中，打开虚拟机【VMware Workstation】（文件所在路径：智能家居安装与维护资源\开发环境\QT 竞赛工具\QT 开发环境\VMware-10.0.3-1G4LV-FZ25P-0ZCN8- ZA3QH-8C00C.exe，需要先安装此软件），如图 2-1 所示。

（2）单击【开启此虚拟机】按钮，开启 Ubuntu，若没有 Ubuntu，请先在主页中单击【打开虚拟机】命令，选择【Ubuntu.vmx】文件（本书提供了 Ubuntu 镜像的 3 个压缩文件，所在位置是：智能家居安装与维护资源\开发环境\QT 竞赛工具\QT 开发环境\，同时选中这 3 个文件解压缩即可，打开解压后的文件夹即可看到【Ubuntu.vmx】文件）。重启后，会看到【Ubuntu】用户登录界面，如图 2-2 所示。

图 2-1 虚拟机界面

图 2-2 【Ubuntu】用户登录界面

（3）单击用户名“zdd”，输入密码“bizideal”，单击【登录】按钮，进入【Ubuntu】界面，如图 2-3 所示。

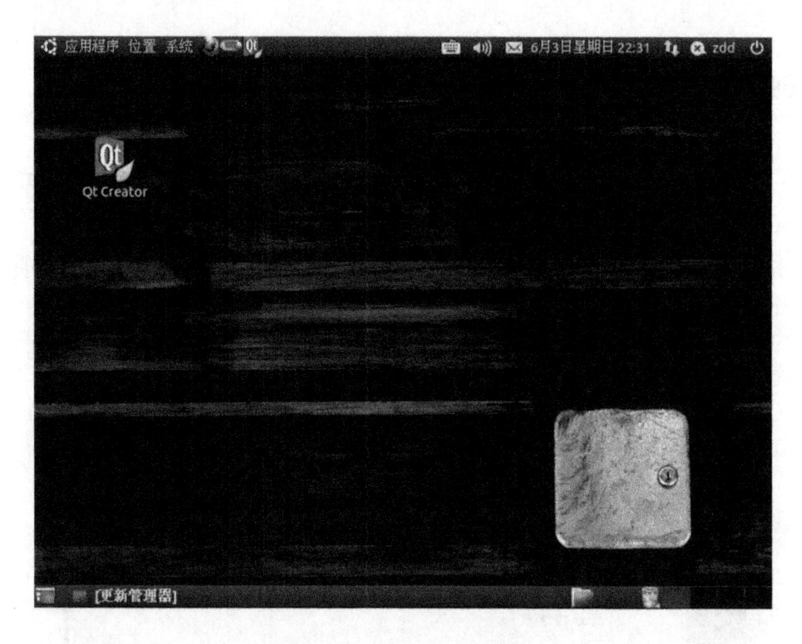

图 2-3　【Ubuntu】界面

（4）在系统桌面上只有一个绿色的图标，如图 2-4 所示，这是编程软件【Qt Creator】的图标。双击“Qt”图标，进入【Qt Creator】的欢迎界面，如图 2-5 所示。

图 2-4　Qt 图标

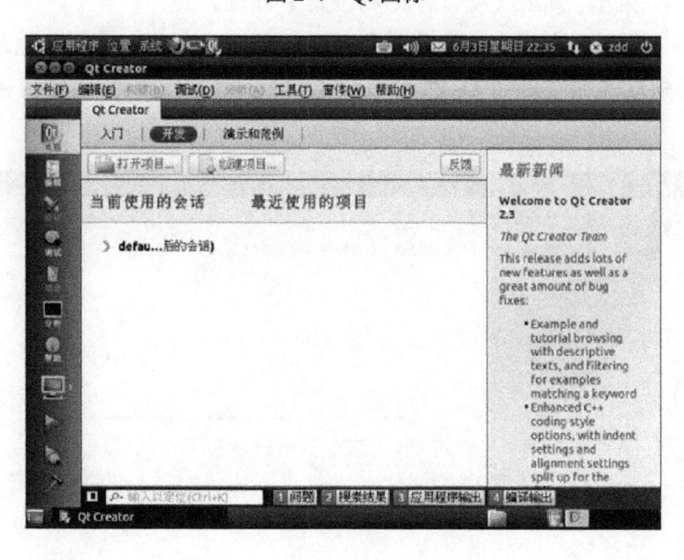

图 2-5　【Qt Creator】欢迎界面

2.1.2 创建 QtGui 应用

Qt 提供了设计师工具，可以很方便地使用鼠标拖动的方式绘制界面，这就需要了解如何创建 QtGui 应用项目。

（1）单击【欢迎】界面中的【创建项目…】按钮，弹出如图 2-6 所示的【新项目】界面。

图 2-6 【新项目】界面

（2）选中【Qt 控件项目】列表项，单击其中的【Qt Gui 应用】选项，然后单击提示框右下角的【选择】按钮，弹出【项目介绍和位置】界面。

（3）如图 2-7 所示，在【名称】中输入“SmartHomeQT”，设置工程路径（如果没有特殊要求，选择默认的路径即可），然后单击【下一步】按钮，弹出【目标设置】界面，如图 2-8 所示。

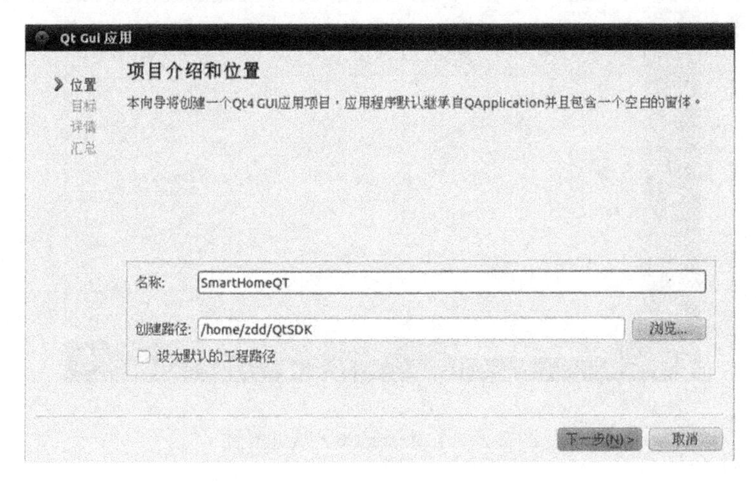

图 2-7 Qt Gui 项目位置设置

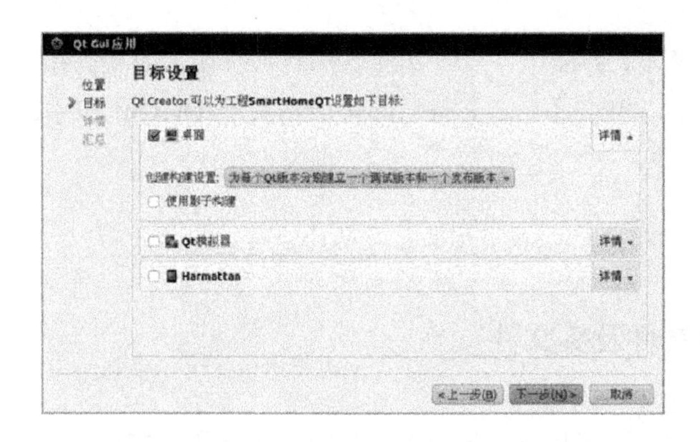

图 2-8　【目标设置】界面

（4）如图 2-8 所示，在目标设置中有 4 个复选框，取消勾选【使用影子构建】复选框后，单击【下一步】按钮，弹出【类信息】设置界面，如图 2-9 所示。在【类名】中输入第一个类的名称“LoginDialog”，在【基类】中选择最后一个【QDialog】类。当类名写好后，头文件、源文件、界面文件的名称都会自动生成，默认即可。勾选【创建界面】复选框。设置完毕后，单击【下一步】按钮进入【项目管理】界面，如图 2-10 所示。

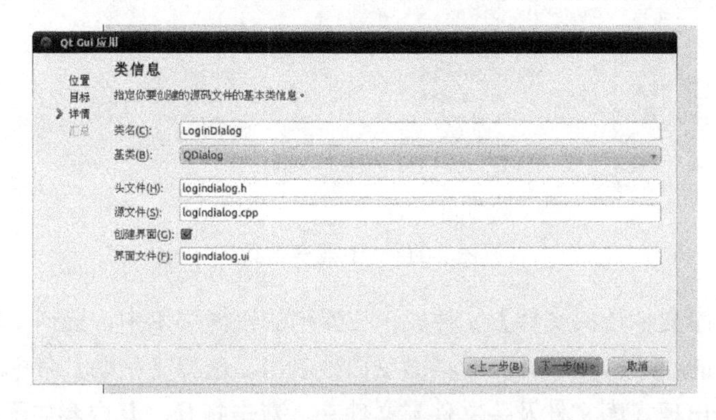

图 2-9　【类信息】设置界面

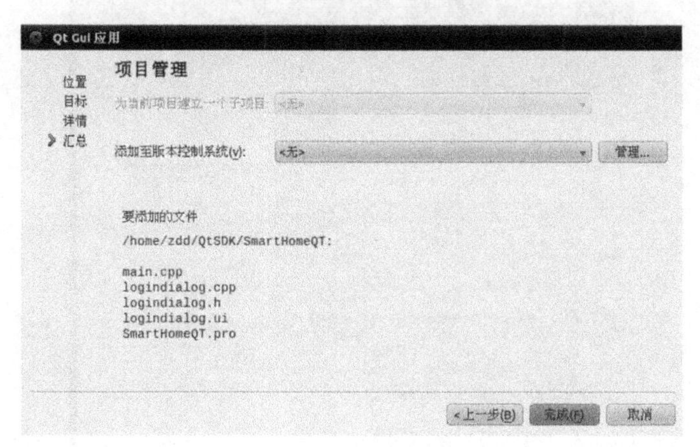

图 2-10　【项目管理】界面

（5）在【项目管理】界面中，查看文件名称是否有误，如果有错误则返回上一步进行修改。如果没有错误，单击【完成】按钮即可成功新建 Qt Gui 应用。自动产生的【.pro】文件是 Qt 的工程文件。

2.1.3 导入库文件及头文件

为了能够进行网关程序开发，需导入必要的库文件和头文件。

智能家居安装与维护所使用的库文件及头文件放在本书所带资源的 QT 竞赛工具文件夹中（文件所在位置：智能家居安装与维护资源\开发环境\QT 竞赛工具）。最小化 Ubuntu 系统后，进入 Windows 系统，找到 QT 竞赛工具，如图 2-11 所示。下面开始导入库文件和头文件。

图 2-11　QT 竞赛工具

（1）右击【库文件及头文件】文件夹，在弹出的快捷菜单中，选择【复制】命令。然后重新进入 Ubuntu 系统，在 Ubuntu 桌面空白处右击，选择【粘贴】命令。粘贴完毕后在虚拟机桌面上会出现【库文件及头文件】文件夹，双击打开，其内容如图 2-12 所示。

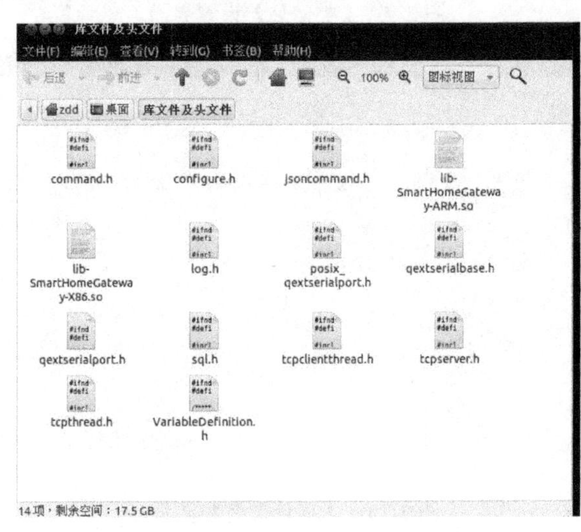

图 2-12　【库文件及头文件】文件夹

（2）文件夹打开后请查看图 2-12 界面是否与原文件夹内容一样有 14 个文件，如果有，就说明复制成功，如果没有，则说明复制失败。若复制失败，将文件夹重新粘贴替换，再次查看文件夹应该就会全部存在了。

（3）回到已新建好的工程，右击工程目录中的【头文件】文件夹，在弹出的快捷菜单中选择【显示包含的目录…】命令，如图 2-13 所示，操作完成后即可打开头文件所在的文件夹。选中【库文件及头文件】文件夹内的所有文件，复制到工程头文件目录当中。复制完成后的结果如图 2-14 所示。

图 2-13　显示头文件包含的目录

图 2-14　复制库文件及头文件到工程的头文件目录界面

（4）回到 Qt Creater 页面，右击【头文件】文件夹，在弹出的快捷菜单中选择【添加现有文件】命令，弹出【添加现有文件】界面，如图 2-15 所示。

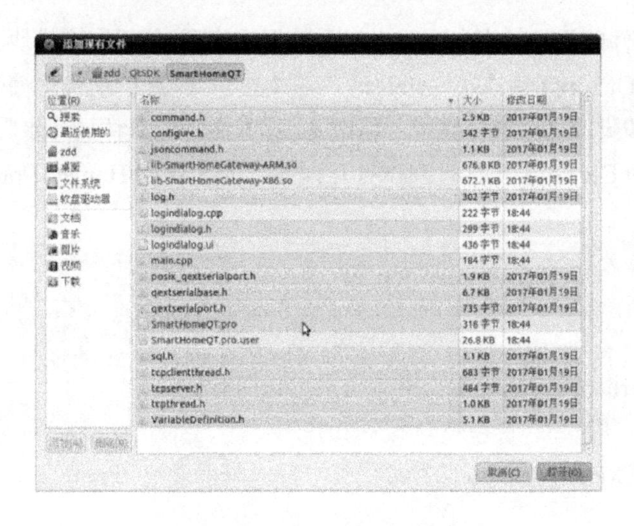

图 2-15　【添加现有文件】界面

（5）在如图 2-15 所示的界面中，按住【Ctrl】键，依次单击选中头文件及库文件中的 12 个文件（除【lib-SmartHomeGateway-X86.so】和【lib-SmartHomeGateway-ARM.so】文件外，其他头文件及库文件都选中）如图 2-16 所示。

（6）单击【打开】按钮，这时，工程目录的头文件中就会包含刚才选中的 12 个文件，如图 2-17 所示。

图 2-16　选择 12 个头文件

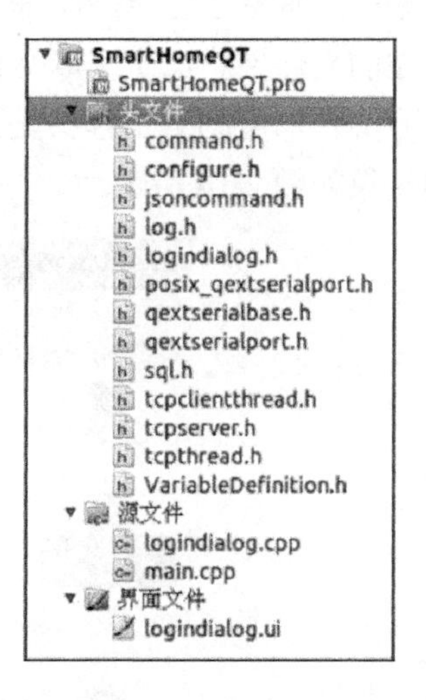

图 2-17　导入头文件后的工程目录结构

2.1.4　修改【.pro】文件

修改【.pro】文件的目的是为在项目中加入数据库应用、使用网络模块、C++和 JavaScript 相互通信做准备。Qt Script 集成了 QObject，为脚本提供了 Qt 的信号与槽（Signals & Slots）机制，可在 C++和脚本之间进行集成。修改【.pro】文件的具体操作步骤如下。

（1）回到【Qt Creator】页面，双击打开程序下的【SmartHomeQT.pro】文件，在文件中加入以下代码：

```
QT+=sql
QT+=network
QT+=script
```

（2）在【SmartHomeQT.pro】文件中再加入以下代码：

```
LIBS+=./lib-SmartHomeGateway-X86.so
```

代码加完后的效果，如图 2-18 所示。

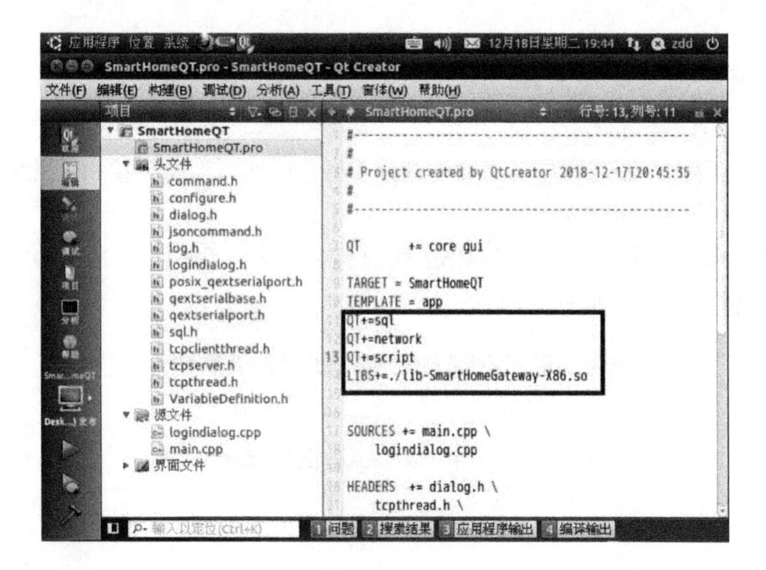

图 2-18　SmartHomeQT.pro 文件

2.1.5　修改【main.cpp】文件

在实际开发中，项目工程支持中文显示的实现步骤如下。

（1）双击打开源文件下的【main.cpp】文件，引入【QTextCodec】头文件，代码如下：

```
#include "QTextCodec"
```

（2）在 main()函数中添加以下代码，使程序支持中文显示：

```
QTextCodec::setCodecForCStrings(QTextCodec::codecForName("UTF-8"));
QTextCodec::setCodecForLocale(QTextCodec::codecForName("UTF-8"));
QTextCodec::setCodecForTr(QTextCodec::codecForName("UTF-8"));
```

（3）形成的代码效果图，如图 2-19 所示。

```
#include <QtGui/QApplication>
#include "logindialog.h"
#include "QTextCodec"
int main(int argc, char *argv[])
{
    QTextCodec::setCodecForCStrings(QTextCodec::codecForName("UTF-8"));
    QTextCodec::setCodecForLocale(QTextCodec::codecForName("UTF-8"));
    QTextCodec::setCodecForTr(QTextCodec::codecForName("UTF-8"));
    QApplication a(argc, argv);
    LoginDialog w;
    w.show();

    return a.exec();
}
```

图 2-19　支持中文显示

2.1.6 新建并导入资源文件

为美化工程界面，还需要导入必要的图片资源，以便后期可直接引用此资源下的图片作为背景等。具体操作步骤如下。

（1）右击【头文件】文件夹，在弹出的快捷菜单中选择【添加新文件】命令，弹出【新建文件】对话框，如图 2-20 所示。

图 2-20 【添加新文件】对话框

（2）在左侧“选择一个模板”的列表中，先单击选择【Qt】列表项，再单击选择右侧列表中的【Qt 资源文件】选项，单击【选择】按钮，弹出【新建 Qt 资源文件】对话框，如图 2-21 所示。

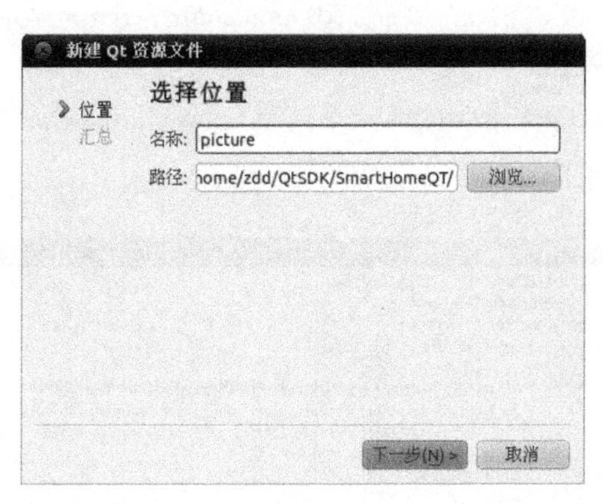

图 2-21 【新建 Qt 资源文件】对话框

（3）输入资源文件的【名称】，查看路径是否为程序路径（可在【Qt Creator】中左侧【项目】选项卡中查看工程路径）。如果路径相同，单击【下一步】按钮后，再单击【完成】按钮，则完成创建资源文件。如果路径不同，请将路径改为工程所在的路径。

（4）将“智能家居安装与维护资源\素材”下的【QT Photo】文件夹复制到 Ubuntu 桌

面。复制成功后将整个图片资源文件夹再复制到工程的构建路径，复制后的效果如图 2-22 所示。

图 2-22　构建路径下的图片资源

（5）双击“资源”下的【picture.qrc】资源，单击【添加】下拉按钮，选择【添加前缀】选项，弹出如图 2-23 所示的【添加前缀】界面。

（6）将图 2-23 所示的【/new/prefix1】前缀删除，然后单击【添加】下拉按钮，选择【添加文件】选项，弹出【打开文件】对话框，在此对话框中找到刚才所复制的图片文件夹【QT Photo】（注意：图片的名字不允许有中文），双击打开该文件夹，并选中所有图片文件，如图 2-24 所示。

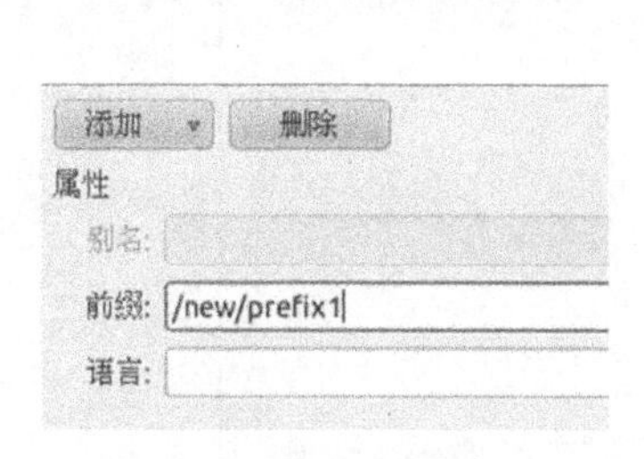

图 2-23　添加【前缀】　　　　图 2-24　【打开文件】对话框

（7）单击【打开】按钮，即可完成图片资源的添加，如图 2-25 所示。

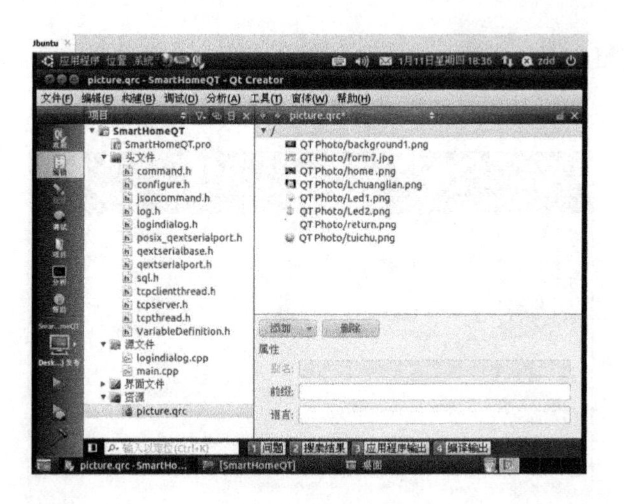

图 2-25　导入图片资源到工程

（8）单击【文件】→【保存所有文件】命令，保存工程。如果不保存，则可能会出现错误提示框，导致程序不能运行。

2.1.7　创建串口文件

在智能家居网关程序开发中，需要打开串口，进行串口通信，以便获取信息采集的数据。使用控制功能，这就需要正确创建串口文件。

（1）右击【头文件】文件夹，在弹出的快捷菜单中选择【新建文件】命令，在【选择一个模板】列表中选择【C++】类下的【C++类】模板，如图 2-26 所示。

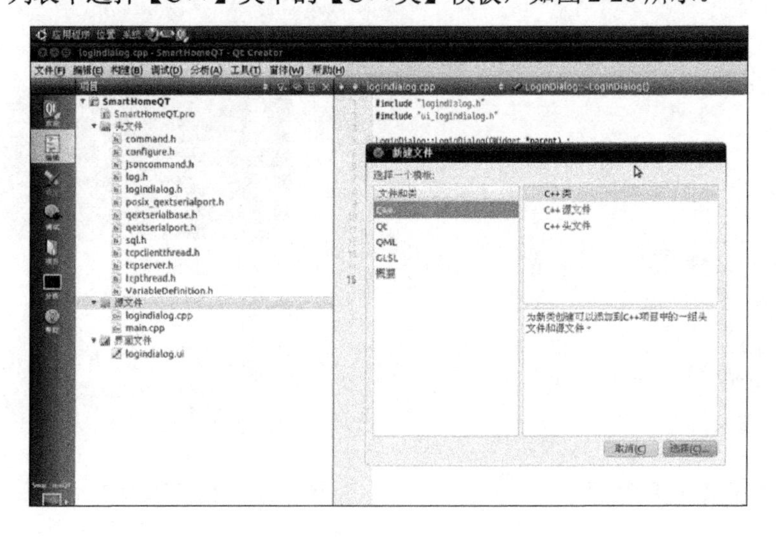

图 2-26　【新建文件】对话框

（2）单击【选择】按钮，弹出【C++类向导】对话框，在【类名】中输入“SerialThread”，在【基类】中输入“QThread”，如图 2-27 所示。注意：“SerialThread”的拼写要正确，否则容易获取不到信息采集的数据。

图 2-27　【C++类向导】对话框

（3）填写完【类名】和【基类】后，单击【下一步】按钮，弹出【项目管理】界面，如图 2-28 所示。

图 2-28　【项目管理】界面

（4）在【项目管理】界面中，查看是否有错误。如果有，则单击【上一步】按钮进行更改；如果没有，单击【完成】按钮即可。单击【完成】按钮后，串口文件就创建好了，自动产生的【SerialThread.cpp】内容如图 2-29 所示，还需要进一步修改。

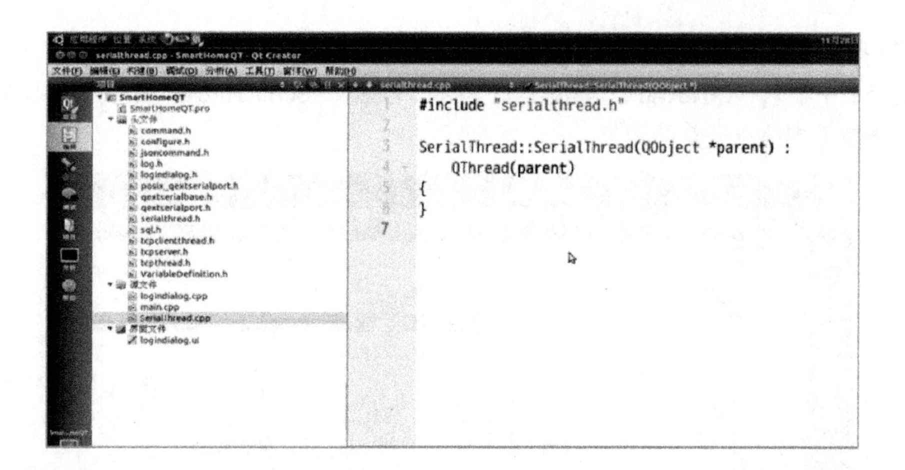

图 2-29　自动产生的【SerialThread.cpp】

（5）修改 SerialThread 类的构造函数的声明如下：

```
SerialThread::SerialThread(){}
```

（6）双击打开头文件下的【SerialThread.h】文件，文件的内容如图 2-30 所示。

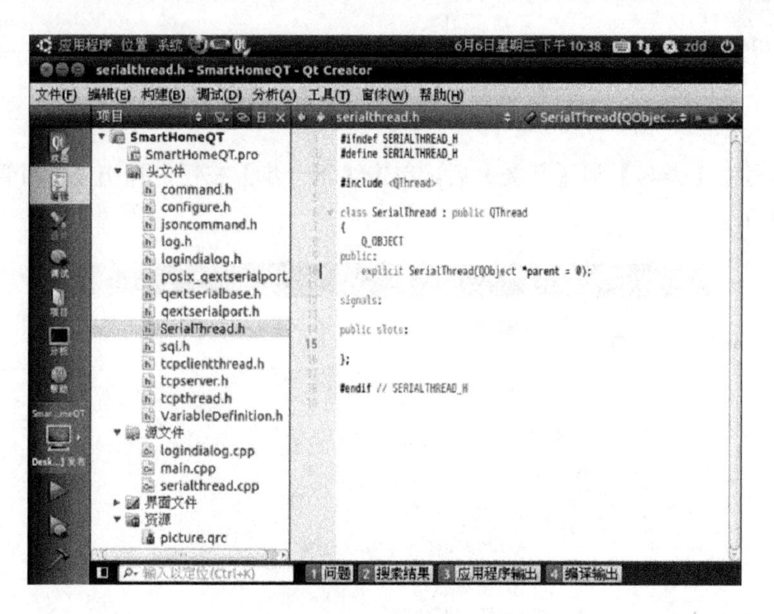

图 2-30　自动产生的【SerialThread.h】

（7）修改 SerialThread 类构造函数的声明如下：

```
public:
explicit SerialThread();//构造函数无参数
```

（8）在【SerialThread.h】文件中添加代码，下文附【SerialThread.h】代码，如【文件 2-1】所示。

【文件 2-1】SerialThread.h

```
#ifndef SERIALTHREAD_H
#define SERIALTHREAD_H
#include <QThread>
#include "posix_qextserialport.h"//引入 posix_qextserialport.h 头文件
class SerialThread : public QThread
{
    Q_OBJECT
public:
    explicit SerialThread();//构造函数无参数
/* Posix_QextSerialPort 指针对象声明,用于配置串口参数*/
    Posix_QextSerialPort *m;
void run();//run()函数声明，用于不间断发射信号
signals:
//信号声明，发射信息采集内容，供相应槽函数接收
    void serialFinished(QByteArray str);
public slots:
};
#endif // SERIALTHREAD_H;
```

（9）将鼠标移动到 run()函数名称上，右击【run()】函数名，依次选择【重构】→【在 serialthread.cpp 添加声明】命令，这时在【SerialThread.cpp】源文件的代码中会自动添加【run()】函数的声明，如下所示：

```
void SerialThread::run()
{
}
```

（10）修改【SerialThread.cpp】源文件的代码如【文件 2-2】所示。

【文件 2-2】SerialThread.cpp

```
#include "serialthread.h"

SerialThread::SerialThread()
{
struct PortSettings tty;
//实例化 Posix_QextSerialPort 对象
    m=new Posix_QextSerialPort
      ("/dev/ttyUSB0",tty,QextSerialBase::Polling);
    m->open(QIODevice::ReadWrite); //以读写权限打开串口
    m->setBaudRate(BAUD9600); //设置波特率为 9600 位
    m->setDataBits(DATA_8); //设置数据位为 8 位
    m->setFlowControl(FLOW_OFF); //设置流控制为关闭
    m->setParity(PAR_EVEN); //设置校验方式为偶校验
```

```
    m->setStopBits(STOP_1); //设置停止位为 1 位
    m->setTimeout(70); //设置超时时长为 70 毫秒
}
void SerialThread::run()
{
    while(1)
    {
        int len=m->bytesAvailable();//保存字节访问的值
        msleep(40);
        if(len==m->bytesAvailable())
        {
            QByteArray t=m->readAll();//读取串口信息
            emit this->serialFinished(t); //发射信号，传递串口信息数据
        }
    }
}
```

在【SerialThread】类的构造函数中设置串口参数，当参数与所示代码相同时，串口能够正常通信，也可以进行设备控制。否则，会导致信息采集值为空及控制无反应。

【run()】函数中的循环条件为死循环，也就是说【run()】函数会运行至程序结束。在该函数中声明了一个 int 型变量【len】来保存字节访问的值，如果延时 40ms 后，【len】值保持不变，则调用 Posix_QextSerialPort 对象 m 的【readAll()】方法来获取串口信息，然后通过发射信号传递出去。

2.1.8 新建 Qt 设计师界面类

Qt 设计师使快速创建对话框成为可能。在 Qt 设计师环境中，所有的操作都采用可视化的操作，可拖放控件、关联信号与槽、设置特定控件的属性。

（1）右击【头文件】文件夹，在弹出的快捷菜单中选择【添加新文件】命令，在【选择一个模板】列表中选择【Qt】文件下的【Qt 设计师界面类】模板，如图 2-31 所示。

（2）单击【选择】按钮，弹出【选择界面模板】对话框，如图 2-32 所示。

（3）默认选择为“Dialog without Buttons”，直接单击【下一步】按钮，弹出【选择类名】对话框，输入类名为“RegisterDialog”，其头文件和库文件的名字都会随之改变，如图 2-33 所示。

（4）设置完毕后单击【下一步】按钮，弹出【项目管理】界面，确认设置没有问题后，再单击【完成】按钮，至此完成设计师界面的创建。这时，在右下方属性栏中可以修改窗口的几何属性，设置宽度为 800 像素，高度为 480 像素，如图 2-34 所示。

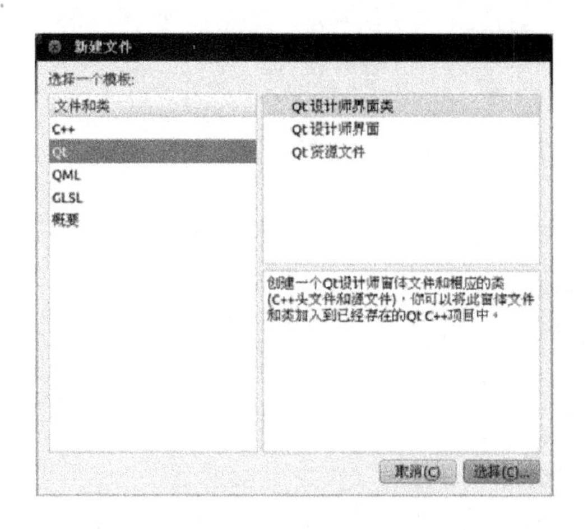

图 2-31　【新建文件】中【Qt 设计师界面类】

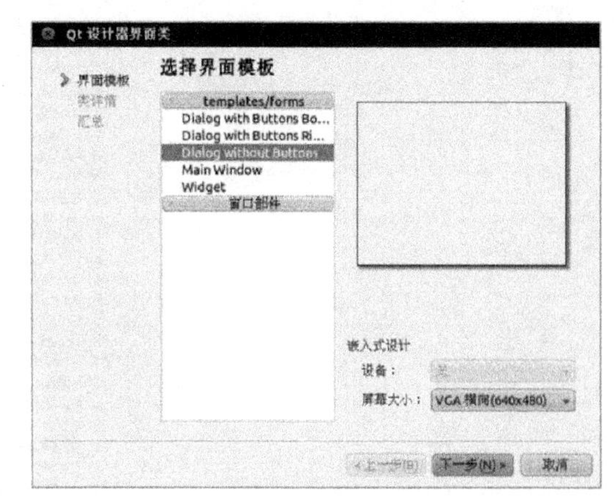

图 2-32　【Qt 设计师界面类】中【选择界面模板】

图 2-33　【Qt 设计师界面类】中【选择类名】

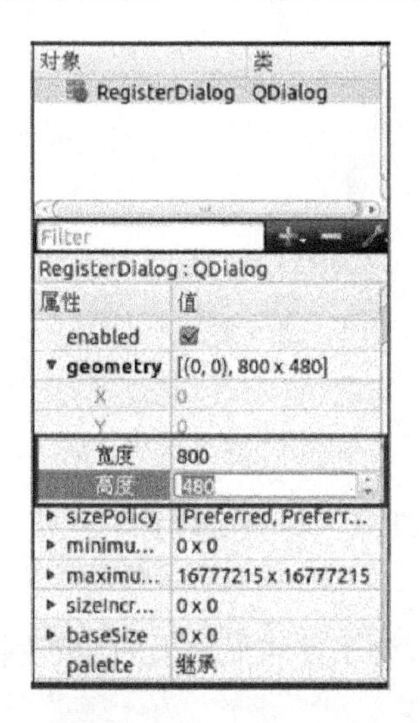

图 2-34　设置窗口的【宽度】和【高度】

（5）Qt 设计师界面类共有 7 个，其中登录界面【LoginDialog】和注册界面【RegisterDialog】已经创建完毕，请按照注册界面的宽高度修改【LoginDialog】登录界面的宽度和高度。

（6）重复上述步骤创建剩余的 5 个 Qt 设计师界面类，分别是查看界面【ViewInfoDialog】，日志界面【ControlLogDialog】，管理界面【ManageInfoDialog】，绘图界面【PaintView】，主界面【SmartHome】，这里将不再赘述。创建 7 个 Qt 设计师界面类的高度和宽度的设置如下：登录界面、注册界面、主界面的宽度和高度分别为 800 和 480，查看界面、管理界面的宽度和高度为 280 和 300，日志界面的宽度和高度为 400 和 300，绘图界面的宽度和高度为 300 和 300。创建完毕后的工程目录如图 2-35 所示。

小提示：当创建完毕后界面会自动跳转到界面文件中，要返回代码界面单击左侧【编辑】按钮即可。

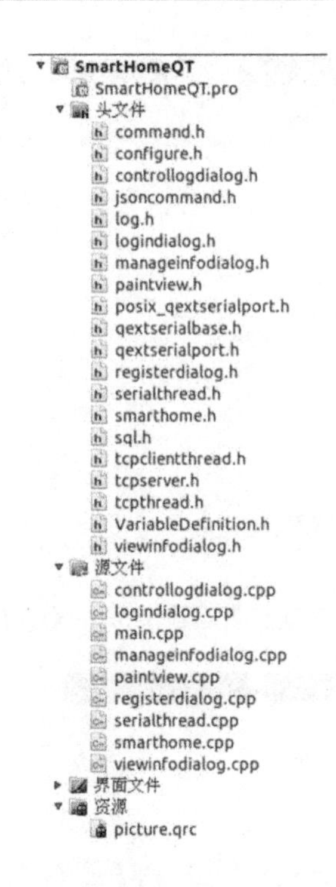

图 2-35　创建完毕后的工程目录

2.1.9　程序运行

为了使虚拟机上的智能网关程序正常串口通信，需要进行设备、协调器与虚拟机的连接。

（1）当要进行程序运行调试时，先用 USB 转串口线连接计算机和协调器。

（2）连接完成后，单击 Ubuntu 桌面左上角的【应用程序】工具，如图 2-36 所示，在出现的菜单中选择【附件】→【Serial port terminal】命令，打开串口终端。

图 2-36　打开串口终端

（3）在串口终端中使用【Ctrl+S】快捷键打开【串口配置】界面，如图 2-37 所示。

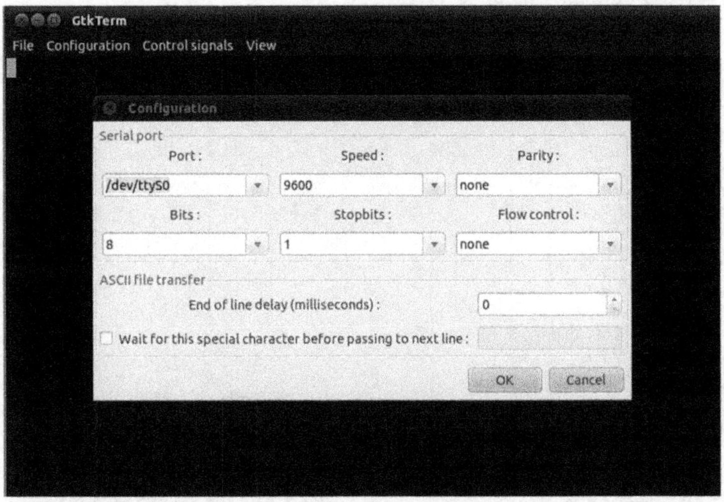

图 2-37　【串口配置】界面

（4）在【Port】下拉框中查看是否有“/dev/ttyUSB0”，如图 2-38 所示。如果有则表示协调器连接成功，可以进入程序调试。

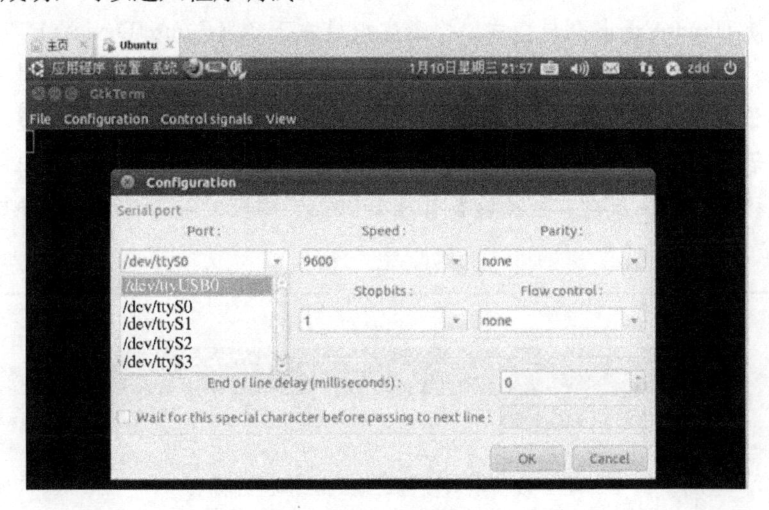

图 2-38　查看串口

（5）协调器连接成功后，回到 QT 编程界面，按下【Ctrl+R】快捷键即可运行程序。在首次运行程序时，界面会报错，如图 2-39 所示。

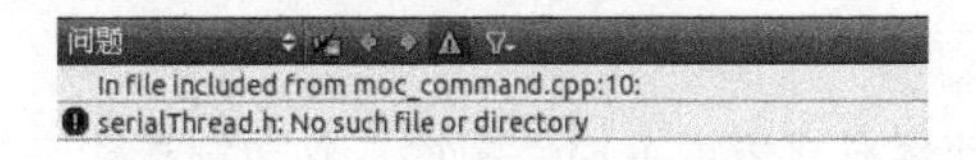

图 2-39　首次运行时报错

（6）双击该错误，跳转到报错位置，如图 2-40 所示。

（7）将报错语句中的“T”，改为“t”，即语句变为“#include "serialthread.h"”，再次运行即可看到空白的登录界面，如图 2-41 所示。

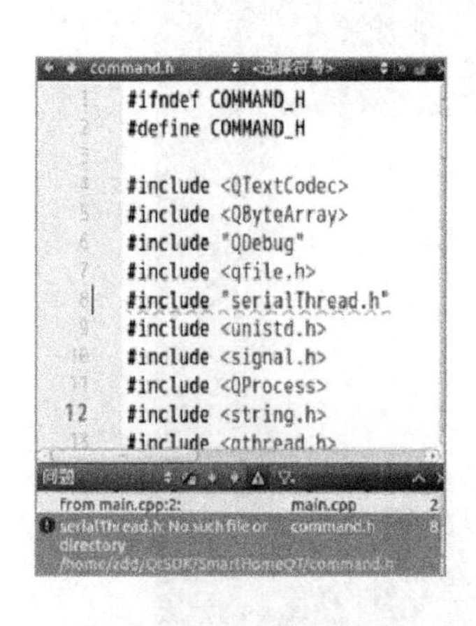

图 2-40　报错位置

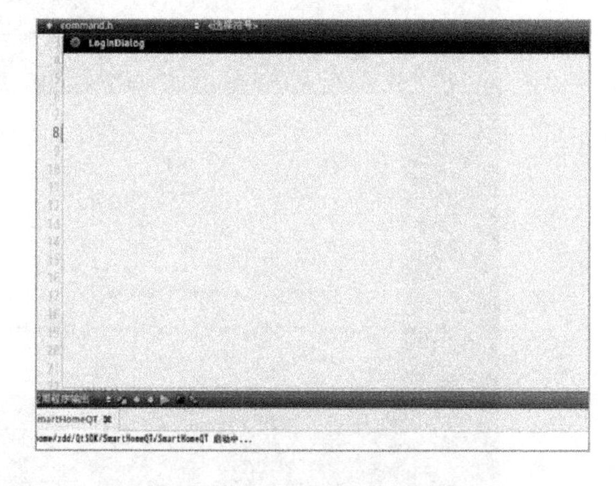

图 2-41　修改后的登录界面

【技术点评】

如果协调器没有连接成功，请按下列步骤依次排查错误。

（1）使 Ubuntu 退出全屏模式，检查虚拟机右下角【Future Devices FT232R USB UART】设备图标是否点亮，如图 2-42 所示的黑框标注的设备，若图标是灰色，则表示串口设备没有连接到虚拟机，请单击设备图标，选择【连接到主机】命令。

（2）若图标不能点亮，请检查物理机是否已经装好了 USB 转串口线的驱动程序，若驱动程序安装成功，可从设备管理器中找到相应的端口，驱动程序的安装请参考 1.2.2 节。

图 2-42　串口设备连接到虚拟机的标志

2.2　界面开发基础

界面开发基础包括使用样式表设置控件图片、界面背景和字体颜色，更改控件名称，通过拖放控件进行界面设计。本节要完成整个智能网关程序界面的绘制。

2.2.1 设置样式表

通常在使用 Qt 开发的过程中都会使用样式表来美化界面，而使用样式表的方法有很多，最简单、最直接的是在 Qt Designer 中添加样式。

2.2.1.1 设置控件图片

常用的控件有按钮（Push Button）、文本标签（Lable）、输入框（Line Edit）等，为了使界面更加美观，需要掌握设置控件图片的方法。

（1）双击打开界面文件，右击要设置图片的控件，从弹出的快捷菜单中选择【改变样式表】命令，弹出【编辑样式表】对话框，如图 2-43 所示。

（2）单击【添加资源】按钮旁的倒三角形按钮，选择第二项【border-image】，弹出【选择资源】对话框，单击【选择资源】界面左侧列表中的【QT Photo】资源，右侧列表中会出现已经添加好的资源文件，如图 2-44 所示。

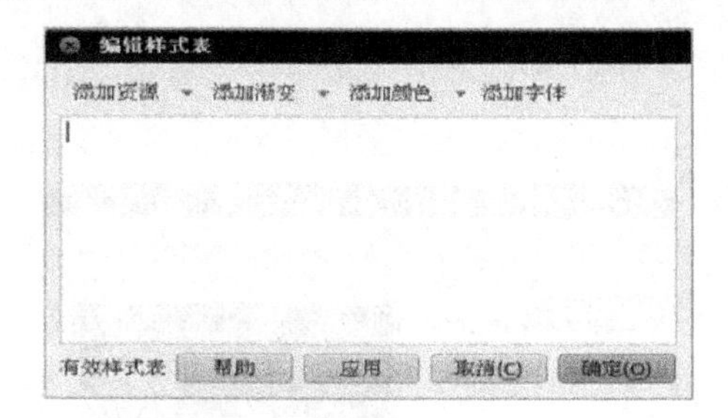

图 2-43　【编辑样式表】

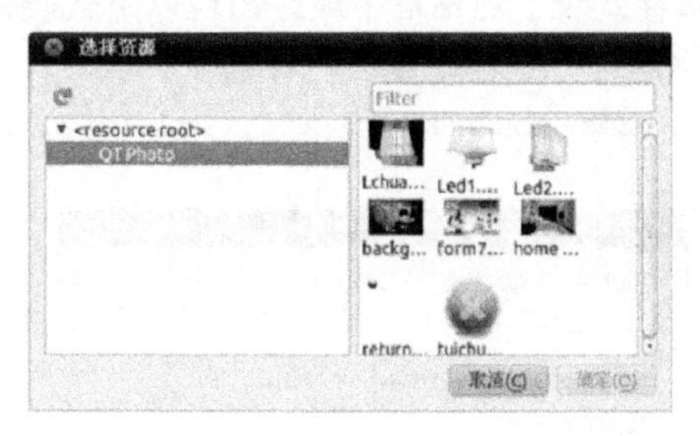

图 2-44　【选择资源】

（3）在资源文件中选择需要的图片，比如 green.png，单击右下角的【确定】按钮，返回到刚才打开的【编辑样式表】对话框，多了一行代码，如下所示：

```
border-image:url(:/photo/green.png); //设置图片为 green.png
```

（4）单击【编辑样式表】对话框下方的【确定】按钮，控件图片设置成功。

2.2.1.2 设置界面背景

2.2.1.1 节讲了如何给控件设置图片，与此类似的是设置界面背景图片，具体操作步骤如下。

（1）以设置登录界面背景为例，双击打开【LoginDialog.ui】，右击对话框空白处，从菜单中选择【改变样式表】命令，弹出【编辑样式表】对话框，然后在该对话框的输入框中输入以下代码：

```
#LoginDialog
{
}
# LoginDialog *{
}
```

（2）LoginDialog 是当前 ui 文件的对象名。如果要设置其他界面或容器的背景，则替换为相应的对象名即可。

（3）将光标移动到第一对大括号中，单击【添加资源】按钮的倒三角形，选择第二项【border-image】。选择正确的背景图片资源：【form7.png】，单击【确定】按钮返回到【编辑样式表】对话框，如图 2-45 所示。

（4）单击【确定】按钮，背景设置成功。

2.2.1.3 设置字体颜色

通过样式表还可以改变字体的颜色。

（1）右击控件，从菜单中选择【改变样式表】命令，弹出【编辑样式表】对话框。单击【添加颜色】按钮旁的倒三角形按钮，如图 2-46 所示。

（2）单击【color】选项，将设置需要的颜色，如红色，单击【确定】按钮。然后再次单击【添加颜色】按钮旁的倒三角形按钮，选择【border-color】选项，将颜色设为白色。【编辑样式表】对话框中最终出现以下代码：

```
color: rgb(255, 0, 0);
border-color: rgb(255, 255, 255);
```

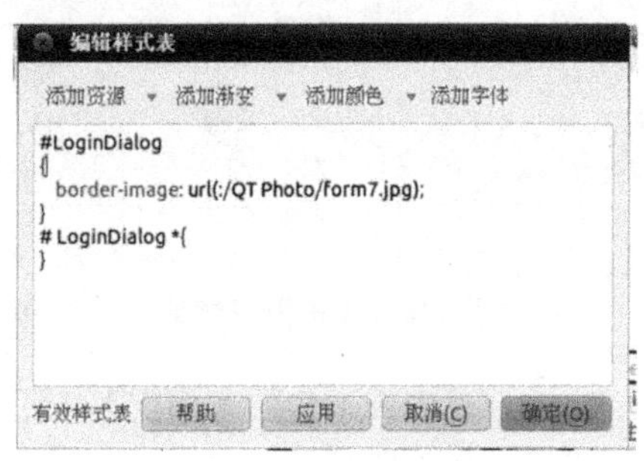

图 2-45　设置界面背景

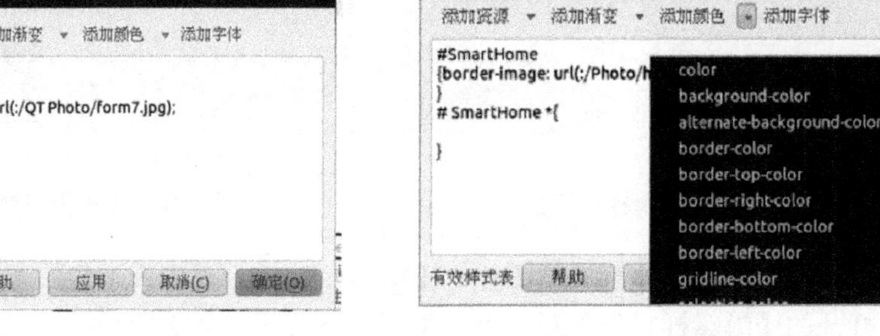

图 2-46　添加颜色

第一句代码设置的是字体颜色（根据需要会有所改变），第二句设置的是控件边框颜色为白色。本方法适用于给 Label、Push Button、Radio Button 等控件设置字体颜色。

（3）单击【确定】按钮，颜色设置成功。

2.2.2 更改控件名称

控件命名要符合一定的规范，按照“控件缩写+控件作用”的规则，可以增加程序的阅读性。单击控件，窗口右侧会出现此控件的属性列表，如图 2-47 所示。

图中所用的控件的类型为“QPushButton”，控件的缩写为“btn”，控件的作用是“open”，代表开门按钮。单击【objectName】属性右侧的输入框，可以改变其属性值，在输入“btnOpen”

后，按下【Enter】键则可完成【objectName】属性的修改，改完后保存文件即可。表 2-1 是智能家居网关程序涉及的常用控件的缩写。

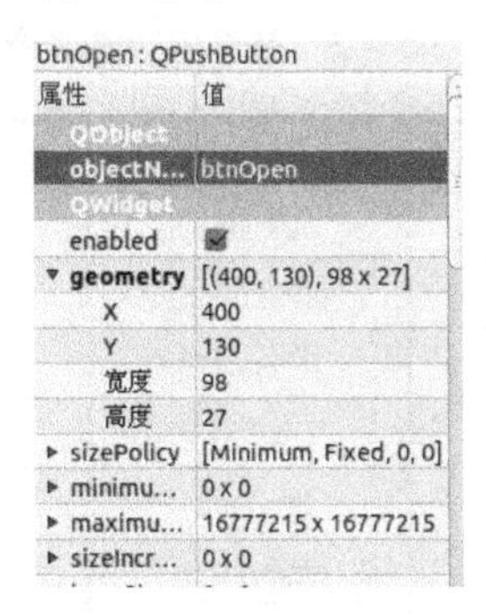

图 2-47　Push Button 属性

表 2-1　常用控件的缩写

名　称	缩　写	名　称	缩　写	名　称	缩　写
Push Button	btn	Check Box	ckb	Combo Box	cbb
Label	lbl	List View	lv	LCD Number	ln
Radio Button	rb	Group Box	gb	Table View	tv
Tab Widget	tw	Line Edit	le		
Text Edit	te	Spin Box	sb		
Date Edit	de	Progiress Bar	pb		

2.2.3　界面设计

本节将智能家居网关程序涉及到的所有界面效果图展示如下，登录界面如图 2-48 所示，注册界面如图 2-49 所示，管理界面如图 2-50 所示，查询界面如图 2-51 所示，日志界面如图 2-52 所示，主界面如图 2-53 所示。由于画图界面是代码绘制的界面，所以在这里暂且没有列出。

图 2-48　登录界面

登录界面所用控件的命名，见表 2-2。

表 2-2　登录界面控件命名

名称/介绍	控件类型	控件命名	备　注
用户名输入框	Line Edit	leName	
密码输入框	Line Edit	lePassWord	属性 echoMode 设置为 Password
服务器 IP 输入框	Line Edit	leServerIP	
端口号输入框	Line Edit	lePort	
登录按钮	Push Button	btnLogin	
注册账户按钮	Push Button	btnRegister	
管理账户按钮	Push Button	btnManage	
查看账户按钮	Push Button	btnViewInfo	
退出系统按钮	Push Button	btnClose	

图 2-49　注册界面

注册界面的控件命名，见表 2-3。

表 2-3　注册界面的控件命名

名称/介绍	控件类型	控件命名	备　注
用户名输入框	Line Edit	leRegisterName	
密码输入框	Line Edit	leRegisterPW	属性 echoMode 设置为 Password
确认密码输入框	Line Edit	leRegisterPW2	属性 echoMode 设置为 Password
注册按钮	Push Button	btnRegister	
退出按钮	Push Button	btnClose	

管理界面、查询界面和日志界面的控件命名分别见表 2-4、表 2-5 和表 2-6。

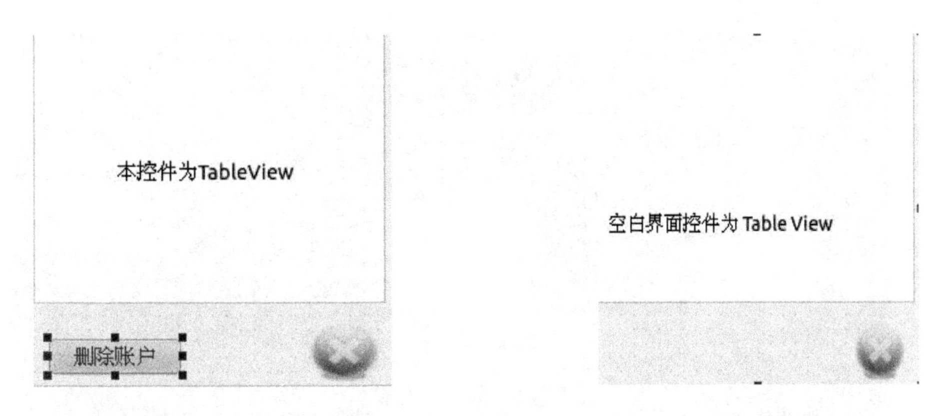

图 2-50　管理界面　　　图 2-51　查询界面

表 2-4　管理界面的控件命名

名称/介绍	控件类型	控件命名
数据库显示框	Table View	tvData
删除账户按钮	Push Button	btnDelete
退出按钮	Push Button	btnClose

表 2-5　查询界面的控件命名

名称/介绍	控件类型	控件命名
数据库显示框	Table View	tvData
退出按钮	Push Button	btnClose

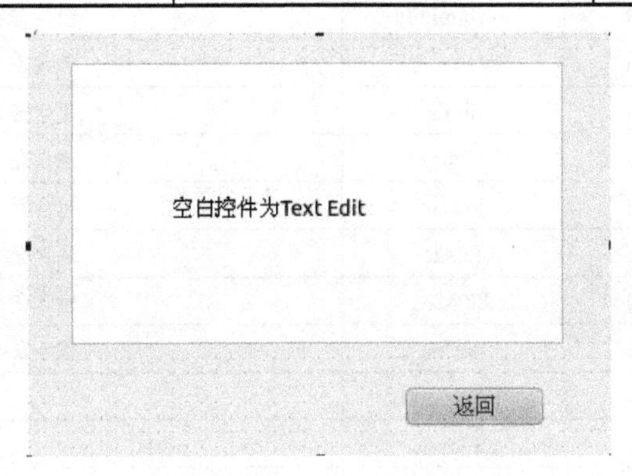

图 2-52　日志界面

表 2-6　日志界面的控件命名

名称/介绍	控件类型	控件命名
日志显示框	Text Edit	teShowLog
退出按钮	Push Button	btnLogClose

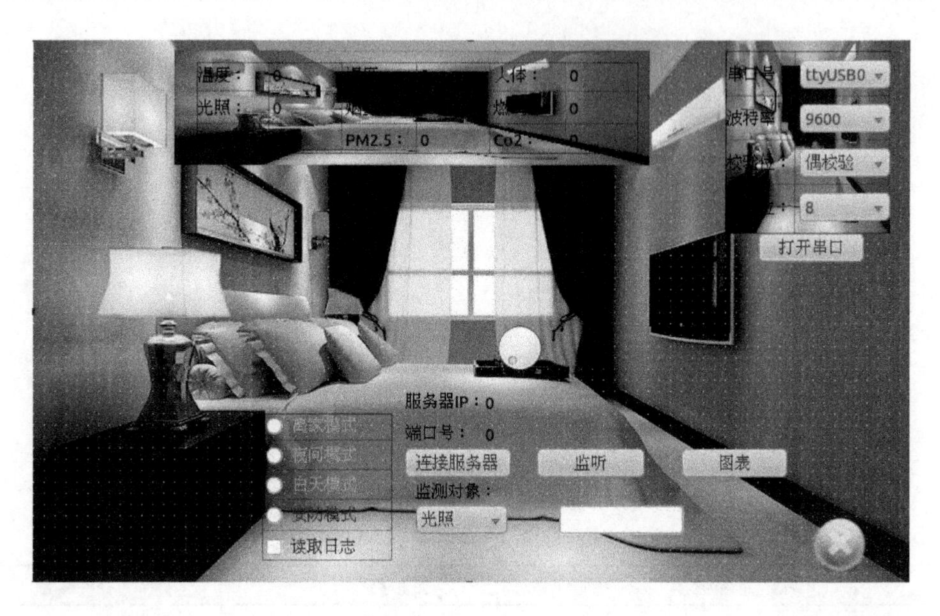

图 2-53　主界面

主界面的控件命名，见表 2-7。

表 2-7　主界面的控件命名

名称/介绍	控件类型	控件命名	备　注
信息采集模块	Frame	frame	设置背景图片
温度采集值	Label	lblTemp	包含在 frame
湿度采集值	Label	lblHumidity	包含在 frame
人体采集值	Label	lblHuman	包含在 frame
光照采集值	Label	lblIll	包含在 frame
烟雾采集值	Label	lblSmoke	包含在 frame
燃气采集值	Label	lblGas	包含在 frame
气压采集值	Label	lblAir	包含在 frame
PM2.5 采集值	Label	lblPM25	包含在 frame
CO_2 采集值	Label	lblCo2	包含在 frame
服务器 IP 值	Label	lblServerIp	
端口号值	Label	lblPort	
最大值显示	Line Edit	leMax	
选择监测对象	Combo Box	cbbChoose	选项有“光照”“烟雾”
打开串口模块	Frame	framePort	设置背景图片
选择串口号	Combo Box	cbbPortNumber	包含在 framePort，选项有“ttyUSB0”“ttyUSB1”
选择波特率	Combo Box	cbbBaud	包含在 framePort，选项有“9600”“38400”
选择校验位	Combo Box	cbbCheck	包含在 framePort，选项有“偶校验”“奇校验”
选择数据位	Combo Box	cbbData	包含在 framePort，选项有“8”“16”

续表

名称/介绍	控件类型	控件命名	备　注
打开串口	Push Button	btnPort	
读取日志	CheckBox	cbLog	
离家模式	Radio Button	rbIsNotHome	
夜间模式	Radio Button	rbNight	
白天模式	Radio Button	rbDay	
安防模式	Radio Button	rbSafe	
DVD 控制	Dial	dialDVD	放到 btnCurtain 前面
电视控制	Push Button	btnTV	flat 属性设置为 true
空调控制	Push Button	btnAir	flat 属性设置为 true
左上角 LED 射灯控制（灯 1）	Label	lblLamp1	背景为灯 1 亮的图片
左上角 LED 射灯控制（灯 1）	Push Button	btnLamp1	置于 lblLamp1 上方，flat 属性设置为 true
左下角 LED 射灯控制（灯 2）	Label	lblLamp2	背景为灯 2 亮的图片
左下角 LED 射灯控制（灯 2）	Push Button	btnLamp2	置于 lblLamp2 上方 flat 属性设置为 true
窗帘控制	Label	lblCurtain	背景为窗帘开的图片
窗帘控制	Push Button	btnCurtain	置于 lblCurtain 上方，flat 属性设置为 true
连接服务器	Push Button	btnLink	
监听	Push Button	btnListen	
图表	Push Button	btnPaint	
退出按钮	Push Button	btnClose	

2.3　登录功能

本节将学习 Qt 代码的编写。首先要了解代码书写约定，其次学习登录功能实现。其中关键点有数据库的连接与建表和登录逻辑的实现，此外信号与槽的关联是整个功能开发的基础；界面切换与退出是信号与槽的关联的一个案例，也是整个智能家居网关程序多次用到的一个功能。

2.3.1　代码书写约定

为顺利实现工程项目的建立与运行，请读者按照章节顺序依次实现项目功能，代码书写位置的原则如下。

（1）在【.h】文件即头文件中进行变量或功能函数的声明，写在【.h】文件“public：”下的析构函数之下。

（2）要求写在【.cpp】文件即源文件中的构造函数内的代码都要写在“ui->setupUi(this)”这句代码之后，按照章节顺序依次追加代码即可。

（3）按钮转槽（将按钮的【clicked()】信号与槽函数进行关联）的实现要重复 2.3.4 节的内容，不能直接复制粘贴代码，否则会出现单击按钮无响应的问题。

（4）每个界面的退出功能请参考 2.3.5 节界面切换与退出。

（5）自定义的槽函数要声明在【.h】文件中的“private slots:”代码之下。

2.3.2 连接数据库

实现登录功能的一个关键点是判断用户名或者密码是否存在且正确。可将用户名和密码存放至数据库，所以在登录功能实现前要先完成数据库的准备工作：连接数据库并建立数据表。

（1）打开登录界面所关联的头文件【logindialog.h】，在头文件中编写所注释的代码（标粗部分），如【文件 2-3】所示。

【文件 2-3】logindialog.h 声明 SQL 对象

```
#ifndef LOGINDIALOG_H
#define LOGINDIALOG_H
#include <QDialog>
#include "sql.h"//引用头文件 sql.h
namespace Ui {
class LoginDialog;
}
class LoginDialog : public QDialog
{
    Q_OBJECT
public:
    explicit LoginDialog(QWidget *parent = 0);
    ~LoginDialog();//析构函数
    SQL Sql; //声明 SQL 对象 Sql
private:
    Ui::LoginDialog *ui;
};

#endif // LOGINDIALOG_H
```

（2）Sql 就是数据库对象，之后会在【.cpp】文件进行使用。按下【F4】快捷键，切换到【.cpp】文件，在【LoginDialog】类的构造函数内编写下列代码：

```
ui->setupUi(this); //设置更新界面，程序从这句话下一行开始执行，编写时不需要再写这句话
//取消标题栏，如果需要，每个界面都要加进去
setWindowFlags(Qt::FramelessWindowHint);
static int s=0; //声明一个 int 型静态变量 s
    if(s==0) //判断 如果 s=0
    {
        if(!Sql.SqlConnect())//如果数据库没有连接，则连接数据库
        {
            this->deleteLater();//此界面休眠
        }
    }
    s++;//让变量 s 值加 1
```

上述代码实现连接数据库的功能，声明的静态变量 s 是防止重复进入登录界面时再次进行数据库的连接，即【SqlConnect()】函数只执行一次即可，不需要多次执行。

执行完毕后会自动打开数据库，数据库名称为“data.db”。

> **【技术点评】**
>
> 调用【SqlConnect()】函数后，项目路径会自动产生数据库【data.db】，接下来可以直接在此数据库中创建数据库表，无须再创建新的数据库。
>
> 在这里，千万不要忽略 if 判断语句中的“!”号，否则将不能正常使用数据库。

2.3.3　数据库建表

连接数据库后，项目路径下会产生数据库【data.db】，可以直接在这个数据库里建立数据库表，供登录功能的实现。

创建的数据库表名为“user”，包含“name 和 password”两个字段，“name”和“password”默认为“text”类型，如【文件 2-4】所示。

【文件 2-4】logindialog.cpp 数据库建表语句

```
QSqlQuery sql;//声明 QSqlQuery 对象 sql
//创建 user 表，包含 name,password 两个字段
sql.exec("create table user(name,password)");
```

数据库中的增加、删除、修改、查询功能的实现都是使用【QSqlQuery】类。

因为数据库已经打开，所以现在直接在数据库中创建一张表格即可，最后的代码效果如图 2-54 所示。

```
LoginDialog::LoginDialog(QWidget *parent) :
    QDialog(parent),
    ui(new Ui::LoginDialog)
{
    ui->setupUi(this); //设置更新界面，程序从这句话底下开始执行，编写时不需要再写这句话
    //取消标题栏，如果需要每个界面都要加进去
    setWindowFlags(Qt::FramelessWindowHint);
    static int s=0; //声明一个int型静态变量s
    if(s==0) //判断 如果s=0
    {
        if(!Sql.SqlConnect())//如果数据库没有连接，则连接数据库
        {
            this->deleteLater();//此界面休眠
        }

        QSqlQuery sql;//声明QSqlQuery对象sql
        //创建user表，包含name,password两个字段
        sql.exec("create table user(name,password)");
    }
    s++;//让变量s值加1
}
```

图 2-54　数据库建表

2.3.4　信号与槽的关联

信号与槽是一种 Qt 特有的对象间通信的机制，是 Qt 区别于其他图形系统的基本特征。可以通过图形化操作关联信号与槽函数。常用的是【clicked()】信号与其槽函数的关联。

以关闭【btnClose】按钮举例。在登录界面中找到【btnClose】按钮，右击，在弹出的快捷菜单中选择【转到槽】命令，弹出【转到槽】窗口，如图 2-55 所示。

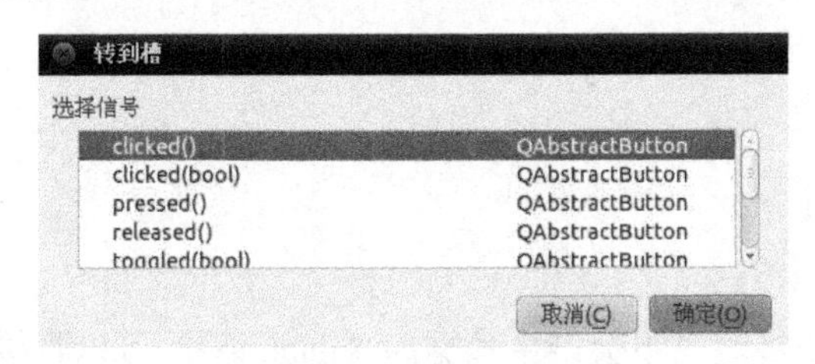

图 2-55　【转到槽】窗口

选择【clicked()】信号（单击选中信号）后，再单击右下角的【确定】按钮，则自动跳转至【.cpp】文件。此时，文件中会增加相应槽函数的声明，代码如【文件 2-5】所示。

【文件 2-5】on_btnClose_clicked()

```
void LoginDialog::on_btnClose_clicked()
{
}
```

同时，对应的头文件也会增加此槽函数的声明，代码如下：

```
private slots:
void on_btnClose_clicked();
```

这样，信号与槽就完成关联了。如果要实现单击关闭按钮后的功能，只要在【文件 2-5】的函数声明中继续编写代码即可。

2.3.5 界面切换与退出

Qt 的界面跳转一般是通过“信号—槽机制”去实现。在 2.3.4 节信号与槽的关联的基础上，实现界面的切换和退出。

（1）将要跳转的界面的头文件在登录界面头文件【logindialog.h】中声明，代码如【文件 2-6】所示。

【文件 2-6】logindialog.h 引用头文件

```
#include <manageinfodialog.h>//管理界面头文件
#include <viewinfodialog.h>//查看界面头文件
#include <registerdialog.h>//注册界面头文件
```

（2）先将“注册账户”“查看账户”“管理账户”“退出系统”按钮进行转槽（如何转槽请参考 2.3.4 节信号与槽的关联），选择【clicked()】信号，在【logindialog.h】头文件中形成的代码如下所示：

```
private slots:
    void on_btnRegister_clicked();
    void on_btnViewInfo_clicked();
    void on_btnManage_clicked();
    void on_btnClose_clicked();
```

（3）然后切换到【logindialog.cpp】源文件，在它们的槽函数中添加功能代码，最终的代码如【文件 2-7】所示。

【文件 2-7】logindialog.cpp 界面切换与退出

```
/**打开注册界面**/
void LoginDialog::on_btnRegister_clicked()
{
    RegisterDialog w; //声明注册界面对象 w
    this->close();//关闭本界面
    w.exec();//打开注册界面
}
/**打开查看界面**/
void LoginDialog::on_btnViewInfo_clicked()
```

```
{
    ViewInfoDialog w; //声明查看界面对象 w
    w.exec();//打开查看界面
}
/**打开管理界面**/
void LoginDialog::on_btnManage_clicked()
{
    ManageInfoDialog w; //声明管理界面对象 w
    w.exec();//打开管理界面
}
/**关闭程序**/
void LoginDialog::on_btnClose_clicked()
{
this->close();//关闭本界面
}
```

参考上面源文件注释部分进行编写即可。

2.3.6 登录逻辑实现

登录功能是数据库查询功能的应用。本节要实现的功能有判断输入的用户名和密码是否已经存在于数据库中，保存端口号、服务器 IP 以便供主界面使用，跳转到主界面【SmartHome】，具体实现的操作步骤如下。

（1）打开【logindialog.h】头文件，引用头文件和声明外部变量的代码如下：

```
#include <smarthome.h>//主界面头文件
#include <QMessageBox>//QMessageBox 类头文件
#include <tcpserver.h>//服务器头文件
extern QString exPort; //String 型的外部变量 exPort，用来记录端口号
extern QString ServerIP; //String 型的外部变量 ServerIP，用来记录服务器 IP
```

【SmartHome】界面是需要进行跳转的界面，【QMessageBox】用于提示系统信息，【TcpServer】用来进行服务器通信，再声明外部变量【exPort】用来保存端口号，【ServerIP】用来保存服务器 IP。

（2）打开【logindialog.cpp】源文件，在包含头文件的代码下方对外部变量进行初始化，如下所示：

```
QString exPort="";
QString ServerIP ="";
```

（3）写完后，双击打开【logindialog.ui】界面文件，右击【btnLogin】按钮，选择【转到槽】命令（如何转槽请参考 2.3.4 节信号与槽的关联），选择【clicked()】信号，在产生的槽函数中实现登录功能逻辑，具体如【文件 2-8】所示。

【文件 2-8】logindialog.cpp 登录按钮单击响应

```
/**登录按钮**/
void LoginDialog::on_btnLogin_clicked()
{
    QSqlQuery sql; //声明 QSqlQuery 对象 sql
     sql.exec("select *from user where name='"+ui->leName->text()+"'and
        password='"+ui->lePassWord->text()+"'");//数据库查询
    if(sql.next())//若查询到记录
    {
          exPort=ui->lePort->text();//保存 exPort
          ServerIP=ui->leServerIP->text();//保存 ServerIP
          SmartHome w; //声明主界面对象为 w
          this->close();//关闭本界面
          w.exec();//打开主界面
    }
    else//否则
    {
      //弹框，提示登录失败
        QMessageBox::warning(this,"登录失败","用户名或密码错误","确认","取
        消");
    }
}
```

至此，登录界面的功能已经实现完毕。按下【Ctrl+R】快捷键，开始构建。检查登录界面的功能是否存在问题，如果存在，双击该问题，自动跳转到问题语句附近，查找原因。修改完毕后重新构建即可。

【技术点评】

登录逻辑的验证可以和注册逻辑结合起来，先注册后验证登录功能。

2.4 注册功能

注册功能是数据库插入功能的应用。

为方便起见，所有需要用到数据库的文件都要在头文件引用【logindialog.h】头文件，

这样可避免重复写关于数据库的代码。

实现注册逻辑的关键是依次对用户输入的用户名、密码和确认密码进行合法性的验证，验证通过后才能在数据库的【user】表中增加一条用户记录，否则要进行相应的消息提示。

（1）在【registerdialog.cpp】源文件中调用“setWindowFlags(Qt::FramelessWindowHint)”函数取消标题栏，可参考 2.3.2 节的第 2 步骤的代码。

（2）引入头文件【logindialog.h】。

（3）对【注册】按钮转槽，在跳转到的槽函数中实现注册逻辑，代码如【文件 2-9】所示。

【文件 2-9】registerdialog.h.cpp 注册按钮单击响应

```
/**注册按钮**/
void RegisterDialog::on_btnRegister_clicked()
{
    if(ui->leRegisterName->text()=="")//如果账号文本为空
   {
      //弹提示框
        QMessageBox::critical(this,"注册错误","用户名不能为空！","确认","取
        消");
    }
    else if(ui->leRegisterPW->text()=="")//如果密码文本为空
    {
        QMessageBox::critical(this,"注册错误","密码不能为空！","确认","取
        消");
    }
    else if(ui->leRegisterPW2->text()=="")//如果确认密码文本为空
    {
        QMessageBox::critical(this,"注册错误","确认密码不能为空！","确认","取
        消");
      }
    //如果密码和确认密码不一致
    else if(ui->leRegisterPW2->text()!=ui->leRegisterPW->text())
    {
        QMessageBox::critical(this,"注册错误","两次密码不同！","确认","取
        消");
    }
    else
    {
       QSqlQuery sql;
       //查询 name 是否存在
        sql.exec("select *from user where
        name='"+ui->leRegisterName->text()+"'");
       if(sql.next())//若存在
       {
       //提示“用户已存在”
       QMessageBox::critical(this,"注册错误","用户已存在！","确认","取消");
       }
```

```
        else //否则表示验证通过，在数据库 user 表中增加一条用户记录
        {
            //插入用户名和密码的记录
             sql.prepare("insert into user values(:name,:password)");
           //绑定 name 列的值
            sql.bindValue(":name ",ui->leRegisterName->text());
            //绑定 password 列的值
            sql.bindValue(":password ",ui->leRegisterPW->text());
            sql.exec();//执行注册
             QMessageBox::information(this,"注册成功","欢迎使用！","确认",
                  "取消");//弹框提示
        }
    }
}
```

（4）退出功能的实现请参考2.3.5节界面切换与退出。

【技术点评】

注册功能写完后，要进行模块测试。测试的原则是先验证错误，后验证成功。可以尝试一下验证逻辑、验证注册和登录的功能是否正确。

(1) 程序运行后，单击【注册】按钮，出现注册界面后再次单击【注册】按钮，看是否出现“用户名不能为空!”的警告框。

(2) 输入用户名“bizideal”后，再单击【注册】按钮，看是否出现“密码不能为空!”的警告框。

(3) 输入密码“123456”后，再单击【注册】按钮，看是否出现“确认密码不能为空!”的警告框。

(4) 输入确认密码“1234567”后，再单击【注册】按钮，看是否出现“两次密码不同!”的警告框。

(5) 删除确认密码框中的“7”后，再单击【注册】按钮，看是否出现“注册成功”的信息框。

(6) 最后单击【注册】按钮，看是否出现“用户已存在!”的警告框。至此注册逻辑验证完毕。

下面验证登录逻辑。

(1) 返回到登录界面，先输入用户名为“bizideal1”，密码为“123456”后，再单击【登录】按钮，看是否出现“用户名或密码错误”的警告框。

(2) 改变用户名为“bizideal”，密码为“1234567”后，看是否出现“用户名或密码错误”的警告框。

(3) 改变用户名为“bizideal”，密码为“123456”后，看是否成功进入主界面。

2.5 查看、管理功能

查看、管理功能是数据库查询、删除功能的应用。数据库查询后的结果要显示在界面上，所以数据库显示是学习的重点之一。

2.5.1 数据库数据的显示

数据库数据的显示是以表格的形式显示所查询到的多条数据库记录，其实现的操作步骤如下。

（1）退出功能的实现请参考 2.3.5 节进行编写。

（2）分别在两个源文件【viewinfodialog.cpp】和【manageinfodialog.cpp】中，引入两个头文件【qsqlquerymodel.h】和【logindialog.h】，如下所示：

```
#include "qsqlquerymodel.h"
#include "logindialog.h"
```

（3）在两个类的构造函数中分别添加如【文件 2-10】所示的显示数据库数据的代码，使界面加载后就可看到数据库的内容。

【文件 2-10】显示数据库数据

```
setWindowFlags(Qt::FramelessWindowHint);//取消标题
QSqlQueryModel *model=new QSqlQueryModel;//声明 QsqlqueryModel 对象 model
 model->setQuery("select *from user");//读取数据库表
 //将第一列的列名设置为用户名
 model->setHeaderData(0,Qt::Horizontal,"用户名");
 model->setHeaderData(1,Qt::Horizontal,"密码");//将第二列的列名设置为密码
 ui-> tvData ->setModel(model); //显示数据表
```

这部分代码是对数据库中的【user】表进行查询，然后将查询结果显示在 TableView 控件上。

【技术点评】

数据的查询显示是基于 MVC［Model View Controller，是软件工程中的一种软件架构模式，把软件系统分为三个基本部分：模型（Model）、视图（View）和控制器（Controller）］的思想，使用 QSqlQueryModel 类将数据库表的数据显示在 TableView 控件上。

2.5.2　数据库数据的删除

数据库数据的删除分为三步：第一步获取选中的数据，将数据转换为字符串；第二步查询数据库表是否存在，如果存在就进行删除操作；第三步删除完数据后将数据进行更新。这三步具体代码写在【删除账户】按钮的单击槽函数中，如【文件 2-11】所示。

【文件 2-11】ManageInfoDialog.cpp 删除数据库槽函数

```
/**数据库数据的删除**/
void ManageInfoDialog::on_btnDelete_clicked()
{
     QModelIndex
     a=ui->tvData->model()->index(ui->tvData->currentIndex().row(),0);
    //获取选中所在行
     QVariant data=ui->tvData->model()->data(a); //获取行信息
     QString transform=data.toString();//将数据转为字符串
     QSqlQuery sql;
    //删除表格所选中的内容
     sql.exec("delete from user where name='"+ transform +"'");
    //声明 QsqlqueryModel 对象 model
     QSqlQueryModel *model=new QSqlQueryModel();
     model->setQuery("select *from user");//读取数据库表
    //将第一个列的列名设置为用户名
     model->setHeaderData(0,Qt::Horizontal,"用户名");
   //将第二个列的列名设置为密码
     model->setHeaderData(1,Qt::Horizontal,"密码");
     ui->tvData->setModel(model); //显示数据表
}
```

2.6　主程序功能

主程序功能主要包括连接与监听服务器、打开串口、信息采集、单步控制、读取日志、模式控制、绘制折线图和与服务器进行交互等。获取服务器 IP 和端口号、变量与函数声明、计时器的使用、外部变量的声明、板号赋值等都是为实现主要功能而服务的。

2.6.1 头文件的引用

主界面的功能复杂，需要引用的头文件比较多，主要包括【command.h】、【configure.h】、【log.h】、【sql.h】、【tcpserver.h】、【tcpclientthread.h】、【QTimer】等实现信息采集和控制功能所必需的头文件，还要引入3个必要的界面头文件。

在【smarthome.h】头文件中，引用的头文件如【文件2-12】所示。

【文件2-12】smarthome.h头文件

```
#include <QDialog>
#include "command.h"//命令头文件
#include "configure.h"//配置头文件
#include "log.h"//日志头文件
#include "sql.h"//数据库头文件
#include "tcpserver.h"//tcp服务器头文件
#include "tcpclientthread.h"//tcp客户端线程头文件
#include "QTimer"//计时器头文件
#include "logindialog.h"//登录界面头文件
#include "controllogdialog.h"//日志界面头文件
#include "paintview.h"//绘图界面头文件
```

2.6.2 获取服务器IP和端口号

在2.3.6节登录逻辑实现中，声明了两个外部变量，【ServerIP】和【exPort】。其作用是在主界面将登录界面设置的服务器IP和串口进行显示。在【SmartHome】类的构造函数中添加取消标题、显示串口与服务器IP的代码，代码如下所示。

```
SmartHome::SmartHome(QWidget *parent) :
    QDialog(parent),
    ui(new Ui::SmartHome)
{
    ui->setupUi(this);
    setWindowFlags(Qt::FramelessWindowHint);//取消标题
    ui->lblPort->setText(exPort); //显示串口
    ui->lblServerIp->setText(ServerIP); //显示服务器IP
}
```

2.6.3　变量与函数声明

主界面功能的实现需要声明必要的变量如计时器、command 命令对象、Configure 配置对象、Log 日志对象、SQL 数据库对象、TcpServer 服务器对象、TcpClientThread 客户端线程对象等。整型变量 ReadDataNum 用于读取节点板数据的计数，是实现信息采集必要的一环。控制变量和状态变量的声明则是在为单步控制逻辑的实现做准备。实现模式控制还需要声明整型变量 mode 和枚举变量用于区分当前所处的模式。

声明的槽函数用于通过计时器实现控制逻辑的循环执行、连接与监听服务器、读取节点板数据、信息采集、联动控制和写日志，具体操作步骤如下。

（1）在【smarthome.h】头文件中找到【public】关键字，在其下声明要使用的变量，变量声明代码如【文件 2-13】所示。

【文件 2-13】SmartHome 变量声明

```
public:
    explicit SmartHome (QWidget *parent = 0);
    ~SmartHome ();//析构函数
    QTimer *timer1; //声明计时器 1，用于控制功能的实现
    QTimer *timer2; //声明计时器 2，用于读取节点板数据
    QTimer *timer3; //声明计时器 3，用于连接与监听服务器
    command datas; //声明 command 命令对象 datas
    Configure confg; //声明 Configure 配置对象 confg
    Log log; //声明 Log 日志对象 log
    SQL sql; //声明 SQL 数据库对象 sql
    TcpServer Server; //声明服务器对象 Server
    TcpClientThread *MyTcpThread;//声明客户端线程对象 MyTcpThread
    //声明两个整型变量，mode 用于记录当前模式，ReadDataNum 用于读取节点板数据的计数
    int mode,ReadDataNum;
  //报警灯、风扇、空调的控制变量和状态变量（k 代表控制，z 代表状态）
    int kWarningLight,zWarningLight,kFan,zFan,kTTIO,zTTIO;
    //LED 射灯、电视、DVD 的控制变量和状态变量（k 代表控制，z 代表状态）
    int kLamp,zLamp,kTv,zTv,kDVD,zDVD;
    //RFID 门禁、窗帘的控制变量和状态变量（k 代表控制，z 代表状态）
    int kRFID,zRFID,kCurtain,zCurtain;
    //枚举模式变量，分别代表单步控制、离家模式、夜间模式、白天模式、安防模式
    enum MS{DANBU,UPNOTHOME,NIGHT,DAY,SAFE};
```

（2）在【private slots:】关键字的下面，声明槽函数，代码如【文件 2-14】所示。

【文件 2-14】smarthome.h 函数声明

```
private slots:
    void timer();//计时器槽函数，实现控制逻辑的循环执行
```

```
void see();//连接，监听服务器用到的槽函数
void ReadData();//读取节点板数据
void getStr(QByteArray str);//信息采集
void control();//联动控制
void writeLog(QString text); //写日志
```

（3）对第（2）步声明的 6 个函数，分别在【smarthome.cpp】源文件中添加声明。例如，给槽函数 void timer()添加声明的步骤如下：右击函数名【timer】，出现菜单如图 2-56 所示；依次选择【重构】→【在 smarthome.cpp 中添加声明】命令后，【smarthome.cpp】源文件中会自动添加函数【timer()】的声明，添加后的代码如图 2-57 所示。重复上述步骤，在【smarthome.cpp】源文件中添加剩余 5 个函数的声明，最后的结果如图 2-58 所示。

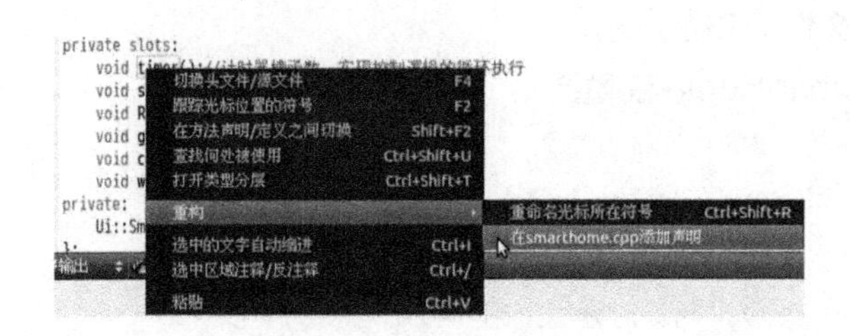

图 2-56　添加声明

```
SmartHome::SmartHome(QWidget *parent) :
    QDialog(parent),
    ui(new Ui::SmartHome)
{
    ui->setupUi(this);
    setWindowFlags(Qt::FramelessWindowHint);//取消标题
    ui->lblPort->setText(exPort); //设置串口
    ui->lblServerIp->setText(ServerIP); //设置服务器IP

}
SmartHome::~SmartHome()
{
    delete ui;
}
void SmartHome::timer()
{

}
```

图 2-57　在 smarthome.cpp 中添加函数 timer()的声明

```
void SmartHome::timer()
{
}

void SmartHome::see()
{
}

void SmartHome::ReadData()
{
}

void SmartHome::getStr(QByteArray str)
{
}

void SmartHome::control()
{
}

void SmartHome::writeLog(QString text)
{
}
```

图 2-58　6 个函数在.cpp 文件中的声明

2.6.4　计时器的使用

计时器能够实现循环执行，而在智能家居网关程序中，连接与监听服务器、读取节点板数据和控制功能的实现都需要不断循环执行，因此需要通过计时器来实现。2.6.3 节变量与函数声明中，声明了 3 个计时器：【timer1】、【timer2】和【timer3】，3 个槽函数：【timer()】、 【see()】和【ReadData()】，而本节将实现计时器的【timeout()】信号与这 3 个槽函数的连接。

【timer()】槽函数用于实现控制逻辑的循环执行。首先需要在构造函数中实例化计时器，并将【timer1】的【timeout()】信号与【timer()】槽函数进行连接，然后开启【timer1】。也就是说，主界面加载后，【timer1】开启。最后，在【timer()】槽函数中实现控制逻辑即可。

在【smarthome.cpp】源文件的构造函数内，编写的代码如下：

```
timer1=new QTimer(); //实例化 timer1
//将 timer1 的 timeout()信号与 timer()槽函数进行连接
connect(timer1,SIGNAL(timeout()),this,SLOT(timer()));
timer1->start(2000);//开启计时器,循环间隔为 2 秒
```

对于 see()和 ReadData()两个槽函数，只在构造函数内进行计时器的 timeout()信号与它们的连接，暂不开启其对应的计时器。构造函数中继续添加的代码如【文件 2-15】所示。

【文件 2-15】smarthome.cpp see()与 ReadData()与计时器信号的连接

```
timer2=new QTimer(); //实例化 timer2
//将计时器与 ReadData()槽函数进行连接
connect(timer2,SIGNAL(timeout()),this,SLOT(ReadData()));
timer3=new QTimer(); //实例化 timer3
//将计时器与 see()槽函数进行连接
connect(timer3,SIGNAL(timeout()),this,SLOT(see()));
```

【技术点评】

计时器用于循环执行同一段代码。后面要讲述的单步控制逻辑、模式控制以及自定义控制的代码都会放在槽函数【timer()】中。

2.6.5 连接与监听服务器

连接服务器是通过【see()】槽函数保证 TCP 线程的正常运行，监听服务器则是为了保证监听服务器的正确端口。连接与监听服务器是智能家居网关程序实现网关配置的重要内容之一。

（1）在【smarthome.cpp】源文件的构造函数中实例化 TcpClientThread 对象，代码如下：

```
MyTcpThread=new TcpClientThread();
```

（2）将主界面【连接服务器】按钮转槽（转槽请参考 2.3.4 节），在【smarthome.cpp】源文件中将【timer3】打开后，开始监听客户端线程的运行，即【see()】槽函数开始不断循环执行，代码如【文件 2-16】所示。

【文件 2-16】smarthome.cpp 连接服务器

```
/**连接服务器**/
void SmartHome::on_btnLink_clicked()
{
    ui->btnLink->setText("已连接服务器");
    timer3->start(5000);// see()开始执行，循环间隔为 5 秒
}
```

（3）在【smarthome.cpp】源文件中的【see()】函数中，编写代码实现对 TCP 线程的正常开启，代码如【文件 2-17】所示。

【文件 2-17】smarthome.cpp see()函数

```
/**开启 TCP 线程**/
void SmartHome::see()
{
    if(MyTcpThread->isRunning())//判断线程是否开启
    {
        log.WriteLog("ThreadState::Running");//将运行状态写入日志
    }
    else
    {
        MyTcpThread->start();//开启线程
        log.WriteLog("ThreadState::closed");//将关闭状态写入日志
    }
}
```

（4）单击主界面【监听】按钮进行转槽（转槽请参见 2.3.4 节），在自动产生的单击槽函数中开启监听，代码如【文件 2-18】所示。

【文件 2-18】smarthome.cpp 监听按钮

```
/**监听**/
 void SmartHome::on_btnListen_clicked()
{
   if(!Server.listen(QHostAddress::Any,6001))//判断是否监听端口号 6001
   {
     qDebug()<<Server.errorString();//打印错误信息
     this->close();//关闭程序
   }
   ui->btnListen->setText("已监听");
}
```

【技术点评】

本节讲述了连接服务器、监听服务器两个功能，连接服务器是开启 TCP 线程，而监听是保证监听服务器的 6001 端口。这两步是为了使烧写镜像后的网关能够正常进行网关配置。

2.6.6　打开串口

打开串口是实现信息采集和控制功能的基础。

单击主界面【打开串口】按钮进行转槽，并编写打开串口代码，代码如【文件 2-19】所示。

【文件 2-19】smarthome.cpp 打开串口

```
void SmartHome::on_btnPort_clicked()
{
    ui->btnPort->text()==" 打 开 串 口 "?ui->btnPort->setText(" 关 闭 串 口
    "):ui->btnPort->setText("打开串口");//切换按钮文本
    if(ui->btnPort->text()=="打开串口")
    {
      disconnect(&datas,SIGNAL(serialFinish(QByteArray)),this,
            SLOT(getStr(QByteArray))); //断开信息采集的连接
    }
    else
    {
        if(ui->cbbBaud->currentIndex()==0 &&
            ui->cbbData->currentIndex()==0 && ui->cbbPortNumber
            ->currentIndex()==0 && ui->cbbCheck->currentIndex()==0)
        {
        datas.SerialOpen();//打开串口
        connect(&datas,SIGNAL(serialFinish(QByteArray)),this,
              SLOT(getStr(QByteArray)));//信息采集连接
        // 开启计时器 timer2，读取节点板数据，循环间隔为 3 秒
        timer2->start(3000);
     }
    }
}
```

【技术点评】

判断 4 个 ComboBox 索引是否为 0 是为了保证串口号、波特率、校验位、数据位已正确配置，否则不能采集信息。

若打开串口失败，请依次检查：

(1) USB 转串口线是否已经连接至计算机；

(2) 虚拟机是否成功捕捉到此端口（虚拟机的 USB 串口的图标要点亮），可在串口终端查看串口配置中是否有“/dev/ttyUSB0”；

(3) 物理机是否已经成功安装 USB 转串口线的驱动程序。

打开串口后方能读取节点板信息，即这个时候才能开启计时器 timer2，否则程序会异常终止。

2.6.7 外部变量的声明

由于信息采集的实现需要借助库文件已经定义好的传感器数据变量和板号变量，所以首先要进行外部变量的声明。

（1）首先从【jsoncommand.h】头文件中获取到信息采集的传感器数据变量，将它们复制到【smarthome.h】文件中头文件的引用之下（类的声明之外），进行声明，代码如【文件 2-20】所示。

【文件 2-20】smarthome.h 信息采集的外部传感器数据变量的声明

```
extern QString Illumination_Value  ;              //光照度
extern QString Temp_Value  ;                      //温度
extern QString Humidity_Value  ;                  //湿度
extern QString CO₂_Value  ;                       //CO₂
extern QString AirPressure_Value ;                //气压
extern QString Smoke_Value ;                      //烟雾
extern QString Gas_Value ;                        //燃气
extern QString PM25_Value  ;                      //PM2.5
extern volatile unsigned int StateHumanInfrared;//人体红外：1->有人，0->无人
```

（2）按下【Ctrl+A】快捷键，打开【终端】，获取 ROOT 权限（参考 2.7.1.3 节的提升权限）后，利用【cd】命令切换到程序构建目录，执行【nm lib-SmartHomeGateway- X86.so>>aa】命令，如图 2-59 所示。

（3）在构建目录中将刚才执行命令后获取的【aa.text】文件打开，如图 2-60 所示，从文档中找到板号信息。

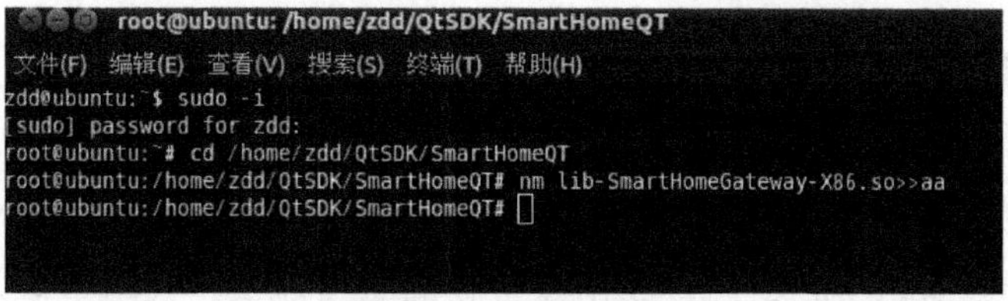

```
root@ubuntu: /home/zdd/QtSDK/SmartHomeQT
文件(F) 编辑(E) 查看(V) 搜索(S) 终端(T) 帮助(H)
zdd@ubuntu:~$ sudo -i
[sudo] password for zdd:
root@ubuntu:~# cd /home/zdd/QtSDK/SmartHomeQT
root@ubuntu:/home/zdd/QtSDK/SmartHomeQT# nm lib-SmartHomeGateway-X86.so>>aa
root@ubuntu:/home/zdd/QtSDK/SmartHomeQT# 
```

图 2-59　获取板号信息

```
00029070 t __stack_chk_fail_local
0009e56c A _edata
0009fbb0 A _end
000290c8 T _fini
0000c020 T _init
0009e580 b completed.7065
0009fb48 B configboardnumberAir
0009fb74 B configboardnumberCo2
0009fb68 B configboardnumberCurtain
0009fb70 B configboardnumberFan
0009fb5c B configboardnumberGasSensor
0009fb44 B configboardnumberHumanInfrared
0009fb50 B configboardnumberHumidity
0009fb54 B configboardnumberIllumination
0009fb40 B configboardnumberInfrared
0009fb6c B configboardnumberLamp
0009fb60 B configboardnumberPM25
0009fb78 B configboardnumberRFID
0009fb58 B configboardnumberSmoke
0009fb64 B configboardnumberWarningLight
0009fb4c B configboardnumbertemp
0009fb00 B count1
0009e584 b dtor_idx.7067
```

图 2-60　【aa.text】文件内容

（4）用鼠标选中从【configboardnumberAir】变量到【configboardnumbertemp】变量的代码块后，复制并粘贴在【smarthome.h】头文件中，修改板号变量的变量类型，如图 2-61 所示。这是获取板号变量的一种方法，也可以直接进行板号变量的声明。

```
13 #include "controllogdialog.h"//日志界面头文件
14 #include "paintview.h"//绘图界面头文件
15 extern QString Illumination_Value  ;                    //光照度
16 extern QString Temp_Value  ;                            //温度值
17 extern QString Humidity_Value  ;                        //湿度值
18 extern QString CO2_Value  ;                             //CO2
19 extern QString AirPressure_Value ;                      //气压
20 extern QString Smoke_Value ;                            //烟雾
21 extern QString Gas_Value ;                              //燃气
22 extern QString PM25_Value  ;                            //PM2.5
23 extern volatile unsigned int StateHumanInfrared;//人体红外,1:有人。0:无人
24 extern volatile unsigned int configboardnumberAir;
25 extern volatile unsigned int configboardnumberCo2;
26 extern volatile unsigned int configboardnumberCurtain;
27 extern volatile unsigned int configboardnumberFan;
28 extern volatile unsigned int configboardnumberGasSensor;
29 extern volatile unsigned int configboardnumberHumanInfrared;
30 extern volatile unsigned int configboardnumberHumidity;
31 extern volatile unsigned int configboardnumberIllumination;
32 extern volatile unsigned int configboardnumberInfrared;
33 extern volatile unsigned int configboardnumberLamp;
34 extern volatile unsigned int configboardnumberPM25;
35 extern volatile unsigned int configboardnumberRFID;
36 extern volatile unsigned int configboardnumberSmoke;
37 extern volatile unsigned int configboardnumberWarningLight;
38 extern volatile unsigned int configboardnumbertemp;
39 namespace Ui {
```

图 2-61　【smarthome.h】头文件中的外部变量声明

2.6.8 板号赋值

为实现信息采集值的正常显示，需要进行正确的板号配置。

在【smarthome.cpp】源文件的构造函数中进行板号赋值，代码如【文件 2-21】所示。

【文件 2-21】smarthome.cpp 板号配置

```
configboardnumberAir=3;                    //气压板号
configboardnumberCo2=13;                   //CO2板号
configboardnumberCurtain=10;               //窗帘板号
configboardnumberFan=12;                   //风扇板号
configboardnumberGasSensor=7;              //燃气板号
configboardnumberHumanInfrared=2;          //人体红外板号
configboardnumberHumidity=4;               //湿度板号
configboardnumberIllumination=5;           //光照板号
configboardnumberInfrared=1;               //红外板号
configboardnumberLamp=11;                  //LED 射灯板号
configboardnumberPM25=8;                   //PM2.5 板号
configboardnumberRFID=14;                  //门禁板号
configboardnumberSmoke=6;                  //烟雾板号
configboardnumberWarningLight=9;           //报警灯板号
configboardnumbertemp=4;                   //温度板号
```

2.6.9 信息采集

信息采集的实现分为两个步骤，一是读取节点板信息；二是在界面上显示信息采集的传感器数据。

在【smarthome.cpp】源文件中的【ReadData()】和【getStr(QByteArray) 】两个槽函数中，添加读取节点板数据和进行信息采集值显示的代码，代码如【文件 2-22】所示。

【文件 2-22】smarthome.cpp 信息采集

```
/**读取节点板数据**/
void SmartHome::ReadData()
{
    ReadDataNum++;//计数加 1
    if(ReadDataNum<=28)      {
        datas.ReadNodeData(ReadDataNum); //读取板号
    }
    else
```

```
        {
            timer2->stop();//读取完毕，关闭计时器
        }
    }
    /**显示信息采集的传感器数据**/
    void SmartHome::getStr(QByteArray str)
    {
        if(str.length()>=5 && str.length()<=300) //筛选有效值
        {
            if(str[0]!=0 && str[1]!=0)
            {
                datas.ReceiveHandle(str); //获取信息采集数据
                ui->lblAir->setText(AirPressure_Value); //显示气压值
                ui->lblIll->setText(Illumination_Value); //显示光照值
                ui->lblHumidity->setText(Humidity_Value); //显示湿度值
                ui->lblTemp->setText(Temp_Value); //显示温度值
                ui->lblSmoke->setText(Smoke_Value); //显示烟雾值
                //显示是否有人
                ui->lblHuman->setText(StateHumanInfrared!=0?"有人":"无人");
                ui->lblPM25->setText(PM25_Value); //显示 PM2.5 值
                ui->lblCo2-> setText (CO2_Value);//显示 CO2值
                ui->lblGas-> setText (Gas_Value);//显示燃气值
            }
        }
    }
```

【技术点评】

完成信息采集后，要进行模块测试。将协调器通过 USB 转串口线与计算机连接，运行程序，登录并跳转到主界面后，打开串口，看信息是否都能采集到，并且可以实时刷新。

2.6.10　数据的最值

本节讲述如何在信息采集的基础上获取光照与烟雾的最大值。

（1）在【smarthome.h】头文件中声明记录光照与烟雾最大值的变量。

```
float IllMax,SmokeMax;//声明光照、烟雾最大值
```

（2）在【smarthome.cpp】源文件的构造函数中，将光照与烟雾最大值的变量赋初值 0：

```
IllMax=0;SmokeMax=0; //初始化
```

（3）在【timer()】槽函数中添加代码，代码如【文件 2-23】所示。

【文件 2-23】 smarthome.cpp 获取光照、烟雾最大值

```
//获取最大值
if(IllMax<Illumination_Value.toFloat())//光照最大值小于实时光照值时
    {
        IllMax=Illumination_Value.toFloat();//刷新光照最大值
    }
    if(SmokeMax<Smoke_Value.toFloat())//烟雾最大值小于实时光照值时
    {
        SmokeMax=Smoke_Value.toFloat();//刷新烟雾最大值
    }
    switch(ui->cbbChoose->currentIndex())//根据组合框的选项显示相应最大值
    {
        case  0: //索引为 0 时，显示光照最大值
            ui->leMax->setText("最大值:"+QString::number(IllMax));
        break;
        case  1: //索引为 1 时，显示烟雾最大值
            ui->leMax->setText("最大值:"+QString::number(SmokeMax));
        break;
    }
}
```

【技术点评】

用两个变量分别保存光照和烟雾的最大值，若信息采集值大于目前保存的最大值，则将最大值刷新，再更新界面显示。

2.6.11 单步控制

单步控制的实现分为两步：一是初始化控制变量、状态变量以及主界面的显示；二是在计时器关联的槽函数【timer()】中实现单步控制的逻辑。在单步控制逻辑中，判断对设备的控制是否发生改变，若发生改变则开启控制一次。设置控制状态变量的目的是使不同

的控制生效一次，重复的控制不再执行。

（1）在【smarthome.cpp】源文件的构造函数内，将控制变量和控件图片进行初始化，代码如【文件 2-24】所示。

【文件 2-24】 smarthome.cpp 初始化变量与界面显示

```
kCurtain=0;zCurtain=0; //窗帘控制变量与状态变量初始化
kFan=0;zFan=0; //风扇控制变量与状态变量初始化
kLamp=0;zLamp=0; //LED 射灯控制变量与状态变量初始化
kWarningLight=0;zWarningLight=0; //报警灯控制变量与状态变量初始化
mode=DANBU;ReadDataNum=0;//模式初始时默认为单步，读取板号从 0 号开始
kTv=0;zTv=0; //电视控制变量与状态变量初始化
kDVD=0;zDVD=0; //DVD 控制变量与状态变量初始化
kTTIO=0;zTTIO=0; //空调控制变量与状态变量初始化
kRFID=0;zRFID=0; //门禁控制变量与状态变量初始化
ui->lblLamp1->hide();//将 LED 射灯 1 图片隐藏
ui->lblLamp2->hide();//将 LED 射灯 2 图片隐藏
```

（2）在【smarthome.cpp】源文件的【timer()】槽函数中，编写单步控制逻辑代码，代码如【文件 2-25】所示。

【文件 2-25】 smarthome.cpp timer()槽函数实现器件控制

```
//单步控制逻辑
 if(kCurtain!=zCurtain) //判断对窗帘的控制是否发生改变
 {
  //根据窗帘的控制变量的值决定界面窗帘图片的显示或隐藏
  kCurtain==8?ui->lblCurtain->show():ui->lblCurtain->hide();
  //控制窗帘
  datas.SerialWriteData(configboardnumberCurtain,Relay4,0,0,kCurtain);
  zCurtain = kCurtain; //保存窗帘开关状态
 }
 else if(kFan!=zFan) //判断对风扇的控制是否发生改变
 {
   //控制风扇
   datas.SerialWriteData(configboardnumberFan,Relay4,0,0,kFan);
    zFan=kFan; //保存风扇开关状态
 }
 else if(kWarningLight!= zWarningLight) //判断对报警灯的控制是否发生改变
 {
   //控制报警灯
   datas.SerialWriteData(configboardnumberWarningLight,Relay4,0,0,
   kWarningLight);
```

```
 zWarningLight = kWarningLight; //保存报警灯开关状态
 }
 else if(kLamp!=zLamp) //判断对LED射灯的控制是否发生改变
 {
   //控制LED射灯
   datas.SerialWriteData(configboardnumberLamp,Relay4,0,0, kLamp);
   zLamp = kLamp; //保存LED射灯开关状态
  }
else if(kTv!=zTv) //判断对电视的控制是否发生改变
{
 //控制电视
 datas.SerialWriteData(configboardnumberInfrared,InfraredRemoteControl
     ,CommandInfraredLaunch,0,0X01);
 zTv= kTv; //保存电视开关状态
}
else if(kTTIO!=zTTIO) //判断对空调的控制是否发生改变
{
 //控制空调
 datas.SerialWriteData(configboardnumberInfrared,InfraredRemoteControl
     ,CommandInfraredLaunch,0,0X02);
 zTTIO = kTTIO; //保存空调开关状态
  }
else if(kDVD!=zDVD) //判断对DVD的控制是否发生改变
{
 //控制DVD
 datas.SerialWriteData(configboardnumberInfrared,InfraredRemoteControl
     ,CommandInfraredLaunch,0,0X03);
 zDVD = kDVD; //保存DVD开关状态
}
else if(kRFID!= zRFID) //判断对RFID门禁的控制是否发生改变
{
  if(kRFID!=0)
  {
     //只有当控制变量不为0时才打开门禁，没有关闭门禁的说法
     datas.SerialWriteData(configboardnumberRFID,RFID_DATA_15693,
         RFID_Open_Door,0, ALLON);
   }
      zRFID= kRFID; //保存门禁状态
}
```

【技术点评】

在单步控制逻辑中运用 k 变量（控制变量）和 z 变量（状态变量）。当要进行设备控制时，只需要给 k 变量赋值即可。在计时器中判断 k 变量和 z 变量不同的情况下，执行器件的控制（开启或关闭等）。这样，在各种控制模式下，不会使控制器件反复进行同一动作。

对窗帘的控制，还需要实现界面上窗帘图片的显示与隐藏。通过控制变量的值改变窗帘图片的显示与隐藏。在用于显示窗帘图片的 Label 控件上有一个透明的 pushButton，名字为 btnCurtain，用于控制窗帘的开关，具体使用详见 2.6.11.3 节。

2.6.11.1 LED 射灯的单控

界面同步的实现原理是单击透明按钮，控制该按钮下的图片的显示和隐藏。这里用 Label 加载灯亮的图片，如用【lblLamp1】标签加载灯 1 亮的图片，用【lblLamp2】标签加载灯 2 亮的图片。通过单击透明的【btnLamp1】按钮，控制【lblLamp1】标签的显示或隐藏，从而实现界面上灯 1 的打开或关闭，灯 2 的控制以及窗帘的控制亦然。

将控制 LED 射灯的两个透明按钮【btnLamp1】和【btnLamp2】进行转槽。在其对应的单击槽函数中编写代码，代码如【文件 2-26】所示。

【文件 2-26】 smarthome.cpp 单步控制 LED 射灯

```
/**LED 射灯 1 控制**/
void SmartHome::on_btnLamp1_clicked()
{
    mode=DANBU; //模式置为单步模式
  //判断界面上 LED 射灯 1 当前是否关闭，若关闭则需要打开 LED 射灯 1
   kLamp=ui->lblLamp1->isHidden()?RelayP4:RelayP1; //控制变量赋值
   //将 LED 射灯 1 的动作写入日志
   kLamp==RelayP4? writeLog ("打开 LED 射灯 1"): writeLog ("关闭 LED 射灯 1");
   //界面同步
   if(kLamp==RelayP4) //LED 射灯 1 开启时
   {
       ui->lblLamp1->show();//LED 射灯 1 图片显示
       ui->lblLamp2->hide();//LED 射灯 2 图片隐藏
    }
   else
    {
       ui->lblLamp1->hide();//LED 射灯 1 图片隐藏
```

```
        }
    }
    /**LED 射灯 2 控制**/
    void SmartHome::on_btnLamp2_clicked()
    {
        mode=DANBU; //模式置为单步模式
       //判断界面上 LED 射灯 2 当前是否关闭，若关闭则打开 LED 射灯 2
       kLamp=ui->lblLamp2->isHidden()?RelayP3:RelayP2; //控制变量赋值
       //将 LED 射灯 2 的动作写入日志
       kLamp==RelayP3? writeLog ("打开 LED 射灯 2"): writeLog ("关闭 LED 射灯 2");
      //界面同步
       if(kLamp==RelayP3) //LED 射灯 2 开启时
        {
            ui->lblLamp1->hide();//LED 射灯 1 图片隐藏
            ui->lblLamp2->show();//LED 射灯 2 图片显示
        }
        else
        {
            ui->lblLamp2->hide();//LED 射灯 2 图片隐藏
        }
    }
```

2.6.11.2 红外控制

将电视按钮【btnTV】、空调按钮【btnAir】和 DVD 按钮【dialDVD】进行转槽。在【smarthome.cpp】源文件内对应的单击槽函数中，编写如【文件 2-27】所示的代码。

【文件 2-27】 smarthome.cpp 红外单步控制

```
    /**空调控制**/
    void SmartHome::on_btnAir_clicked()//空调按钮被单击
    {
        mode=DANBU; //模式置为单步模式
        kTTIO ==0?kTTIO=1: kTTIO =0; //控制变量赋值，切换空调开关状态
        //将空调动作写入日志
        kTTIO ==1? writeLog ("打开空调"): writeLog ("关闭空调");
    }
    /**电视控制**/
    void SmartHome::on_btnTV_clicked()//电视按钮被单击
    {
        mode=DANBU; //模式置为单步模式
        kTv==0?kTv=1:kTv=0; //控制变量赋值，切换电视开关状态
        //将电视动作写入日志
        kTv==1? writeLog ("打开电视"): writeLog ("关闭电视");
```

```
}
/**DVD 控制**/
void SmartHome::on_dialDVD_actionTriggered(int action)
{
    mode=DANBU; //模式置为单步模式
    kDVD==0? kDVD =1: kDVD =0; //控制变量赋值，切换 DVD 开关状态
    //将 DVD 动作写入日志
    kDVD ==1? writeLog ("打开 DVD"): writeLog ("关闭 DVD");
}
```

2.6.11.3　窗帘的开关

界面同步的原理见 2.6.11.1 节单步控制 LED 射灯。

将控制窗帘的透明按钮【btnCurtain】进行转槽，在其单击槽函数中编写如下代码。代码中的【lblCurtain】标签加载的是窗帘关闭的图片且位于【btnCurtain】透明按钮下。

```
void SmartHome::on_btnCurtain_clicked()
{
    mode=DANBU; //模式置为单步模式
    //根据窗帘图片的显示进行控制变量的赋值。
    kCurtain=ui->lblCurtain->isHidden()?8:3;
    //将窗帘动作写入日志
    kCurtain==3? writeLog ("打开窗帘"): writeLog ("关闭窗帘");

}
```

【技术点评】

由于功能中没有涉及从模式控制变为单步控制的按钮，所以在单步控制中使模式置为单步控制即 mode=DANBU。

LED 射灯、红外和窗帘的开关代码写完后，可以进行模块测试，测试单步控制是否正常。

若不能正常控制，则依次考虑以下因素：(1) 控制变量的赋值是否正确；(2) 单步控制的逻辑是否正确，调用【SerialWriteData()】函数实现控制的时候是否传对了参数，容易出错的地方是板号、板类型，以及控制命令。可以借助【qDebug()】函数输出控制变量，来判断控制是否正常。

2.6.12　模式控制

有了 2.6.11 节单步控制的基础，模式控制的实现变得较为简单，完成相应模式下控制变量的赋值即可，具体操作步骤如下。

（1）在【timer()】槽函数中调用【control()】函数。

（2）调用完毕后在【control ()】函数中编写代码，代码如【文件 2-28】所示。

【文件 2-28】 smarthome.cpp 模式控制

```
/**模式控制**/
void SmartHome:: control ()
{
    switch(mode)
    {
    case UPNOTHOME: //离家模式
        kWarningLight=ALLOFF; //关闭报警灯
        kLamp=ALLOFF; //关闭 LED 射灯
        break;
    case NIGHT: //夜间模式
        kLamp=ALLON; //打开 LED 射灯
        if(Temp_Value.toFloat()>35) //若温度高于 35℃
        {
            kFan=ALLON; //开启风扇
        }
        else
        {
            kFan=ALLOFF; //关闭风扇
        }
        break;
    case DAY: //白天模式
        kLamp=ALLOFF; //关闭 LED 射灯
        if(Illumination_Value.toFloat()<80) //若光照小于 80Lm
        {
            kCurtain=8; //打开窗帘
        }
        else
        {
            kCurtain=3; //关闭窗帘
        }
        break;
    case SAFE: //防盗模式
        kRFID=ALLON; //开门
        kFan=ALLOFF; //关闭风扇
        kLamp=ALLOFF; //关闭 LED 射灯
        if(StateHumanInfrared!=0) //若人体感应有人时
        {
            kWarningLight=ALLON; //报警灯开启
        }
        break;
    }
}
```

（3）将四个模式单选按钮分别转槽，在【smathome.cpp】源文件中加入以下代码，进行模式赋值。

```
void SmartHome::on_rbNight_clicked()
{
    mode=NIGHT;//夜间模式
}
void SmartHome::on_rbDay_clicked()
{
    mode=DAY;//白天模式
}
void SmartHome::on_rbSafe_clicked()
{
    mode=SAFE;//安防模式
}
void SmartHome::on_rbIsNotHome_clicked()
{
    mode=UPNOTHOME;//离家模式
}
```

【技术点评】

在【radio button】单选按钮的单击槽函数中给模式变量【mode】赋值。在计时器中则可以判断当前处于哪种模式。选中【radio button】单选按钮，使程序进入相应模式。可以借助【qDebug()】函数在计时器槽函数中输出当前【mode】变量的值，判断模式之间是否能够正常跳转。若能正常跳转后，看相应模式是否按照程序要求控制了设备开关，若不能正常控制，请查看控制变量是否赋值正确。

2.6.13　读取日志

读取日志涉及文件操作，包括打开或创建文件、读取文件和写入文件。

（1）将主界面【读取日志】复选框【cbLog】转槽，选择【clicked()】信号。

（2）在主界面中单击【读取日志】复选框【cbLog】，将出现读取日志的窗口，代码如下：

```
void SmartHome::on_cbLog_clicked()
{
    ui->cbLog->setChecked(1); //设置选中
    ControlLogDialog w;
```

```
    w.exec();
    ui->cbLog->setChecked(0); //取消选中
}
```

（3）在【controllogdialog.cpp】源文件的构造函数中读取日志、写日志，代码如【文件2-29】、【文件2-30】所示。

【文件 2-29】 controllogdialog.cpp 读取日志

```
#include "controllogdialog.h"
#include "ui_controllogdialog.h"
#include "QFile"
#include "QTextStream"
ControlLogDialog::ControlLogDialog(QWidget *parent) :
    QDialog(parent),
    ui(new Ui::ControlLogDialog)
{
    ui->setupUi(this);
    setWindowTitle("读取日志");//设置标题文字
    QFile file("file.txt");//实例化日志文件
    file.open(QFile::ReadOnly); //打开日志文件
    QTextStream rm(&file); //获取日志文件流
    QString text=rm.readAll();//读取日志所有内容
    ui->teShowLog->setText(text); //将日志内容显示到 Text Edit 控件中
}
```

【文件 2-30】 smarthome.cpp 写日志

```
/**写日志**/
void SmartHome:: writeLog (QString  text)
{
    QFile file("file.txt");//实例化日志文件
    file.open(QFile::Append); //以追加的方式打开日志文件
    QTextStream rm(&file); //获取日志文件流
    rm<<QDateTime::currentDateTime().toString("yyyy-MM-dd
    hh:mm:ss")<<"     "<< text <<"\n"; //将当前日期时间写入日志
}
```

（4）将【读取日志】的【返回】按钮转槽，选择【clicked()】信号。

（5）在产生的单击槽函数中编写退出代码，如下所示：

```
/**读取日志 返回响应**/
void ControlLogDialog::on_btnLogClose_clicked()
{
    this->close();//关闭界面
}
```

2.6.14 绘制折线图

Qt 提供了强大的 2D 绘图系统，可以使用相应的 API 在屏幕上进行绘制。本节将基于 QPainter 类实现光照折线图的绘制。

（1）双击打开【smarthome.ui】界面文件，右击【图表】按钮，转槽（转槽参考 2.3.4 节），在此槽函数中实现图表界面的显示（界面的切换参考 2.3.5 节）。

（2）打开【paintview.h】头文件，引用头文件如下。

```
#include "QPainter"  //绘图类
#include  <smarthome.h> //主界面类
```

（3）在【paintview.h】头文件的【public】关键字下声明如下变量。

```
float Shu[6]; //储存六个信息采集值
int diShu[6]; //横坐标（秒）
QTimer *timer1; //计时器
```

（4）在【paintview.h】头文件的 【private slots】关键字下声明如下槽函数。

```
private slots:
void timer();
void paintEvent(QPaintEvent *);
```

（5）在【paintview.cpp】源文件的构造函数内添加如下代码。

```
ui->setupUi(this);
this->setWindowTitle("光照"); //设置窗口标题
for(int i=0;i<6;i++)
    {
        Shu[i]=0; //初始化数组 Shu[6]
        diShu[i]=i; //初始化数组 diShu  [6]
    }
    timer1=new QTimer();//实例化计时器
    connect(timer1,SIGNAL(timeout()),this,SLOT(timer()));
    timer1->start(1000); //设循环间隔为 1000ms
```

（6）将【timer()】槽函数与【paintEvent(QPaintEvent *)】槽函数在【paintview.cpp】源文件中添加声明，并编写如【文件 2-31】所示的代码。

【文件 2-31】 paintview.cpp 绘图

```
void PaintView::timer()
{
    for(int i=0;i<5;i++)
    {
        Shu[i]=Shu[i+1];
        diShu[i]=diShu[i+1];
    }
```

```
    Shu[5]=Illumination_Value.toFloat();//新的数据点
    diShu[5]=diShu[5]+1;//横坐标秒数加 1
    update();//重新绘制界面
}

void PaintView::paintEvent(QPaintEvent *)
{
    QPainter paint(this); //实例化绘图对象 paint
    paint.setRenderHint(QPainter::Antialiasing,true); //抗锯齿
    paint.drawLine(0,250,300,250); //画横轴
    paint.drawLine(50,0,50,300); //画竖轴
    //画横坐标
    for(int i=1;i<7;i++)
    {
        paint.drawText(50+30*i,270,QString::number(diShu[i-1]));
    }
    paint.setBrush(QColor(0,0,0)); //改变刷子颜色为黑色
    bool a; //布尔值 a，记录当前最大值是否大于 250
    for(int i=0;i<6;i++)
    {
        if(Shu[i]>=250) //若显示的数据值有大于 250 的
        {
            a=1;
            break;
        }
        else
        {
            a=0;
        }
    }
    if(a)// 若显示的数据值有大于 250 的
    {
        //画竖轴刻度
        for(int i=1;i<12;i++)
        {
            paint.drawText(15,250-20*i,QString::number(8*20*i));
        }
        //描点
        for(int i=0;i<6;i++)
```

```
        {
            paint.drawEllipse(50+30*(i+1),250-Shu[i]/8,5,5);
        }
      //连线
        for(int i=1;i<6;i++)
        {
            paint.drawLine(50+30*i,250-Shu[i-1]/8,
            50+30*(i+1),250-Shu[i]/8);
        }
    }
    else// 若显示的数据值没有大于 250 的
    {
       //画竖轴刻度
        for(int i=1;i<12;i++)
        {
           paint.drawText(15,250-20*i,QString::number(20*i));
        }
      //描点
        for(int i=0;i<6;i++)
        {
            paint.drawEllipse(50+30*(i+1),250-Shu[i],5,5);
        }
       //连线
        for(int i=1;i<6;i++)
        {
            paint.drawLine(50+30*i,250-Shu[i-1],50+30*(i+1),250-Shu[i]);
        }
    }
}
```

【技术点评】

画图的思想概括起来就是两点连成线。先绘制好横轴和竖轴，再绘制横坐标和坐标轴刻度。由于绘图是实时显示，所以在计时器中调用【update()】重新绘制折线图。信息采集的获取和横坐标加 1 都是在计时器中实现，由于需要每秒都执行，所以计时器 timer1 的时间间隔为 1s。

在测试程序中，如果画图不能实时进行采集，则说明与计时器信号槽的连接出现问题。查看计时器是否开启或者【update()】函数是否在计时器关联的槽函数中被调用。如果采集值与竖轴刻度值所对应的位置不相同，则是没计算好刻度。

2.6.15 与服务器进行交互

与服务器进行交互的作用是根据移动客户端程序发来的控制指令进行指令解析，并实现设备控制。本节还需要实现服务器的配置，以更新数据库信息和日志信息，具体操作步骤如下。

（1）在【smarthome.h】头文件中声明如下槽函数。

```
private  slots:
//服务器交互控制函数
void updata(QString Sensor,unsigned int Command,unsigned Kuai);
//服务器配置函数
void  configure(QString  UserName,QString  Passwd,QString  IP,QString
              Mask,QString Getway,QString Mac,QString ServerIp);
```

（2）将第一步声明的两个槽函数在【smarthome.cpp】源文件中添加声明，产生的代码如下所示。

```
void SmartHome::updata(QString Sensor, unsigned int Command, unsigned
Kuai)
{
}
void SmartHome::configure(QString UserName, QString Passwd, QString IP,
QString Mask, QString Getway, QString Mac, QString ServerIp)
{
}
```

（3）在构造函数中将服务器对象的【bytesArrived(QString,uint,uint)】和【bytesArrived(QString,QString,QString,QString,QString,QString,QString)】信号分别与服务器交互控制槽函数【updata(QString,uint,uint)】和服务器配置槽函数【configure(QString,QString, QString, QString, QString,QString,QString)】进行连接，代码如下。

```
connect(&Server,SIGNAL(bytesArrived(QString,uint,uint)),this,SLOT(
        updata(QString,uint,uint)));
connect(&Server,SIGNAL(bytesArrived(QString,QString,QString,QString,
        QString,QString,QString)),this,SLOT(configure(QString,QString,
        QString,QString,QString,QString,QString)));
```

（4）编写服务器交互和配置代码如【文件 2-32】所示。

【文件 2-32】 服务器交互和配置代码

```
/**服务器交互**/
void SmartHome::updata(QString Sensor, unsigned int Command, unsigned
Kuai)
```

```
{
    if(Sensor=="Curtain")//窗帘控制
    {
        if(Command==1)
        {
          //打开窗帘
          datas.SerialWriteData(configboardnumberCurtain,Relay4,0,0,3);
        }
        else if(Command==2)
        {
          //关闭窗帘
          datas.SerialWriteData(configboardnumberCurtain,Relay4,0,0,8);
        }
    }
    else if(Sensor=="Fan")//风扇控制
    {
        if(Command==1)
        {
          //打开风扇
          datas.SerialWriteData(configboardnumberFan,Relay4,0,0,ALLON);
        }
        else
        {
         //关闭风扇
         datas.SerialWriteData(configboardnumberFan,Relay4,0,0,ALLOFF);
        }
    }
    else if(Sensor=="WarningLight")//报警灯控制
    {
        if(Command==1)
        {
          //打开报警灯
          datas.SerialWriteData(configboardnumberWarningLight,Relay4,0,
          0,ALLON);
        }
        else
        {
          //关闭报警灯
          datas.SerialWriteData(configboardnumberWarningLight,Relay4,0,
```

```
        0,ALLOFF);
    }
}
else if(Sensor=="Lamp")//LED射灯控制
{
    if(Command==1)
    {
        //LED射灯全开
      datas.SerialWriteData(configboardnumberLamp,Relay4,0,0,ALLON);
    }
    else if(Command==0)
    {
       //LED射灯全关
     datas.SerialWriteData(configboardnumberLamp,Relay4,0,0,ALLOFF);
    }
    else if(Command==2)
    {
      //LED射灯1打开
    datas.SerialWriteData(configboardnumberLamp,Relay4,0,0,RelayP4);
    }
    else if(Command==3)
    {
      //LED射灯1关闭
    datas.SerialWriteData(configboardnumberLamp,Relay4,0,0,RelayP1);
    }
    else if(Command==4)
    {
       //LED射灯2打开

   datas.SerialWriteData(configboardnumberLamp,Relay4,0,0,RelayP3);
    }
    else if(Command==5)
    {
       //LED射灯2关闭
   datas.SerialWriteData(configboardnumberLamp,Relay4,0,0,RelayP2);
    }
}
else if(Sensor=="InfraredLaunch")//红外控制
{
```

```
        //红外控制
            datas.SerialWriteData(configboardnumberInfrared,
                InfraredRemoteControl,CommandInfraredLaunch,0,Command);
    }
    else if(Sensor=="RFID_Open_Door")//门禁控制
    {
      //打开门禁
     datas.SerialWriteData(configboardnumberRFID,RFID_DATA_15693,
         RFID_Open_Door,0,ALLON);
    }
}
/**服务器配置 **/
void SmartHome::configure(QString UserName, QString Passwd, QString IP,
    QString Mask, QString Getway, QString Mac, QString ServerIp)
{
   if(sql.SqlQueryCount()==1)
    {
    if(!sql.SqlAddRecord(UserName,Passwd,IP,Mask,Getway,Mac,ServerIp))
        {
            log.WriteLog("add record failure");//将添加失败的信息写入日志
        }
    }
    else if(sql.SqlQueryCount()==2)
    {
  if(!sql.SqlUpdateRecord(UserName,Passwd,IP,Mask,Getway,Mac,ServerIp))
        {
            log.WriteLog("update record failure");//将更新失败的信息写入日志
        }
    }
  if(!confg.ConfigureIP())
    {
        log.WriteLog("configure IP failure");//将配置 IP 失败的信息写入日志
    }
    else
    {
        QProcess::execute(QString("reboot"));//重启网关
    }
}
```

2.7 烧写

烧写包括制作镜像和使用【MiniTools】烧写，完成将镜像移植到网关的过程，是实现网关配置与连接的前提。

2.7.1 制作镜像文件

制作镜像文件包括引用ARM库、配置Qt版本和GCCE工具链、复制库文件和可执行文件到指定路径、更改rcS和qt4文件以及生成镜像文件。

2.7.1.1 引用ARM库

程序要在网关上运行，需要引用ARM库。

要引用ARM库就要将【.pro】工程文件中的【LIBS+=./lib-SmartHomeGateway-X86.so】代码中的“X86”改为“ARM”，如图2-62所示。

```
#-------------------------------------------------
#
# Project created by QtCreator 2017-11-27T18:44:02
#
#-------------------------------------------------

QT       += core gui
QT+=sql
QT+=script
QT+=network
TARGET = SmartHomeQT
TEMPLATE = app
LIBS+=./lib-SmartHomeGateway-ARM.so

SOURCES += main.cpp\
        logindialog.cpp \
    serialthread.cpp \
    registerdialog.cpp \
    controllogdialog.cpp \
```

图2-62 引入ARM库

2.7.1.2 配置Qt版本和GCCE工具链

更改Qt版本和GCCE工具链，为编译生成可执行的网关程序做准备。

（1）选择【Qt Creator】窗口左侧的【项目】选项，将Qt版本改为“Qt 4.7.0 在 PATH（系统）”发布，如图2-63所示。

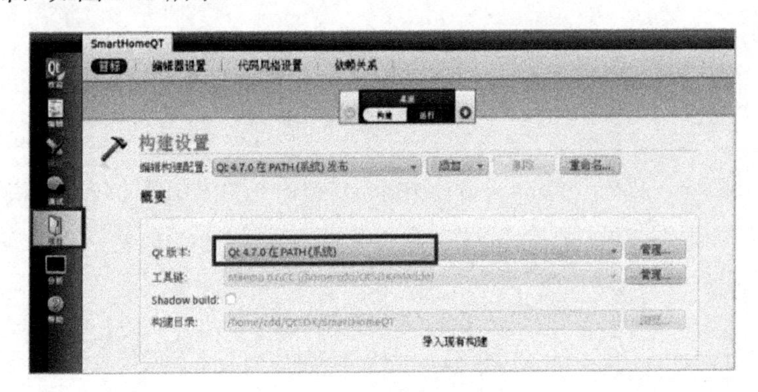

图2-63 Qt版本设置

（2）单击工具链的【管理】按钮，切换到【构建和运行】选项下的【工具链】选项卡界面，如图 2-64 所示。

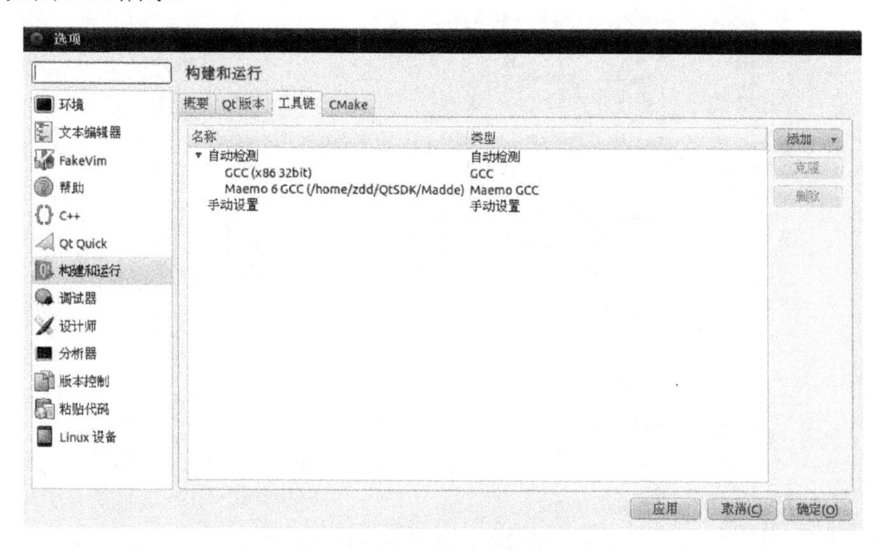

图 2-64 【工具链】选项卡界面

（3）单击【添加】下拉框，选择其中的【GCCE】工具链，这时在“手动设置”下会新建一个 GCCE 的工具链，如图 2-65 所示。

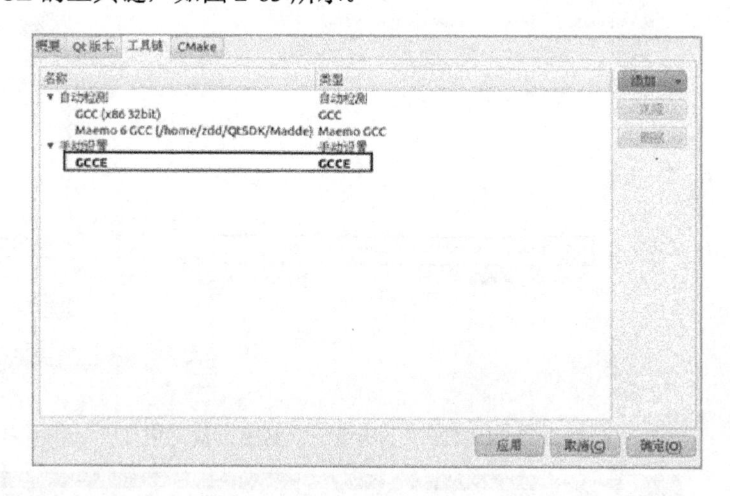

图 2-65 添加【GCCE】工具链

（4）选中新建的【GCCE】工具链，单击“编译器路径”的【浏览】按钮，弹出【选择执行档】窗口。然后单击【文件系统】位置，设置 GCCE 的路径为“/opt/FriendlyARM/toolschain/4.5.1/ bin/arm-linux-g++”，如图 2-66 所示。

（5）单击【打开】按钮，GCCE 工具链编译器路径设置完毕，如图 2-67 所示。

（6）单击【确定】按钮，回到【构建设置】窗口，通过单击工具链的下拉框，选择【GCCE】选项，将工具链改为“GCCE”，设置完毕后如图 2-68 所示。

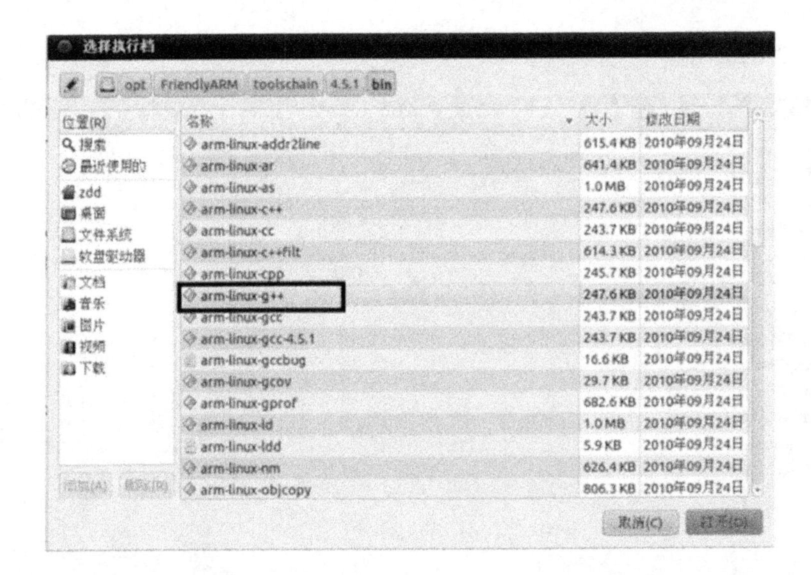

图 2-66　选择执行档

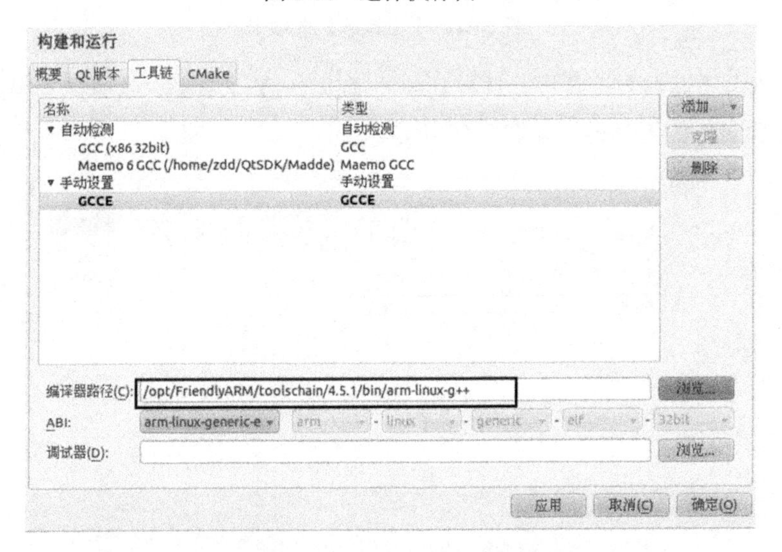

图 2-67　GCCE 工具链编译器路径设置完毕

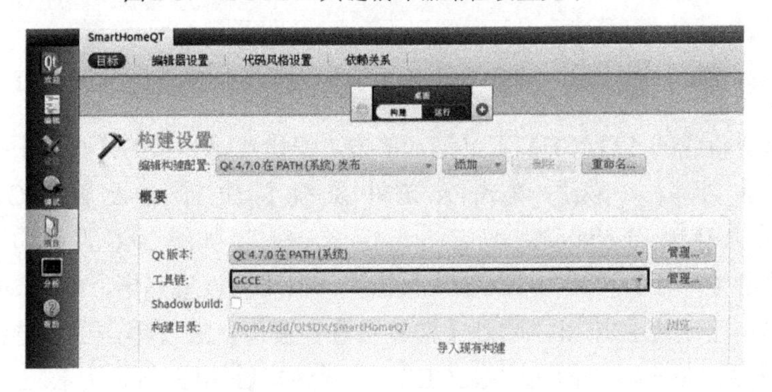

图 2-68　GCCE 工具链设置

（7）勾选上“shadow build”右侧的复选框，单击“构建目录”的【浏览】按钮，在弹出的“shadow build 目录”窗口中，单击右上角【创建文件夹】按钮，输入文件夹的名字为“ARM”，如图 2-69 所示，然后按下【Enter】键即可打开此文件夹。注意：名称不允许是中文。最后单击【打开】按钮完成构建目录的创建和设置，如图 2-70 所示。

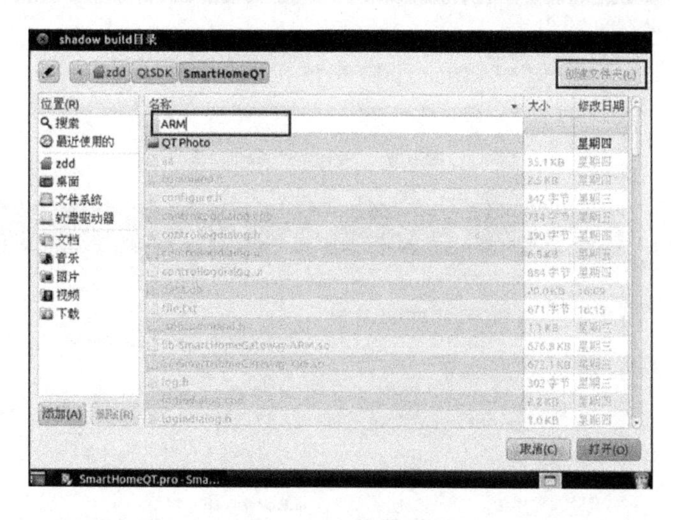

图 2-69　新建文件夹 ARM

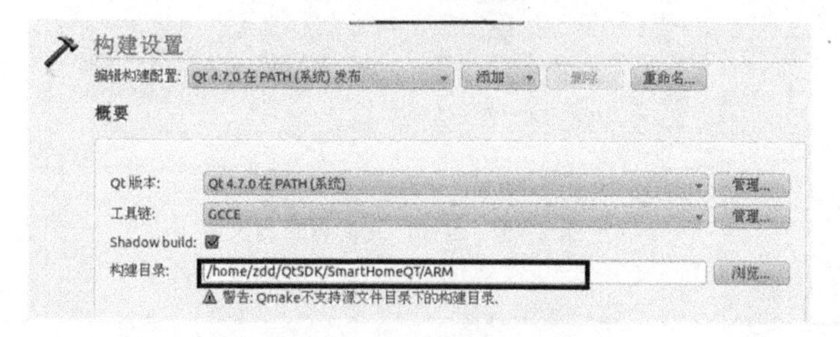

图 2-70　构建目录的设置

（8）复制库文件【lib-SmartHomeGateway-ARM.so】至刚才新建的【ARM】文件夹，如图 2-71 所示。

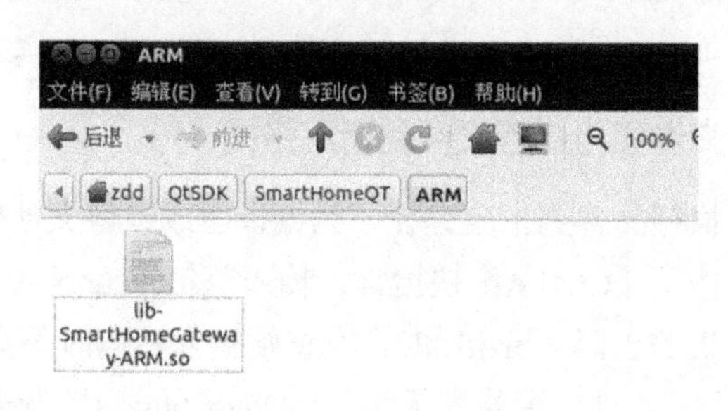

图 2-71　ARM 文件夹

（9）运行程序。构建完毕后在【应用程序输出】窗口中出现“启动程序失败，路径或者权限错误？”的提示则表示构建成功，如图 2-72 所示。在相应的构建目录下可以找到运行产生的可执行文件，如图 2-73 所示。

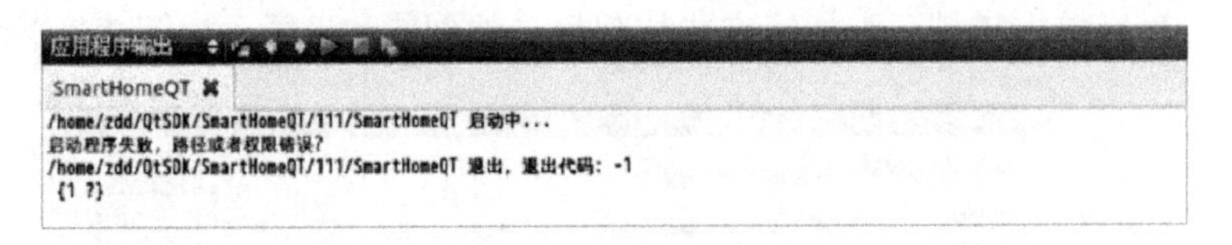

图 2-72　构建成功的标志

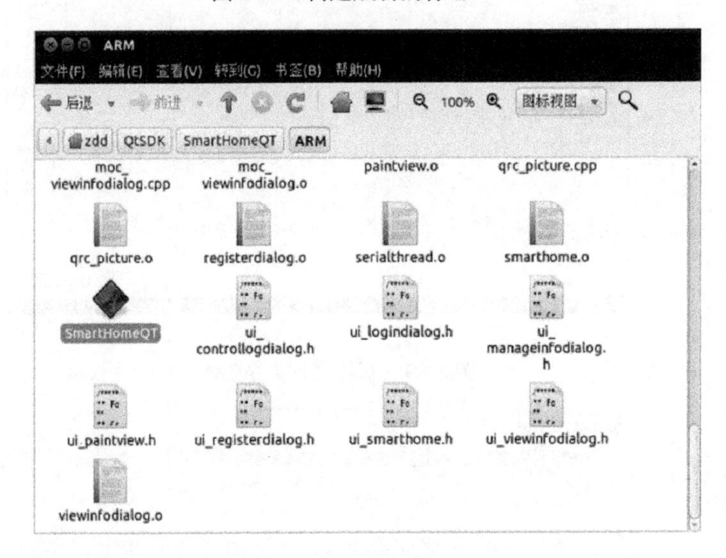

图 2-73　运行产生的可执行文件

【技术点评】

一定要重新运行程序，看到如图 2-72 这样的输出，才证明构建目录“/home/zdd/QtSDK/SmartHomeQT/ARM”下产生了在 ARM 上的可执行文件。

2.7.1.3　复制库文件和可执行文件到指定路径

复制库文件和可执行文件到指定路径，为编译生成镜像文件做准备。

（1）提升权限。按下【Ctrl+A】快捷键，输入语句“sudo –i”后，终端会提示输入密码，密码是登录虚拟机的密码“bizideal”，在终端输入密码时不会显示相应字符，输完密码后直接按回车键即可。此时终端若显示为“root@ubantu:~#”，则表示用户提升权限成功，如图 2-74 所示。

图 2-74　提升权限

（2）用【cd】命令切换到构建路径。

```
cd /home/zdd/QtSDK/SmartHomeQT/ARM
```

在这里，SmartHomeQT 是工程文件名。

（3）利用复制命令【cp】复制可执行文件和库文件到相应路径。

```
cp  SmartHomeQT  /6410/rootfs_qtopia_qt4/mnt/zdd
cp  lib-SmartHomeGateway-ARM.so  /6410/rootfs_qtopia_qt4
```

（4）复制完毕后的终端界面如图 2-75 所示，同时可以在相应路径下查看复制后的文件，如图 2-76 和图 2-77 所示。

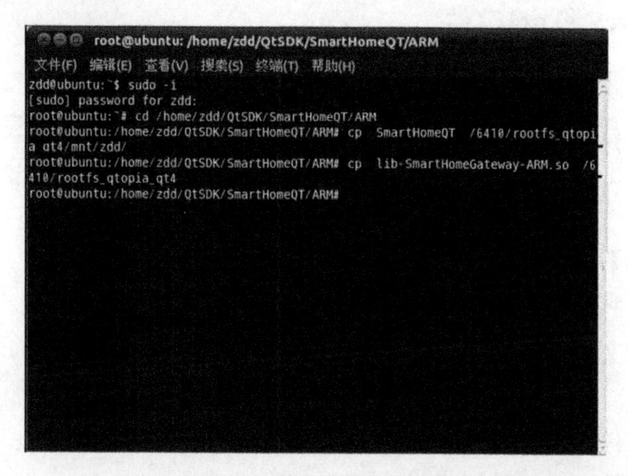

图 2-75　复制可执行文件和库文件到指定路径

图 2-76　“/6410/rootfs_qtopia_qt4/mnt/zdd”下的可执行文件

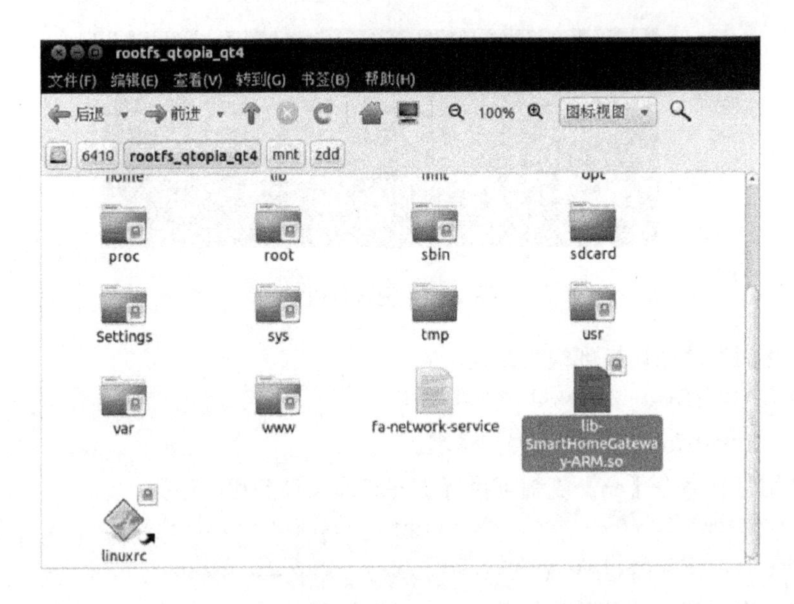

图 2-77 “/6410/rootfs_qtopia_qt4”下的库文件

2.7.1.4 更改 rcS 和 qt4 文件

修改【rcS】和【qt4】文件，并设置镜像文件的启动路径，为网关镜像文件的正常运行做准备。Linux 具有极大的灵活性，【rcS】文件具体要完成什么工作，完全由开发者决定。

（1）在终端利用【cd】命令切换到【6410】文件夹所在目录，命令如下。

```
cd  /6410
```

（2）编辑【rcS】文件，命令如下。

```
gedit  /6410/rootfs_qtopia_qt4/etc/init.d/rcS
```

（3）在【rcS】文件下方加入以下语句。

```
qt4
```

编辑【rcS】文件如图 2-78 所示。

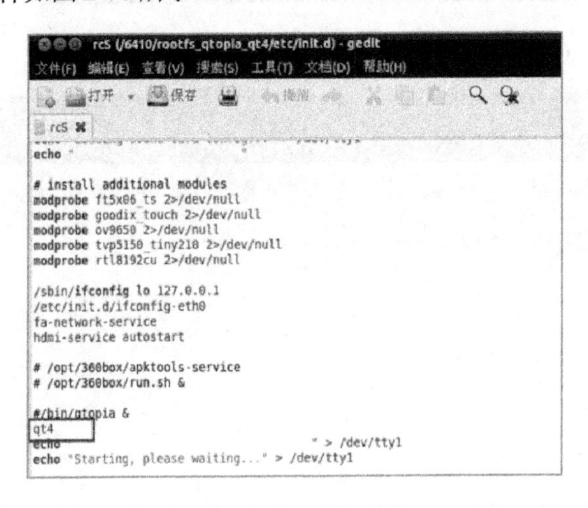

图 2-78 编辑【rcS】文件

（4）保存【rcS】文件后，关闭文件。编辑【qt4】文件，命令如下。

```
gedit  /6410/rootfs_qtopia_qt4/bin/qt4
```

（5）在【qt4】文件下方加入以下语句。

```
/mnt/zdd/SmartHomeQT -qws
```

编辑【qt4】文件如图 2-79 所示。

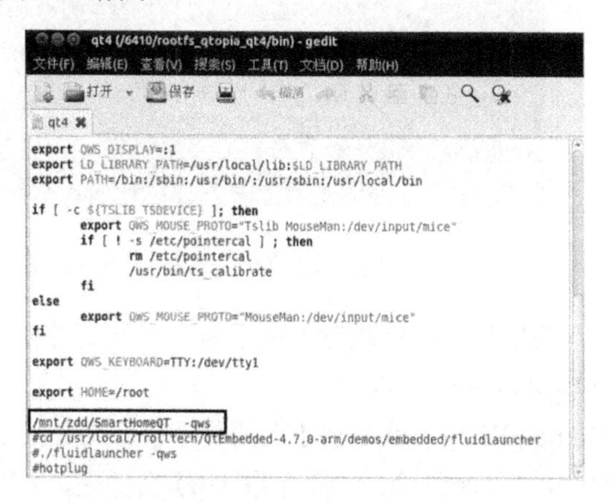

图 2-79　编辑【qt4】文件

最后，保存并关闭【qt4】文件。（注意："SmartHomeQT"这个名称就是在 2.7.1.5 节生成镜像文件时使用的镜像名称。如果镜像文件名称不为 SmartHomeQT，改为自己的镜像文件名称即可。）

【技术点评】

"/mnt/zdd/SmartHomeQT"路径是镜像文件的启动路径，镜像文件名要与 2.7.1.5 节生成的镜像文件名保持一致，这里为"SmartHomeQT"，否则烧写完毕后无法进入系统界面。

2.7.1.5　生成镜像文件

生成镜像文件包括使用【mkyaffs2image-128M】工具，将【rootfs_qtopia_qt4】文件系统制作成镜像文件，以及提升镜像文件的权限。

（1）修改完【rcS】和【qt4】文件，在终端中继续输入以下命令进行最后的镜像文件制作。

```
/usr/sbin/mkyaffs2image-128M   rootfs_qtopia_qt4   SmartHomeQT.img
```

输入命令后，按下【Enter】键，终端程序会自动编译制作镜像文件，制作完成后的终端截图如图 2-80 所示。"SmartHomeQT.img"是制作镜像文件完毕后所产生的镜像文件的名字。

```
root@ubuntu: /6410
文件(F) 编辑(E) 查看(V) 搜索(S) 终端(T) 帮助(H)
Object 5939, rootfs_qtopia_qt4/etc/rc.d/init.d/netd is a file, 1 data chunks written
Object 5940, rootfs_qtopia_qt4/etc/rc.d/init.d/wifiapd is a file, 1 data chunks written
Object 5941, rootfs_qtopia_qt4/etc/rc.d/init.d/alsaconf is a file, 1 data chunks written
Object 5942, rootfs_qtopia_qt4/etc/rc.d/init.d/httpd is a file, 1 data chunks written
Object 5943, rootfs_qtopia_qt4/etc/rc.d/init.d/leds is a file, 1 data chunks written
Object 5944, rootfs_qtopia_qt4/etc/profile is a file, 1 data chunks written
Object 5945, rootfs_qtopia_qt4/etc/ftpusers is a file, 1 data chunks written
Object 5946, rootfs_qtopia_qt4/etc/inetd.conf is a file, 1 data chunks written
Object 5947, rootfs_qtopia_qt4/etc/login.defs is a file, 3 data chunks written
Object 5948, rootfs_qtopia_qt4/etc/eth0-setting is a file, 1 data chunks written
Object 5949, rootfs_qtopia_qt4/etc/ftpchroot is a file, 1 data chunks written
Object 5950, rootfs_qtopia_qt4/etc/scsi_id.config is a file, 1 data chunks written
Object 5951, rootfs_qtopia_qt4/etc/boa is a directory
Object 5952, rootfs_qtopia_qt4/etc/boa/boa.conf is a file, 1 data chunks written
Operation complete.
5696 objects in 636 directories
91334 NAND pages
root@ubuntu:/6410#
```

图 2-80 镜像文件制作完成后的终端截图

（2）镜像文件制作完成后，在终端输入以下命令提升文件权限。

```
chmod 777 SmartHomeQT.img
```

这里的“SmartHomeQT.img”就是刚才上面制作镜像文件的名称。

（3）在输入命令完毕，关闭终端后，打开【6410】文件夹，可以找到制作的镜像文件，如图 2-81 所示。

（4）将【SmartHomeQT.img】镜像文件复制到物理机的网关烧写路径，【images\Linux】镜像文件路径（文件所在位置：智能家居安装与维护资源\开发环境\QT 竞赛工具\ QT 烧写文件\images\Linux）如图 2-82 所示。

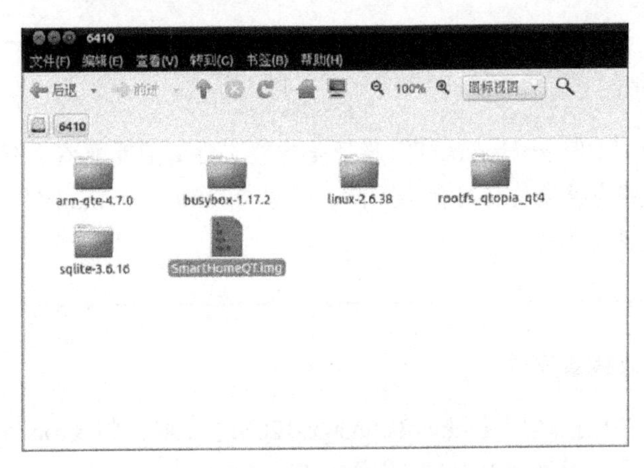

图 2-81 【6410】文件夹下的镜像文件

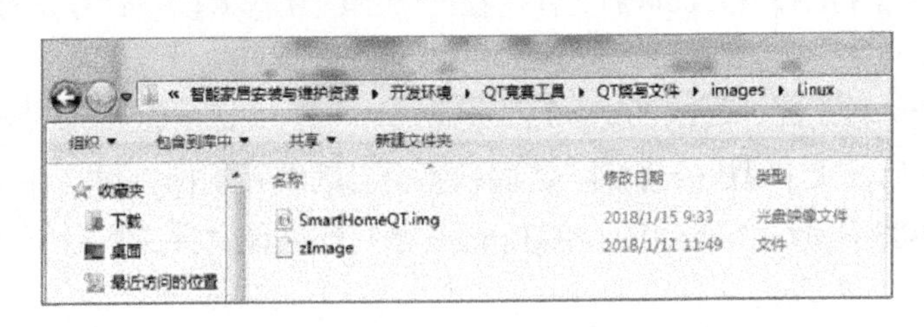

图 2-82 镜像文件的路径

2.7.2　修改 FriendlyARM.ini 文件

修改【FriendlyARM.ini】文件的目的是为使用【MiniTools】软件烧写进行必要的配置，主要是指定镜像文件的路径。

双击打开【智能家居安装与维护资源\开发环境\QT 竞赛工具\QT 烧写文件\images】路径下的【FriendlyARM.ini】文件，修改文件内容（标粗部分）如【文件 2-33】所示。

【文件 2-33】FriendlyARM.ini

```
CheckOneButton=No
Action=Install
OS=Linux
LCD-Mode=No
LCD-Type=S70
LowFormat=No
VerifyNandWrite=No
CheckCRC32=No
StatusType=Beeper| LED
##################Linux###################
Linux-BootLoader=Superboot210.bin
Linux-Kernel=Linux/zImage
 Linux-CommandLine=root=/dev/mtdblock4 rootfstype=yaffs2
 console=ttySAC0,115200 init=/linuxrc skipcali=yes ctp=2
ethmac=08:90:90:08:F8:8E
Linux-RootFsInstallImage=Linux/SmartHomeQT.img
```

【技术点评】

若配置网关时出现"网关积极拒绝"，可在烧写镜像文件时更换 MAC 地址，即改变 ethmac 的值。

2.7.3　使用 MiniTools 烧写

烧写镜像文件的方式大致有两种，使用 SD 卡烧写和使用【MiniTools】软件烧写。这里介绍的是使用【MiniTools】软件进行烧写。

（1）双击【MiniToolsSetup-Windows-20150528.exe】安装文件（文件所在位置：智能家居安装与维护资源\开发环境\QT 竞赛工具\MiniToolsSetup-Windows- 20150528.exe），即

可运行【MiniTools】软件的安装程序，按向导一步一步操作即可。在安装过程中，会自动安装所需的 USB 下载驱动程序，期间会出现【是否安装无签名驱动】的提示框，此时要选择【始终安装该驱动程序】命令。在安装完成后，需要重新插拔一下 USB 数据线，这时 Windows 会提示“正在更新驱动程序”，需要等待 Windows 更新驱动程序完成，才能进行下一步操作。

【MiniTools】软件安装完成后，会在桌面上创建快捷方式，双击它即可运行 MiniTools。

MiniTools 运行窗口如图 2-83 所示。

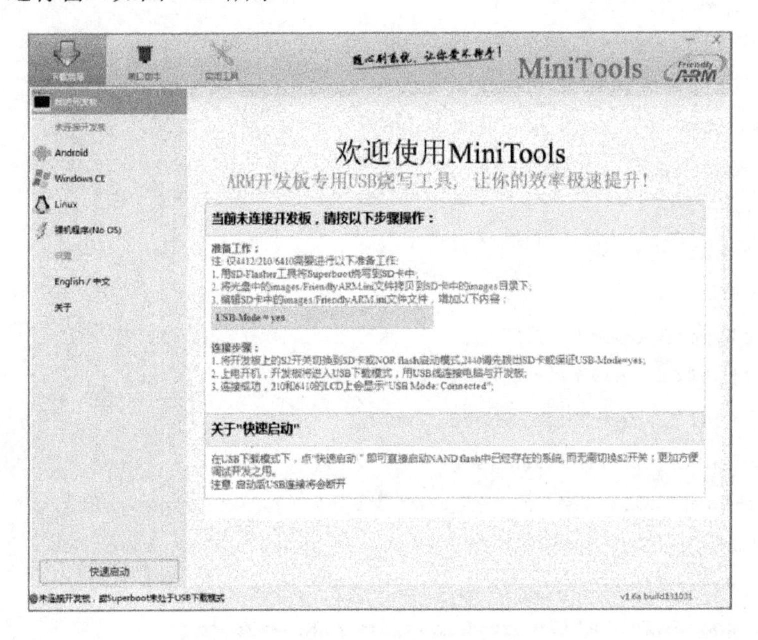

图 2-83　MiniTools 运行窗口

（2）只有【Superboot】程序才能配合使用【MiniTools】软件的 USB 下载功能，并且【Superboot】程序需要工作在 USB 下载模式下，因此，请先确认以下工作是否准备完毕（此为 2017 年赛项准备工作，无须参赛学生完成）。

①用【SD-Flasher】工具将【Superboot】程序烧写到 SD 卡中（SD 卡制作工具所在位置：智能家居安装与维护资源\开发环境\QT 竞赛工具\SD 卡制作）。

②将“智能家居安装与维护资源\开发环境\QT 竞赛工具\QT 烧写”目录下的【images】文件夹中的【FriendlyARM.ini】配置文件复制到 SD 卡中的【images】目录下。

③编辑 SD 卡中的【images\FriendlyARM.ini】文件，增加以下内容。

```
USB-Mode = yes
```

（3）做好准备工作后，按以下步骤连接 PC 和开发板：

①将开发板上的 S2 开关切换到 USB 下载模式。

②将电源线连接至开发板后开机，开发板将进入 USB 下载模式，这时 LCD 上会出现“USB Mode: Waiting...”的提示。

③用 USB 线连接计算机与开发板，所用的 USB 线如图 2-84 所示。

④连接成功，LCD 上会出现“USB Mode: Connected”的提示。

至此，你可以使用【MiniTools】软件烧写系统了。

（4）将【Superboot】程序工作在 USB 下载模式，并用 USB 数据线连接 PC 和开发板，这时启动【MiniTools】软件，其启动界面如图 2-85 所示。

图 2-84　【MiniTools】软件烧写用的 USB 线

图 2-85　连接开发板后的启动界面

如图 2-85 所示，在【MiniTools】软件的主界面上，其左下角显示已成功连接开发板，主视图也显示自动获取的开发板信息，而在界面的左下角有一个【快速启动】按钮，可在 USB 下载模式下，直接启动【NAND Flash】里面的系统，无须切换到 NAND Flash 启动模式。

（5）要开始烧写系统时，在主界面的左侧，选择要烧写的系统【Linux】，这时将出现该系统的烧写选项界面，如图 2-86 所示。

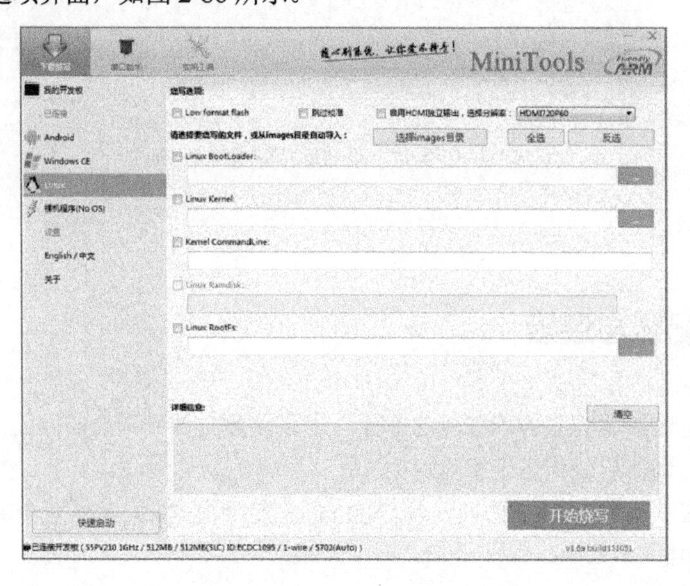

图 2-86　【Linux】烧写选项界面

（6）烧写配置基本与【FriendlyARM.ini】配置文件相同，可参照【FriendlyARM.ini】配置文件手动填写相应配置，但还有两个更方便的办法：一个方法是单击界面上的【选择images 目录】按钮，并将目录定位到本书所带资源的【images】目录下，此时【MiniTools】软件会自动将【FriendlyARM.ini】文件的配置内容填写到界面上；另一个方法是将【images】目录复制到【MiniTools】软件的安装目录下（右击桌面上的【MiniTools】快捷方式，在弹出的快捷菜单中选择【打开位置】命令可定位到该目录），这样【MiniTools】每次启动时，就会自动加载安装目录中【images】目录下的【FriendlyARM.ini】配置文件内容到界面上，其界面如图 2-87 所示。

（7）使用【MiniTools】软件，可全选烧写更新整个系统，也可单选烧写其中某个部分，如只烧写 Kernel，或者只烧写文件系统等，在设置完成后，单击【开始烧写】按钮进行一键烧写。

（8）烧写完成后，单击左下角的【快速启动】按钮，可直接从 NAND Flash 启动系统，而无须拨动 S2 和电源开关。

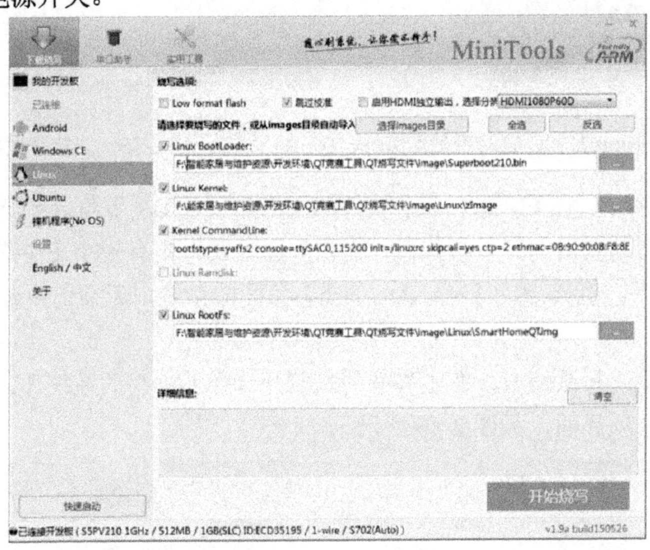

图 2-87　烧写选项配置

2.8　网关配置与连接

网关配置与连接属于服务器搭建的部分。烧写镜像文件完毕后的网关，通过 USB 转串口线连接上协调器后就相当于智能网关。

拨动开发板上的 S2 开关，切换到 NAND Flash 启动模式，网关界面会输出以下语句。

```
Starting networking…
Starting web server…
```

```
Starting leds service…
Loading sound card config…
```

语句输出完毕后，出现登录界面。单击【登录】按钮跳转到主界面，单击【连接服务器】和【监听】按钮后，方可与服务器进行连接。打开串口成功后可以采集信息并进行控制。此时可进行网关的配置与连接，参考 1.5.9 节，设备连接参见图 1-94。

03 第 3 章　智能家居移动终端软件开发

3.1　模块概述

3.1.1　功能介绍

2017 年“智能家居安装与维护”全国大赛中的上位机开发主要分为 8 个功能模块，其中包含闪屏加载、登录/注册、选择功能、信息采集、单步控制、联动控制、自定义控制和图表绘制，如图 3-1 所示。

3.1.2　源代码结构

本章开发完成后的工程源代码结构，如图 3-2 所示，各代码文件的作用见表 3-1。

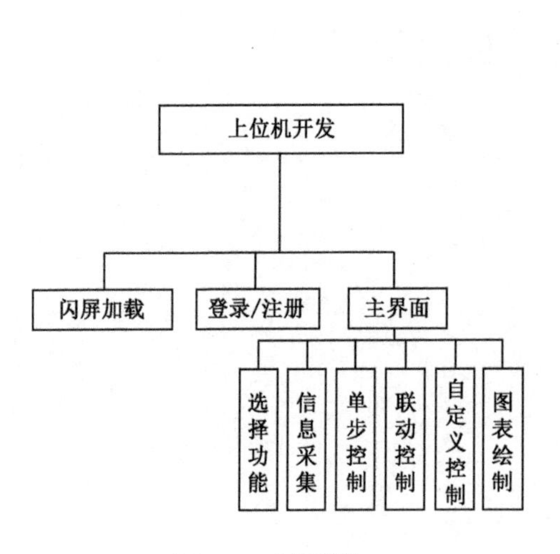

图 3-1　功能模块

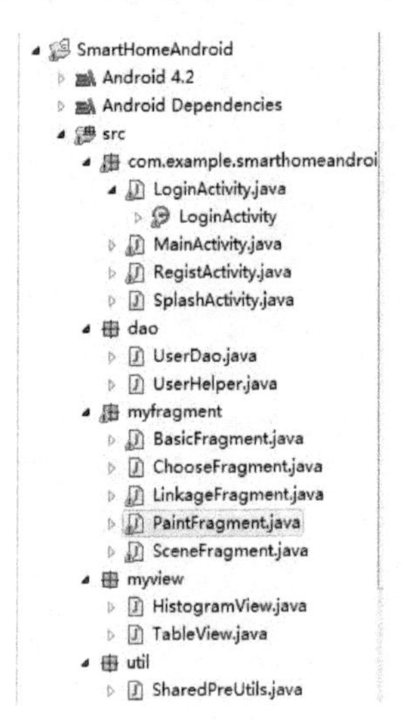

图 3-2　代码结构

表 3-1　代码文件作用

源 代 码	作 用
LoginActivity.java	登录界面源代码
MainActivity.java	主界面源代码
RegistActivity.java	注册界面源代码
SplashActivity.java	闪屏加载界面源代码
UserDao.java	数据库增删改查源代码
UserHelper.java	数据库、数据表创建源代码
BasicFragment.java	基本界面源代码
ChooseFragment.java	选择界面源代码
LinkageFragment.java	联动界面源代码
PaintFragment.java	画图界面源代码
SceneFragment.java	模式控制源代码
HistogramView.java	自定义控件-柱状图
Table View.java	自定义控件-表格
SharedPreUtils.java	SharedPreference 读写工具

3.2　创建工程

创建工程包含新建安卓应用项目、增加 Tab 选项卡、设置屏幕分辨率和横屏以及程序运行，这是进入界面设计和功能实现的基础性工作。

3.2.1　新建安卓应用项目

新建安卓应用项目的关键点是需要选择【Navigation Type】(导航类型)为【Tabs+Swip】类型。这样新建后的工程将拥有 Tab 选项卡，且拥有左右滑动切换页面的效果。

（1）将【adt-bundle-windows-x86.rar】文件（文件所在位置："智能家居安装与维护资源\开发环境\android 环境\adt-bundle-windows-x86.rar"）解压缩后，双击打开其中的【eclipse】文件夹下的【eclipse.exe】可执行程序（若不能正常打开，请先安装 JDK，详见 1.5.1 节 JDK 安装）。单击左上角菜单栏【File】按钮，依次选择【New】→【Android Applictation Project】命令，如图 3-3 所示。完成选择后，弹出【New Android Applictation】（新建安卓应用）窗口，如图 3-4 所示。

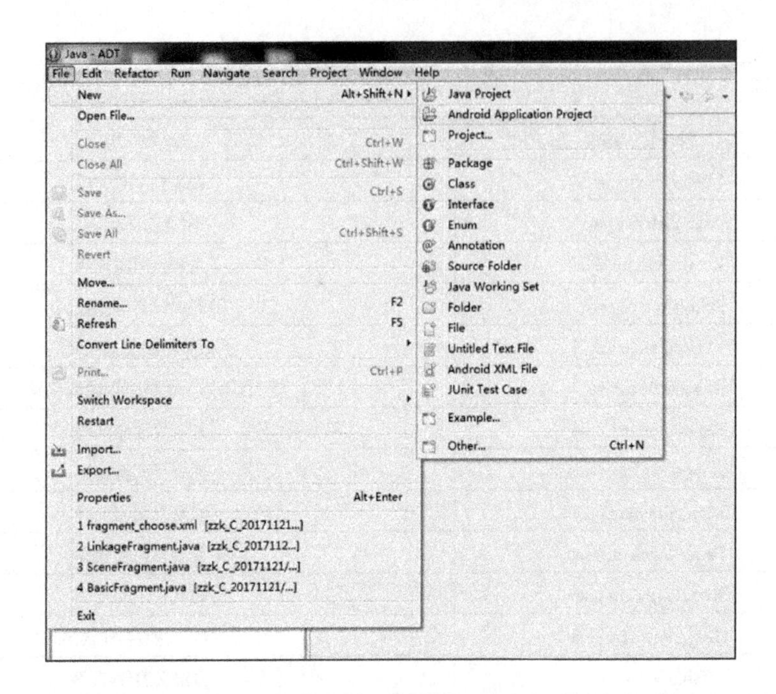

图 3-3　新建安卓应用工程

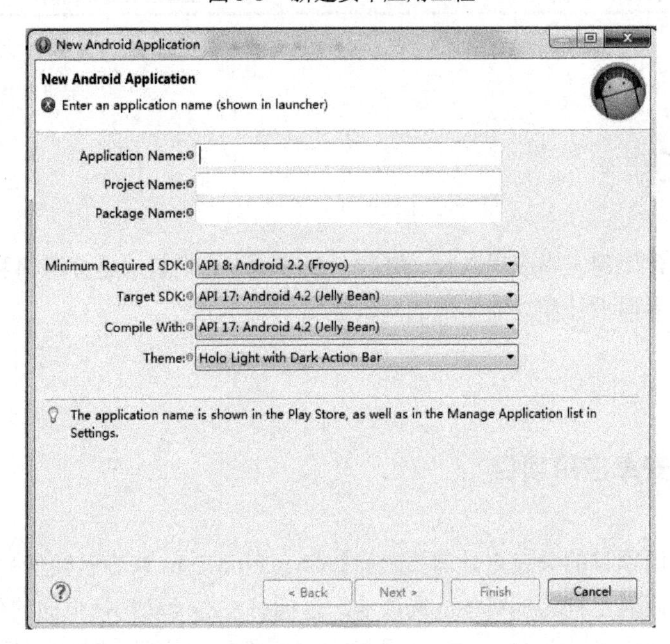

图 3-4　【New Android Application】窗口

（2）如图 3-5 所示，输入【Application Name】(工程项目名字)为“SmartHome Android”，修改【Minimun Required SDK】（最小兼容的 SDK 版本）为“ApI 14 : Android IceCreamSandwich”。

（3）单击【Next】按钮，直到弹出【New Blank Activity】(新建空白活动）窗口，如图 3-6 所示。

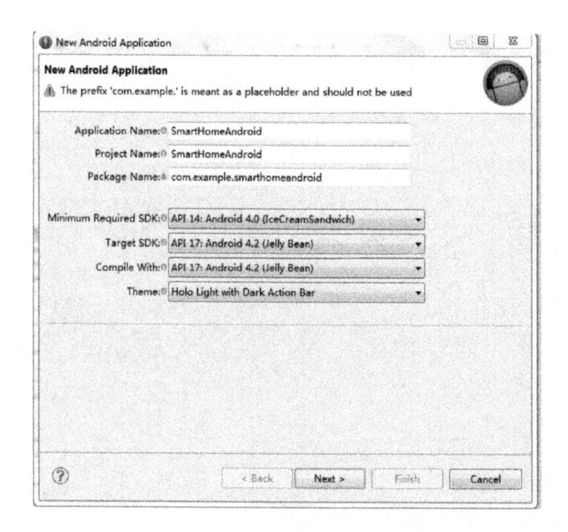

图 3-5　输入应用程序名称

图 3-6　【New Blank Activity】窗口

（4）选择【Navigation Type】（导航类型）为【Tabs+Swipe】类型，如图 3-7 所示。

（5）单击【Finish】按钮，完成工程的新建，得到的工程目录如图 3-8 所示。

图 3-7　修改【Navigation Type】

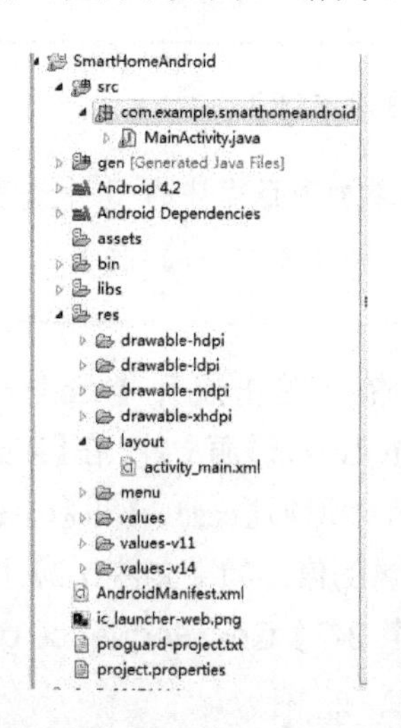

图 3-8　新建“MainActivity”后的工程目录

3.2.2　增加 Tab 选项卡

Tab 选项卡的增加分为三步：一是修改【strings.xml】文件，增加且修改要显示的选项卡标题的声明；二是修改【getPageTitle(int)】方法，使选项卡标题生效；三是修改【getCount()】方法，返回实际的选项卡的个数。其中，第二步和第三步都是在【MainActivity.java】源文件中修改的。下面进行具体说明。

（1）展开【res】→【values】目录，双击打开【strings.xml】文件，增加【title_section4】

和【title_section5】字符串变量的声明，按题修改字符串变量的值，作为主界面 5 个选项卡的标题，如【文件 3-1】所示。

【文件 3-1】修改 strings.xml 内容

```
<?xml version="1.0" encoding="utf-8"?>
<resources>
    <string name="app_name">智能家居</string>
    <string name="title_section5">绘图</string>
    <string name="title_section4">模式</string>
    <string name="title_section3">联动</string>
    <string name="title_section2">基本</string>
    <string name="title_section1">选择</string>
    <string name="hello_world">Hello world!</string>
    <string name="menu_settings">Settings</string>
</resources>
```

【技术点评】

添加项目需要的 5 个选项卡标题——“选择”“基本”“联动”“模式”“绘图”，供【文件 3-2】使用。

（2）依次单击展开【src】→【com.example.smarthomeandroid】目录，双击打开【MainActivity.java】源文件，在【MainActivity.java】源文件中找到【getPageTitle(int position)】方法，在其中增加【case 3】和【case 4】分支后，分别返回【title_section4】和【title_section5】字符串变量的值，如【文件 3-2】所示。

【文件 3-2】CharSequence getPageTitle(int position)方法

```
@Override
    public CharSequence getPageTitle(int position) {
        switch (position) {
        case 0:
            return getString(R.string.title_section1).toUpperCase();
        case 1:
            return getString(R.string.title_section2).toUpperCase();
        case 2:
            return getString(R.string.title_section3).toUpperCase();
        case 3:
            return getString(R.string.title_section4).toUpperCase();
        case 4:
            return getString(R.string.title_section5).toUpperCase();
        }
        return null;
    }
```

【技术点评】

根据选项卡索引设置选项卡标题的显示，注意顺序。

（3）在【getCount()】方法中修改返回值为“5”，以匹配当前选项卡的数量，如【文件 3-3】所示。

【文件 3-3】public getCount( )

```
@Override
    public int getCount() {
        // Show 5 total pages.
        return 5;
    }
```

【技术点评】

改变【getCount()】方法的返回值，使主界面有 5 个选项卡。

3.2.3　设置屏幕分辨率和横屏

智能家居移动终端软件开发基于 7.0″ 横屏，分辨率为“1024*600:mdpi”的移动终端。此硬件配置与公司提供的嵌入式移动开发套件保持一致。

（1）展开【layout】目录，双击打开【activity_main.xml】布局文件，如图 3-9 所示。

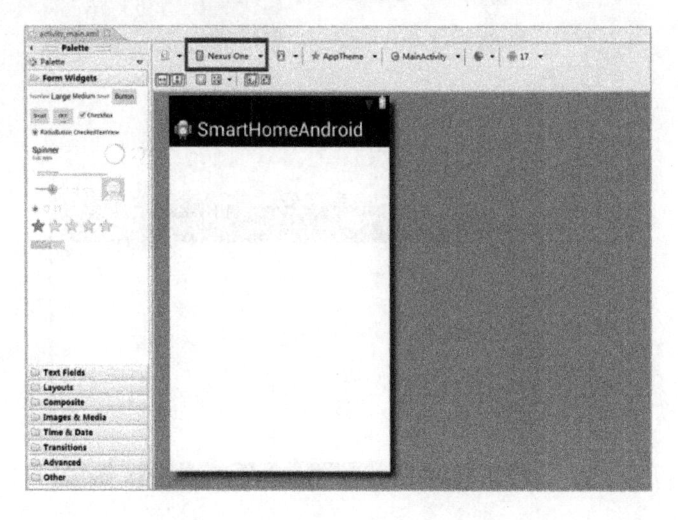

图 3-9　【activity_main.xml】布局文件

（2）单击【Nexus One】下拉框，得到如图 3-10 所示的屏幕分辨率列表，选择【7.0″ WSVGA (Tablet)(1024×600:mdpi)】分辨率，即可完成屏幕分辨率的设置，结果如图 3-11 所示。

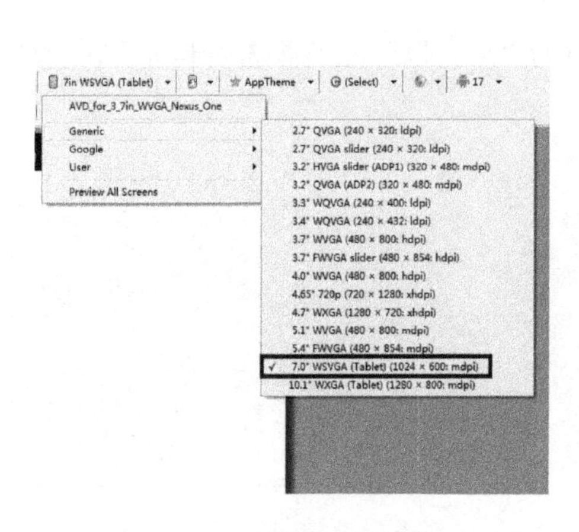

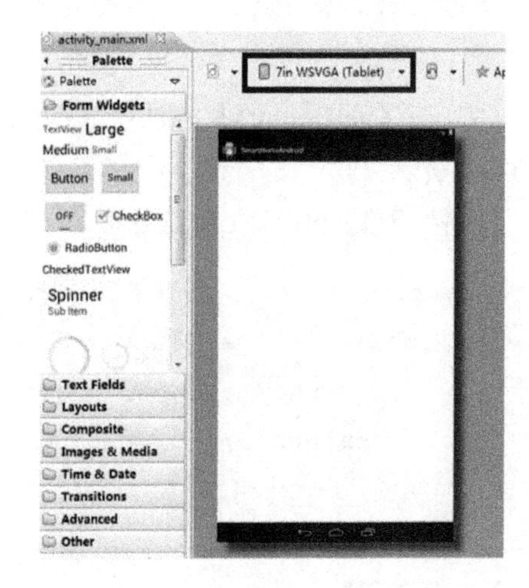

图 3-10　屏幕分辨率列表　　　　图 3-11　屏幕分辨率（1024×600）

（3）设置横屏。如图 3-12 所示，单击屏幕图标按钮，选择【Landscape】选项，即可完成横屏设置，如图 3-13 所示。注意，本项目中涉及到的布局文件都需要将屏幕设置为【7.0″ WSVGA(Tablet)(1024×600:mdpi)】，且是横屏。

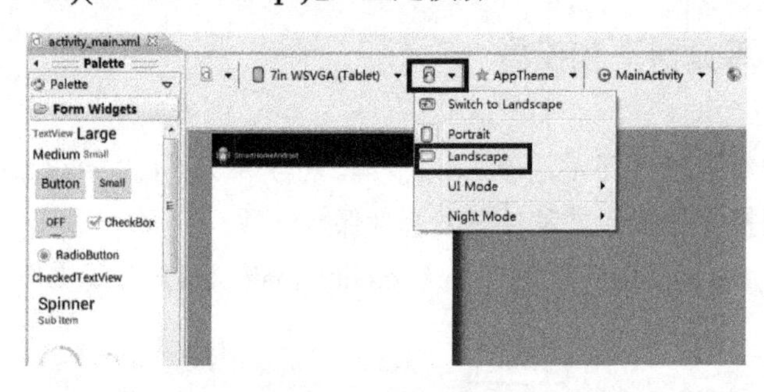

图 3-12　设置横屏

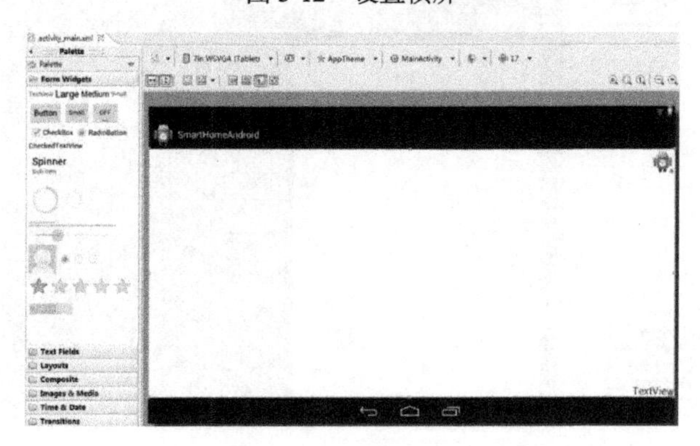

图 3-13　横屏设置完毕

3.2.4　程序运行

本章开发的程序需要运行在嵌入式移动开发套件箱的移动终端上，因此要先做好硬件的连接，待【eclipse】开发环境识别该终端设备后再进行调试运行。

（1）用嵌入式移动开发套件箱自带的数据线，连接好嵌入式移动开发套件箱和计算机，同时要用电源适配器给嵌入式移动开发套件箱供电，如图 3-14 所示。

图 3-14　嵌入式移动开发套件箱连接到计算机

（2）安装嵌入式移动开发套件箱终端设备的驱动程序，所用到的驱动文件为【android 2.3 usb driver】（文件所在位置：“智能家居安装与维护资源\驱动\ android 2.3 usb driver”），如图 3-15 所示，驱动程序安装的过程参考 1.2.2 节，安装成功后可在设备管理器中找到此终端设备，如图 3-16 所示。

图 3-15　嵌入式移动开发套件箱终端设备的驱动程序

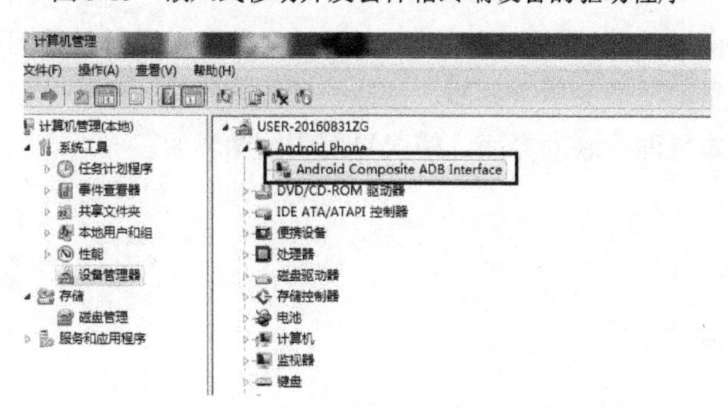

图 3-16　设备管理器中显示的终端设备

（3）打开【eclipse.exe】可执行程序，切换到【DDMS】视图，若嵌入式移动开发套件箱终端设备连接成功后，则可从【DDMS】视图中看到此设备，如图 3-17 所示。

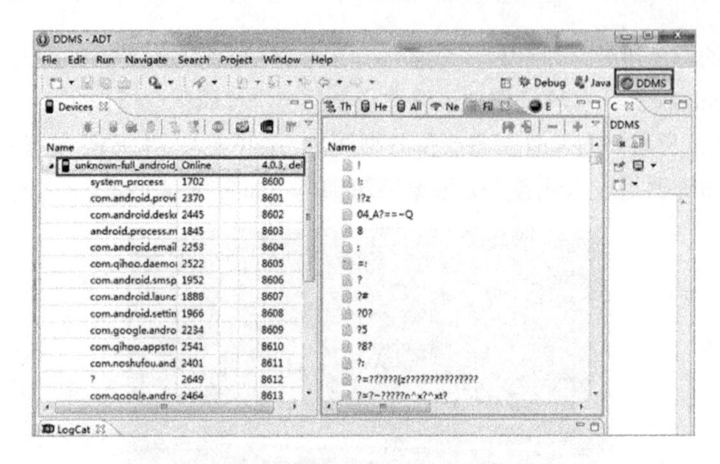

图 3-17　在【DDMS】视图中查看安卓设备

（4）切换到【Java】视图，在【Package Exporer】（包资源管理器）视图中选中【SmartHomeAndroid】工程项目，单击【Run】按钮，如图 3-18 所示，即可在嵌入式移动开发套件箱的终端设备上运行程序。

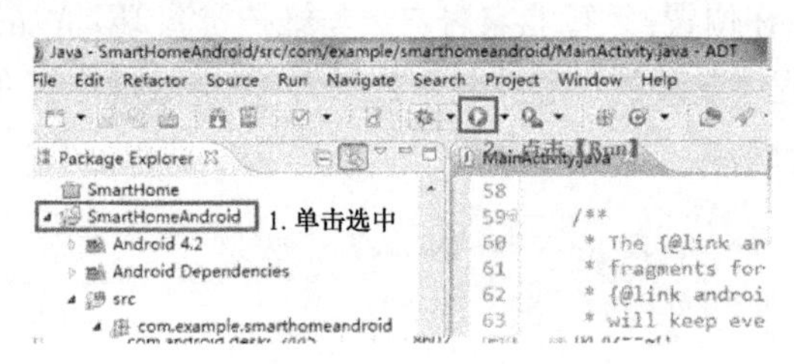

图 3-18　运行程序

3.3 界面设计

本节先学习界面设计的基础知识：新建布局文件和添加界面背景图片。然后根据功能要求设计出工程项目所需要的所有界面，包括闪屏加载界面、登录界面、注册界面、主界面、选择界面、基本界面、联动界面、模式界面和绘图界面。

3.3.1 新建布局文件

在【res】→【layout】文件夹中新建 8 个布局文件：【activity_splash.xml】、

【activity_login.xml】、【activity_regist.xml】、【fragment_basic.xml】、【fragment_choose.xml】、【fragment_linkage.xml】、【fragment_scene.xml】和【fragment_paint.xml】，外加新建工程时自动产生的【activity_main.xml】共 9 个布局文件，其布局文件结构如图 3-19 所示。

以新建闪屏加载界面【activity_splash.xml】为例讲述如何新建一个布局文件。

（1）展开【res】目录，右击【layout】文件夹，选择【Other】命令，弹出【New】窗口，展开窗口中的【Android】目录，如图 3-20 所示。

layout
activity_login.xml
activity_main.xml
activity_regist.xml
activity_splash.xml
fragment_basic.xml
fragment_choose.xml
fragment_linkage.xml
fragment_paint.xml
fragment_scene.xml

图 3-19　布局文件结构

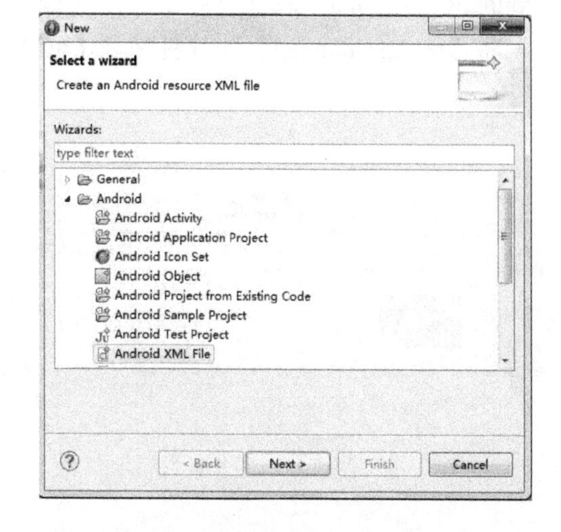

图 3-20　新建 Android XML 文件

（2）双击选择【Android XML File】向导，进入【New Android XML File】界面。在界面中找到【File】，并在其提示右侧的输入框中输入文件名为“activity_splash”，在【Root Element】（根元素）中找到并选择相对布局【RelativeLayout】，如图 3-21 所示，最后单击【Finish】按钮，完成创建。

图 3-21　在【New Android XML File】界面中输入文件名，选择根元素

3.3.2 添加界面背景图片

闪屏加载界面需要设置背景图片，所以需要提前将图片资源导入到相应的工程目录下。

（1）“智能家居安装与维护资源\素材\Android Photo”目录下有需要的图片素材文件【background.jpg】，如图 3-22 所示。

（2）将【background.jpg】图片复制到【res】→【drawable-hdpi】目录下，如图 3-23 所示。

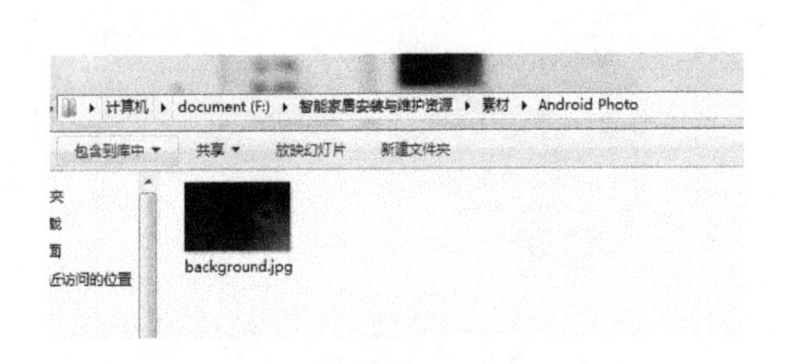

图 3-22 图片素材

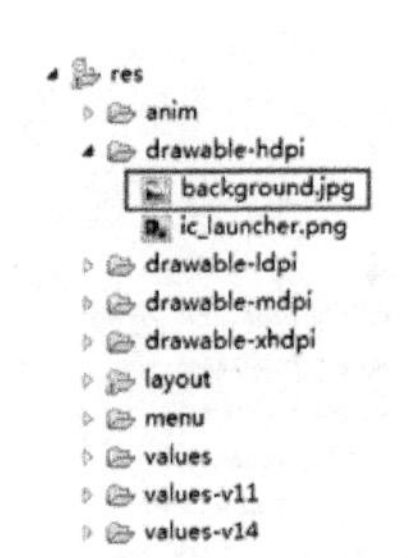

图 3-23 添加图片的位置

3.3.3 闪屏加载界面

本节提供闪屏加载界面的界面效果图以及布局文件的源代码，仅供学习参考。

（1）闪屏加载界面，如图 3-24 所示。

图 3-24 闪屏加载界面

（2）加载界面对应的布局源代码如【文件 3-4】所示。

【文件 3-4】activity_splash.xml

```
<RelativeLayout
   xmlns:android="http://schemas.android.com/apk/res/android"
   xmlns:tools="http://schemas.android.com/tools"
   android:layout_width="match_parent"
   android:layout_height="match_parent"
   tools:context=".JinduActivity"
   android:background="@drawable/background" >
   <TextView
      android:id="@+id/tvMarquee"
      android:layout_width="wrap_content"
      android:layout_height="wrap_content"
      android:layout_alignParentLeft="true"
      android:layout_alignParentTop="true"
      android:singleLine="true"
      android:ellipsize="marquee"
      android:focusableInTouchMode="true"
      android:focusable="true"
      android:text="欢迎来到智能世界！          "
      android:textColor="#ff00"
      android:textSize="40sp" />
   <TextView
      android:id="@+id/tvLoading"
      android:layout_width="wrap_content"
      android:layout_height="wrap_content"
      android:layout_alignParentLeft="true"
      android:layout_below="@+id/tvMarquee"
      android:layout_marginLeft="385dp"
      android:layout_marginTop="144dp"
      android:text="正在加载，请稍后..."
      android:textColor="#fff"
      android:textSize="40sp" />
   <TextView
      android:id="@+id/tvProgress"
      android:layout_width="wrap_content"
      android:layout_height="wrap_content"
      android:layout_alignParentBottom="true"
      android:layout_alignParentRight="true"
      android:text="Loading...10%"
      android:textColor="#fff"
      android:textSize="20sp" />
</RelativeLayout>
```

3.3.4 登录界面

本节提供登录界面的界面效果图以及布局文件的源代码，仅供学习参考。

（1）登录界面，如图 3-25 所示，具体功能要求详见附录 A。

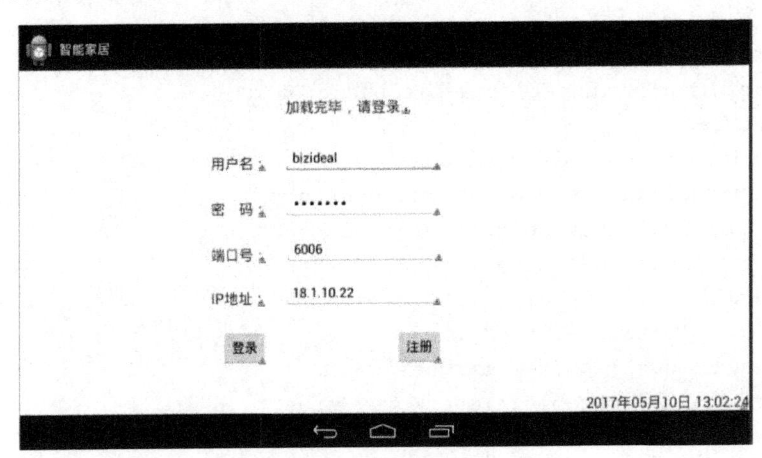

图 3-25　登录界面

（2）登录界面对应的布局源代码如【文件 3-5】所示。

【文件 3-5】activity_login.xml

```
<RelativeLayout
   xmlns:android="http://schemas.android.com/apk/res/android"
   xmlns:tools="http://schemas.android.com/tools"
   android:layout_width="match_parent"
   android:layout_height="match_parent">
   <TextView
      android:id="@+id/textView1"
      android:layout_width="wrap_content"
      android:layout_height="wrap_content"
      android:layout_alignParentLeft="true"
      android:layout_alignParentTop="true"
      android:layout_marginLeft="271dp"
      android:layout_marginTop="118dp"
      android:text="用户名："
      android:textSize="20sp" />
   <TextView
      android:id="@+id/TextView02"
      android:layout_width="wrap_content"
      android:layout_height="wrap_content"
```

```
    android:layout_alignLeft="@+id/textView1"
    android:layout_below="@+id/textView1"
    android:layout_marginTop="38dp"
    android:text="密　　码："
    android:textSize="20sp" />
<EditText
    android:id="@+id/etUser"
    android:layout_width="wrap_content"
    android:layout_height="wrap_content"
    android:layout_alignBottom="@+id/textView1"
    android:layout_marginLeft="24dp"
    android:layout_toRightOf="@+id/textView1"
    android:ems="10" >
    <requestFocus />
</EditText>
<EditText
    android:id="@+id/etPassword"
    android:layout_width="wrap_content"
    android:layout_height="wrap_content"
    android:layout_alignBottom="@+id/TextView02"
    android:layout_alignLeft="@+id/etUser"
    android:ems="10"
    android:inputType="textPassword" />
<EditText
    android:id="@+id/etPort"
    android:layout_width="wrap_content"
    android:layout_height="wrap_content"
    android:layout_alignBottom="@+id/TextView03"
    android:layout_marginLeft="26dp"
    android:layout_toRightOf="@+id/TextView03"
    android:ems="10"
    android:text="6006" />
<EditText
    android:id="@+id/etIp"
    android:layout_width="wrap_content"
    android:layout_height="wrap_content"
    android:layout_alignBottom="@+id/TextView01"
    android:layout_alignLeft="@+id/etPassword"
    android:ems="10"
```

```
        android:text="18.1.10.22" />
    <Button
        android:id="@+id/btnRegist"
        android:layout_width="wrap_content"
        android:layout_height="wrap_content"
        android:layout_alignRight="@+id/etIp"
        android:layout_below="@+id/etIp"
        android:layout_marginTop="31dp"
        android:text="注册" />
    <Button
        android:id="@+id/btnLogin"
        android:layout_width="wrap_content"
        android:layout_height="wrap_content"
        android:layout_alignBaseline="@+id/btnRegist"
        android:layout_alignBottom="@+id/btnRegist"
        android:layout_toLeftOf="@+id/etPort"
        android:text="登录" />
    <TextView
        android:id="@+id/tvLoginTime"
        android:layout_width="wrap_content"
        android:layout_height="wrap_content"
        android:layout_alignParentBottom="true"
        android:layout_alignParentRight="true"
        android:text="2017年05月10日 13:02:24"
        android:textSize="20sp" />
    <TextView
        android:id="@+id/tvLoaded"
        android:layout_width="wrap_content"
        android:layout_height="wrap_content"
        android:layout_alignLeft="@+id/etPort"
        android:layout_alignParentTop="true"
        android:layout_marginTop="41dp"
        android:text="加载完毕，请登录..."
        android:textSize="20sp" />
    <TextView
        android:id="@+id/TextView03"
        android:layout_width="wrap_content"
        android:layout_height="wrap_content"
        android:layout_alignLeft="@+id/TextView02"
```

```
        android:layout_below="@+id/TextView02"
        android:layout_marginTop="38dp"
        android:text="端口号："
        android:textSize="20sp" />
    <TextView
        android:id="@+id/TextView01"
        android:layout_width="wrap_content"
        android:layout_height="wrap_content"
        android:layout_alignLeft="@+id/TextView03"
        android:layout_below="@+id/TextView03"
        android:layout_marginTop="36dp"
        android:text="IP 地址："
        android:textSize="20sp" />
</RelativeLayout>
```

3.3.5　注册界面

本节提供注册界面的界面效果图以及布局文件的源代码，仅供学习参考。

（1）注册界面，如图 3-26 所示，具体功能要求详见附录 A。

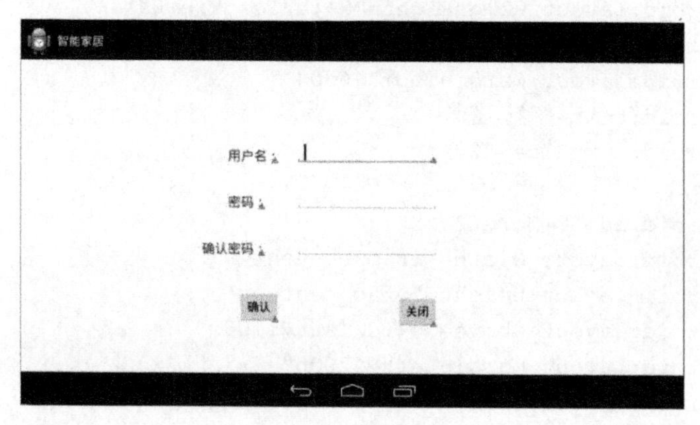

图 3-26　注册界面

（2）注册界面对应的布局源代码如【文件 3-6】所示。

【文件 3-6】activity_regist.xml

```
<RelativeLayout
   xmlns:android="http://schemas.android.com/apk/res/android"
   xmlns:tools="http://schemas.android.com/tools"
   android:layout_width="match_parent"
```

```
    android:layout_height="match_parent"
    tools:context=".ZhuceActivity" >
    <TextView
        android:id="@+id/textView1"
        android:layout_width="wrap_content"
        android:layout_height="wrap_content"
        android:layout_alignParentLeft="true"
        android:layout_alignParentTop="true"
        android:layout_marginLeft="319dp"
        android:layout_marginTop="131dp"
        android:text="用户名："
        android:textSize="20sp" />
    <TextView
        android:id="@+id/TextView02"
        android:layout_width="wrap_content"
        android:layout_height="wrap_content"
        android:layout_alignLeft="@+id/textView1"
        android:layout_below="@+id/textView1"
        android:layout_marginTop="46dp"
        android:text="密码："
        android:textSize="20sp" />
    <TextView
        android:id="@+id/TextView01"
        android:layout_width="wrap_content"
        android:layout_height="wrap_content"
        android:layout_alignRight="@+id/TextView02"
        android:layout_below="@+id/TextView02"
        android:layout_marginTop="46dp"
        android:text="确认密码："
        android:textSize="20sp" />
    <EditText
        android:id="@+id/etZczh"
        android:layout_width="wrap_content"
        android:layout_height="wrap_content"
        android:layout_above="@+id/TextView02"
        android:layout_marginLeft="26dp"
        android:layout_toRightOf="@+id/textView1"
        android:ems="10" >
        <requestFocus />
    </EditText>
    <EditText
        android:id="@+id/regist_etPassword"
        android:layout_width="wrap_content"
        android:layout_height="wrap_content"
        android:layout_alignBottom="@+id/TextView02"
        android:layout_alignLeft="@+id/etZczh"
        android:ems="10"
```

```
        android:inputType="textPassword" />
    <EditText
        android:id="@+id/etConfirmPwd"
        android:layout_width="wrap_content"
        android:layout_height="wrap_content"
        android:layout_alignBottom="@+id/TextView01"
        android:layout_alignLeft="@+id/etZczh"
        android:ems="10"
        android:inputType="textPassword" />
    <Button
        android:id="@+id/btnOK"
        android:layout_width="wrap_content"
        android:layout_height="wrap_content"
        android:layout_below="@+id/TextView01"
        android:layout_marginTop="52dp"
        android:layout_toLeftOf="@+id/etZczh"
        android:text="确认" />
    <Button
        android:id="@+id/btnClose"
        android:layout_width="wrap_content"
        android:layout_height="wrap_content"
        android:layout_alignRight="@+id/etConfirmPwd"
        android:layout_below="@+id/etConfirmPwd"
        android:layout_marginTop="58dp"
        android:text="关闭" />
</RelativeLayout>
```

3.3.6　主界面

本节提供主界面的界面效果图以及布局文件的源代码，仅供学习参考。

（1）主界面如图 3-27 所示，具体功能要求详见附录 A。蓝框表示的是【ViewPager】控件。

图 3-27　主界面

（2）主界面对应的布局源代码如【文件 3-7】所示。

【文件 3-7】activity_main.xml

```
<?xml version="1.0" encoding="utf-8"?>
<RelativeLayout
    xmlns:android="http://schemas.android.com/apk/res/android"
    android:layout_width="match_parent"
    android:layout_height="match_parent" >
    <android.support.v4.view.ViewPager
        android:id="@+id/pager"
        android:layout_width="match_parent"
        android:layout_height="match_parent"/>
    <ImageView
        android:id="@+id/imvHome"
        android:layout_width="wrap_content"
        android:layout_height="wrap_content"
        android:layout_alignParentRight="true"
        android:layout_alignParentTop="true"
        android:src="@drawable/ic_launcher" />
    <TextView
        android:id="@+id/tvTime"
        android:layout_width="wrap_content"
        android:layout_height="wrap_content"
        android:layout_alignParentBottom="true"
        android:layout_alignParentRight="true"
        android:text="TextView"
        android:textSize="20sp" />
</RelativeLayout>
```

3.3.7 选择界面

本节提供选择界面的界面效果图以及布局文件的源代码，仅供学习参考。

（1）选择界面如图 3-28 所示，具体功能要求详见附录 A。

（2）选择界面对应的布局源代码如【文件 3-8】所示。

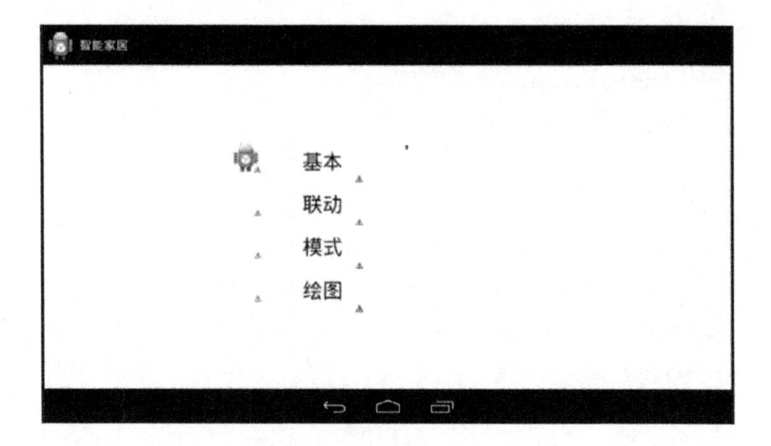

图 3-28　选择界面

【文件 3-8】fragment_choose.xml

```
<?xml version="1.0" encoding="utf-8"?>
<RelativeLayout
  xmlns:android="http://schemas.android.com/apk/res/android"
   android:layout_width="match_parent"
   android:layout_height="match_parent" >
   <LinearLayout
       android:layout_width="200dp"
       android:layout_height="250dp"
       android:layout_alignParentLeft="true"
       android:layout_centerVertical="true"
       android:layout_marginLeft="277dp"
       android:orientation="vertical" >
       <LinearLayout
           android:layout_width="match_parent"
           android:layout_height="wrap_content"
           android:layout_weight="1" >
           <ImageView
               android:id="@+id/imvBasic"
               android:layout_width="wrap_content"
               android:layout_height="wrap_content"
               android:src="@drawable/ic_launcher" />
           <TextView
               android:id="@+id/tvBasic"
               android:layout_width="match_parent"
               android:layout_height="match_parent"
```

```
            android:gravity="center"
            android:text="    基本"
            android:textSize="30sp" />
    </LinearLayout>
    <LinearLayout
        android:layout_width="match_parent"
        android:layout_height="wrap_content"
        android:layout_weight="1" >
        <ImageView
            android:id="@+id/imvLinkage"
            android:layout_width="wrap_content"
            android:layout_height="wrap_content"
            android:src="@drawable/ic_launcher"
            android:visibility="invisible" />
        <TextView
            android:id="@+id/tvLinkage"
            android:layout_width="match_parent"
            android:layout_height="match_parent"
            android:gravity="center"
            android:text="    联动"
            android:textSize="30sp" />
    </LinearLayout>
    <LinearLayout
        android:layout_width="match_parent"
        android:layout_height="wrap_content"
        android:layout_weight="1" >
        <ImageView
            android:id="@+id/imvScene"
            android:layout_width="wrap_content"
            android:layout_height="wrap_content"
            android:src="@drawable/ic_launcher"
            android:visibility="invisible" />
        <TextView
            android:id="@+id/tvScene"
            android:layout_width="match_parent"
            android:layout_height="match_parent"
            android:gravity="center"
            android:text="    模式"
            android:textSize="30sp" />
```

```
        </LinearLayout>
        <LinearLayout
            android:layout_width="match_parent"
            android:layout_height="wrap_content"
            android:layout_weight="1" >
            <ImageView
                android:id="@+id/imvPaint"
                android:layout_width="wrap_content"
                android:layout_height="wrap_content"
                android:src="@drawable/ic_launcher"
                android:visibility="invisible" />
            <TextView
                android:id="@+id/tvPaint"
                android:layout_width="match_parent"
                android:layout_height="match_parent"
                android:gravity="center"
                android:text="    绘图"
                android:textSize="30sp" />
        </LinearLayout>
    </LinearLayout>
</RelativeLayout>
```

3.3.8　基本界面

本节提供基本界面的界面效果图以及布局文件的源代码，仅供学习参考。

（1）基本界面，如图 3-29 所示，具体功能要求详见附录 A。

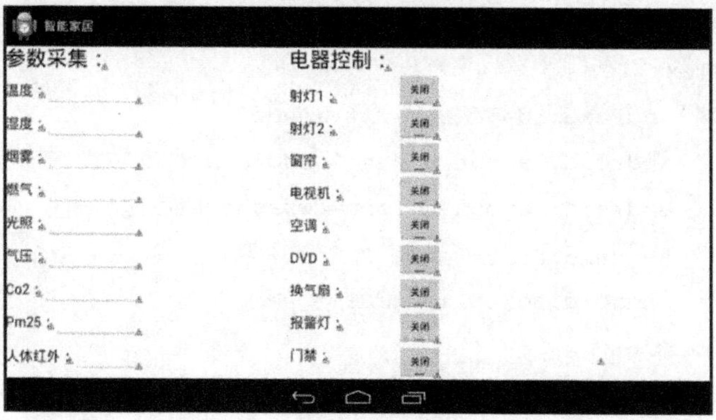

图 3-29　基本界面

（2）基本界面对应的布局源代码如【文件 3-9】所示。

【文件 3-9】fragment_basic.xml

```
<?xml version="1.0" encoding="utf-8"?>
<RelativeLayout
    xmlns:android="http://schemas.android.com/apk/res/android"
   android:layout_width="match_parent"
   android:layout_height="match_parent" >
   <LinearLayout
       android:layout_width="200dp"
       android:layout_height="wrap_content"
       android:layout_alignParentBottom="true"
       android:layout_alignParentLeft="true"
       android:layout_alignParentTop="true"
       android:orientation="vertical" >
       <LinearLayout
           android:layout_width="match_parent"
           android:layout_height="wrap_content"
           android:layout_weight="1" >
           <TextView
               android:id="@+id/textView1"
               android:layout_width="wrap_content"
               android:layout_height="wrap_content"
               android:text="参数采集："
               android:textSize="30sp" />
       </LinearLayout>
       <LinearLayout
           android:layout_width="match_parent"
           android:layout_height="wrap_content"
           android:layout_weight="1" >
           <TextView
               android:id="@+id/TextView01"
               android:layout_width="wrap_content"
               android:layout_height="wrap_content"
               android:text="温度："
               android:textSize="20sp" />
           <EditText
               android:id="@+id/etTemp"
               android:layout_width="wrap_content"
```

```
            android:layout_height="wrap_content"
            android:layout_weight="1" />
    </LinearLayout>
    <LinearLayout
        android:layout_width="match_parent"
        android:layout_height="wrap_content"
        android:layout_weight="1" >
        <TextView
            android:id="@+id/TextView02"
            android:layout_width="wrap_content"
            android:layout_height="wrap_content"
            android:text="湿度："
            android:textSize="20sp" />
        <EditText
            android:id="@+id/etHumidity"
            android:layout_width="wrap_content"
            android:layout_height="wrap_content"
            android:layout_weight="1" />
    </LinearLayout>
    <LinearLayout
        android:layout_width="match_parent"
        android:layout_height="wrap_content"
        android:layout_weight="1" >
        <TextView
            android:id="@+id/TextView03"
            android:layout_width="wrap_content"
            android:layout_height="wrap_content"
            android:text="烟雾："
            android:textSize="20sp" />
        <EditText
            android:id="@+id/etSmoke"
            android:layout_width="wrap_content"
            android:layout_height="wrap_content"
            android:layout_weight="1" />
    </LinearLayout>
    <LinearLayout
        android:layout_width="match_parent"
        android:layout_height="wrap_content"
        android:layout_weight="1" >
```

```
    <TextView
        android:id="@+id/TextView04"
        android:layout_width="wrap_content"
        android:layout_height="wrap_content"
        android:text="燃气: "
        android:textSize="20sp" />
    <EditText
        android:id="@+id/etGas"
        android:layout_width="wrap_content"
        android:layout_height="wrap_content"
        android:layout_weight="1" />
</LinearLayout>
<LinearLayout
    android:layout_width="match_parent"
    android:layout_height="wrap_content"
    android:layout_weight="1" >
    <TextView
        android:id="@+id/TextView06"
        android:layout_width="wrap_content"
        android:layout_height="wrap_content"
        android:text="光照: "
        android:textSize="20sp" />
    <EditText
        android:id="@+id/etIllumination"
        android:layout_width="wrap_content"
        android:layout_height="wrap_content"
        android:layout_weight="1" />
</LinearLayout>
<LinearLayout
    android:layout_width="match_parent"
    android:layout_height="wrap_content"
    android:layout_weight="1" >
    <TextView
        android:id="@+id/TextView05"
        android:layout_width="wrap_content"
        android:layout_height="wrap_content"
        android:text="气压: "
        android:textSize="20sp" />
    <EditText
```

```
            android:id="@+id/etAirPressure"
            android:layout_width="wrap_content"
            android:layout_height="wrap_content"
            android:layout_weight="1" />
    </LinearLayout>
    <LinearLayout
        android:layout_width="match_parent"
        android:layout_height="wrap_content"
        android:layout_weight="1" >
        <TextView
            android:id="@+id/TextView07"
            android:layout_width="wrap_content"
            android:layout_height="wrap_content"
            android:text="Co2: "
            android:textSize="20sp" />
        <EditText
            android:id="@+id/etCo2"
            android:layout_width="wrap_content"
            android:layout_height="wrap_content"
            android:layout_weight="1" />
    </LinearLayout>
    <LinearLayout
        android:layout_width="match_parent"
        android:layout_height="wrap_content"
        android:layout_weight="1" >
        <TextView
            android:id="@+id/TextView08"
            android:layout_width="wrap_content"
            android:layout_height="wrap_content"
            android:text="Pm25: "
            android:textSize="20sp" />
        <EditText
            android:id="@+id/etPm25"
            android:layout_width="wrap_content"
            android:layout_height="wrap_content"
            android:layout_weight="1" />
    </LinearLayout>
    <LinearLayout
        android:layout_width="match_parent"
```

```
            android:layout_height="wrap_content"
            android:layout_weight="1" >
            <TextView
                android:id="@+id/TextView09"
                android:layout_width="wrap_content"
                android:layout_height="wrap_content"
                android:text="人体红外："
                android:textSize="20sp" />
            <EditText
                android:id="@+id/etStateHumanInfrared"
                android:layout_width="wrap_content"
                android:layout_height="wrap_content"
                android:layout_weight="1" />
        </LinearLayout>
    </LinearLayout>
    <LinearLayout
        android:id="@+id/linearLayout1"
        android:layout_width="200dp"
        android:layout_height="match_parent"
        android:layout_alignParentTop="true"
        android:layout_centerHorizontal="true"
        android:orientation="vertical" >
        <LinearLayout
            android:layout_width="match_parent"
            android:layout_height="wrap_content"
            android:layout_weight="1" >
            <TextView
                android:id="@+id/textView2"
                android:layout_width="wrap_content"
                android:layout_height="wrap_content"
                android:text="电器控制："
                android:textSize="30sp" />
        </LinearLayout>
        <LinearLayout
            android:layout_width="match_parent"
            android:layout_height="wrap_content"
            android:layout_weight="1" >
            <TextView
                android:id="@+id/TextView10"
```

```
        android:layout_width="wrap_content"
        android:layout_height="wrap_content"
        android:text="射灯 1: "
        android:textSize="20sp" />
</LinearLayout>
<LinearLayout
    android:layout_width="match_parent"
    android:layout_height="wrap_content"
    android:layout_weight="1" >
    <TextView
        android:id="@+id/TextView12"
        android:layout_width="wrap_content"
        android:layout_height="wrap_content"
        android:text="射灯 2: "
        android:textSize="20sp" />
</LinearLayout>
<LinearLayout
    android:layout_width="match_parent"
    android:layout_height="wrap_content"
    android:layout_weight="1" >
    <TextView
        android:id="@+id/TextView11"
        android:layout_width="wrap_content"
        android:layout_height="wrap_content"
        android:text="窗帘: "
        android:textSize="20sp" />
</LinearLayout>
<LinearLayout
    android:layout_width="match_parent"
    android:layout_height="wrap_content"
    android:layout_weight="1" >
    <TextView
        android:id="@+id/TextView16"
        android:layout_width="wrap_content"
        android:layout_height="wrap_content"
        android:text="电视机: "
        android:textSize="20sp" />
</LinearLayout>
<LinearLayout
```

```
        android:layout_width="match_parent"
        android:layout_height="wrap_content"
        android:layout_weight="1" >
        <TextView
            android:id="@+id/TextView14"
            android:layout_width="wrap_content"
            android:layout_height="wrap_content"
            android:text="空调："
            android:textSize="20sp" />
    </LinearLayout>
    <LinearLayout
        android:layout_width="match_parent"
        android:layout_height="wrap_content"
        android:layout_weight="1" >
        <TextView
            android:id="@+id/TextView13"
            android:layout_width="wrap_content"
            android:layout_height="wrap_content"
            android:text="DVD："
            android:textSize="20sp" />
    </LinearLayout>
    <LinearLayout
        android:layout_width="match_parent"
        android:layout_height="wrap_content"
        android:layout_weight="1" >
        <TextView
            android:id="@+id/TextView15"
            android:layout_width="wrap_content"
            android:layout_height="wrap_content"
            android:text="换气扇："
            android:textSize="20sp" />
    </LinearLayout>
    <LinearLayout
        android:layout_width="match_parent"
        android:layout_height="wrap_content"
        android:layout_weight="1" >
        <TextView
            android:id="@+id/TextView18"
            android:layout_width="wrap_content"
```

```
            android:layout_height="wrap_content"
            android:text="报警灯: "
            android:textSize="20sp" />
    </LinearLayout>
    <LinearLayout
        android:layout_width="match_parent"
        android:layout_height="wrap_content"
        android:layout_weight="1" >
        <TextView
            android:id="@+id/TextView17"
            android:layout_width="wrap_content"
            android:layout_height="wrap_content"
            android:text="门禁: "
            android:textSize="20sp" />
    </LinearLayout>
</LinearLayout>
<LinearLayout
    android:layout_width="150dp"
    android:layout_height="match_parent"
    android:layout_alignParentRight="true"
    android:layout_alignParentTop="true"
    android:layout_marginRight="304dp"
    android:orientation="vertical" >
    <LinearLayout
        android:layout_width="match_parent"
        android:layout_height="wrap_content"
        android:layout_weight="1" >
        <TextView
            android:id="@+id/TextView25"
            android:layout_width="wrap_content"
            android:layout_height="wrap_content"
            android:textSize="30sp" />
    </LinearLayout>
    <LinearLayout
        android:layout_width="match_parent"
        android:layout_height="wrap_content"
        android:layout_weight="1" >
        <ToggleButton
            android:id="@+id/tbLamp1"
```

```
            android:layout_width="wrap_content"
            android:layout_height="wrap_content"
            android:text="ToggleButton"
            android:textOff="关闭"
            android:textOn="打开" />
    </LinearLayout>
    <LinearLayout
        android:layout_width="match_parent"
        android:layout_height="wrap_content"
        android:layout_weight="1" >
        <ToggleButton
            android:id="@+id/tbLamp2"
            android:layout_width="wrap_content"
            android:layout_height="wrap_content"
            android:text="ToggleButton"
            android:textOff="关闭"
            android:textOn="打开" />
    </LinearLayout>
    <LinearLayout
        android:layout_width="match_parent"
        android:layout_height="wrap_content"
        android:layout_weight="1" >
        <ToggleButton
            android:id="@+id/tbCurtain"
            android:layout_width="wrap_content"
            android:layout_height="wrap_content"
            android:text="ToggleButton"
            android:textOff="关闭"
            android:textOn="打开" />
    </LinearLayout>
    <LinearLayout
        android:layout_width="match_parent"
        android:layout_height="wrap_content"
        android:layout_weight="1" >
        <ToggleButton
            android:id="@+id/tbTv"
            android:layout_width="wrap_content"
            android:layout_height="wrap_content"
            android:text="ToggleButton"
```

```
            android:textOff="关闭"
            android:textOn="打开" />
    </LinearLayout>
    <LinearLayout
        android:layout_width="match_parent"
        android:layout_height="wrap_content"
        android:layout_weight="1" >
        <ToggleButton
            android:id="@+id/tbAir"
            android:layout_width="wrap_content"
            android:layout_height="wrap_content"
            android:text="ToggleButton"
            android:textOff="关闭"
            android:textOn="打开" />
    </LinearLayout>
    <LinearLayout
        android:layout_width="match_parent"
        android:layout_height="wrap_content"
        android:layout_weight="1" >
        <ToggleButton
            android:id="@+id/tbDVD"
            android:layout_width="wrap_content"
            android:layout_height="wrap_content"
            android:text="ToggleButton"
            android:textOff="关闭"
            android:textOn="打开" />
    </LinearLayout>
    <LinearLayout
        android:layout_width="match_parent"
        android:layout_height="wrap_content"
        android:layout_weight="1" >
        <ToggleButton
            android:id="@+id/tbFan"
            android:layout_width="wrap_content"
            android:layout_height="wrap_content"
            android:text="ToggleButton"
            android:textOff="关闭"
            android:textOn="打开" />
    </LinearLayout>
```

```
        <LinearLayout
            android:layout_width="match_parent"
            android:layout_height="wrap_content"
            android:layout_weight="1" >
            <ToggleButton
                android:id="@+id/tbWarningLight"
                android:layout_width="wrap_content"
                android:layout_height="wrap_content"
                android:text="ToggleButton"
                android:textOff="关闭"
                android:textOn="打开" />
        </LinearLayout>
        <LinearLayout
            android:layout_width="match_parent"
            android:layout_height="wrap_content"
            android:layout_weight="1" >
            <ToggleButton
                android:id="@+id/tbRfid"
                android:layout_width="wrap_content"
                android:layout_height="wrap_content"
                android:text="ToggleButton"
                android:textOff="关闭"
                android:textOn="打开" />
        </LinearLayout>
    </LinearLayout>
    <TextView
        android:id="@+id/tvZoom"
        android:layout_width="wrap_content"
        android:layout_height="wrap_content"
        android:layout_alignParentBottom="true"
        android:layout_marginBottom="22dp"
        android:layout_marginLeft="121dp"
        android:layout_toRightOf="@+id/linearLayout1"
        android:text="欢迎主人回家！"
        android:textColor="#ff00"
        android:textSize="20sp"
        android:visibility="invisible" />
</RelativeLayout>
```

3.3.9 联动界面

本节提供联动界面的界面效果图以及布局文件的源代码，仅供学习参考。

（1）联动界面，如图 3-30 所示，具体功能要求详见附录 A。

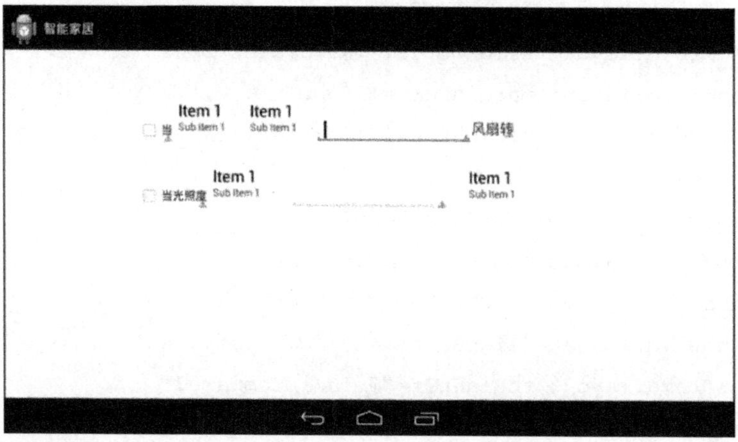

图 3-30 联动界面

（2）联动界面对应的布局源代码如【文件 3-10】所示。

【文件 3-10】fragment_linkage.xml

```
<?xml version="1.0" encoding="utf-8"?>
<RelativeLayout
    xmlns:android="http://schemas.android.com/apk/res/android"
    android:layout_width="match_parent"
    android:layout_height="match_parent" >
    <CheckBox
        android:id="@+id/checkBox1"
        android:layout_width="wrap_content"
        android:layout_height="wrap_content"
        android:layout_alignParentLeft="true"
        android:layout_alignParentTop="true"
        android:layout_marginLeft="189dp"
        android:layout_marginTop="92dp"
        android:text="当" />
    <Spinner
        android:id="@+id/spSensors"
        android:layout_width="100dp"
        android:layout_height="wrap_content"
```

```
        android:layout_alignBottom="@+id/checkBox1"
        android:layout_toRightOf="@+id/checkBox1" />
    <Spinner
        android:id="@+id/spCompare1"
        android:layout_width="100dp"
        android:layout_height="wrap_content"
        android:layout_alignBottom="@+id/checkBox1"
        android:layout_marginLeft="100dp"
        android:layout_toRightOf="@+id/checkBox1" />
    <EditText
        android:id="@+id/etThreshold1"
        android:layout_width="wrap_content"
        android:layout_height="wrap_content"
        android:layout_alignBottom="@+id/spCompare1"
        android:layout_toRightOf="@+id/spCompare1"
        android:ems="10" >
        <requestFocus />
    </EditText>
    <TextView
        android:id="@+id/textView1"
        android:layout_width="wrap_content"
        android:layout_height="wrap_content"
        android:layout_alignTop="@+id/checkBox1"
        android:layout_toRightOf="@+id/etThreshold1"
        android:text="风扇转"
        android:textSize="20sp" />
    <CheckBox
        android:id="@+id/CheckBox01"
        android:layout_width="wrap_content"
        android:layout_height="wrap_content"
        android:layout_alignLeft="@+id/checkBox1"
        android:layout_below="@+id/checkBox1"
        android:layout_marginTop="57dp"
        android:text="当光照度" />
    <Spinner
        android:id="@+id/spCompare2"
        android:layout_width="100dp"
        android:layout_height="wrap_content"
        android:layout_alignBottom="@+id/CheckBox01"
```

```
        android:layout_toRightOf="@+id/CheckBox01" />
    <EditText
        android:id="@+id/etThreshold2"
        android:layout_width="wrap_content"
        android:layout_height="wrap_content"
        android:layout_alignBottom="@+id/spCompare2"
        android:layout_centerHorizontal="true"
        android:ems="10" />
    <Spinner
        android:id="@+id/spDevices"
        android:layout_width="150dp"
        android:layout_height="wrap_content"
        android:layout_alignBottom="@+id/etThreshold2"
        android:layout_marginLeft="23dp"
        android:layout_toRightOf="@+id/etThreshold2" />
</RelativeLayout>
```

3.3.10　模式界面

本节提供模式界面的界面效果图以及布局文件的源代码，仅供学习参考。

（1）模式界面，如图 3-31 所示，具体功能要求详见附录 A。

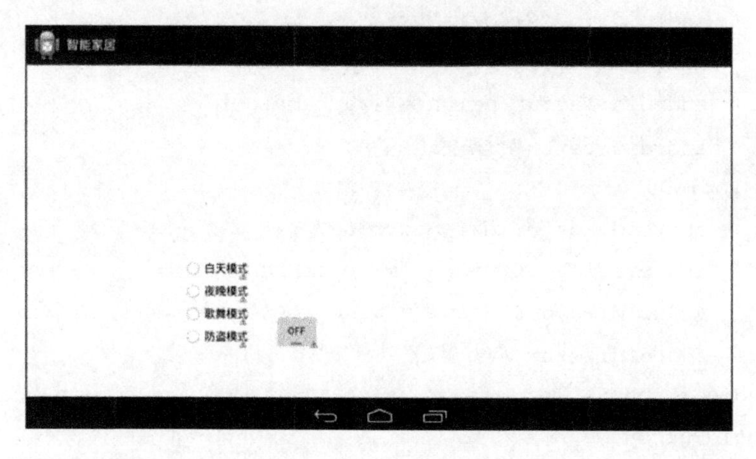

图 3-31　模式界面

（2）模式界面对应的布局源代码如【文件 3-11】所示。

【文件3-11】fragment_scene.xml

```
<?xml version="1.0" encoding="utf-8"?>
```

```
<RelativeLayout
    xmlns:android="http://schemas.android.com/apk/res/android"
   android:layout_width="match_parent"
   android:layout_height="match_parent" >
   <RadioGroup
       android:id="@+id/radioGroup1"
       android:layout_width="wrap_content"
       android:layout_height="wrap_content"
       android:layout_alignParentBottom="true"
       android:layout_alignParentLeft="true"
       android:layout_marginBottom="70dp"
       android:layout_marginLeft="223dp" >
       <RadioButton
          android:id="@+id/raDay"
          android:layout_width="wrap_content"
          android:layout_height="wrap_content"
          android:text="白天模式" />
       <RadioButton
          android:id="@+id/raNight"
          android:layout_width="wrap_content"
          android:layout_height="wrap_content"
          android:text="夜晚模式" />
       <RadioButton
          android:id="@+id/raMusic"
          android:layout_width="wrap_content"
          android:layout_height="wrap_content"
          android:text="歌舞模式" />
       <RadioButton
          android:id="@+id/raSecurity"
          android:layout_width="wrap_content"
          android:layout_height="wrap_content"
          android:text="防盗模式" />
   </RadioGroup>
   <ToggleButton
       android:id="@+id/tbStart"
       android:layout_width="wrap_content"
       android:layout_height="wrap_content"
       android:layout_alignBottom="@+id/radioGroup1"
       android:layout_marginLeft="39dp"
```

```
        android:layout_toRightOf="@+id/radioGroup1"
        android:text="ToggleButton" />
</RelativeLayout>
```

3.3.11　绘图界面

本节提供绘图界面的界面效果图以及布局文件的源代码，仅供学习参考。由于绘图界面用到自定义绘图控件，所以需要完成 3.6.12.1 节和 3.6.12.2 节的设定内容才能看到如图 3-32 所示的效果。

（1）绘图界面，如图 3-32 所示，具体功能要求详见附录 A。

（2）因为两个图表是继承的 View 类，所以需要在源代码中实现后才能在布局文件窗口的【Custom & Library Views】（自定义&库视图）类目中找到，如图 3-33 所示。具体的源代码实现，见 3.6.12 节的绘图功能。

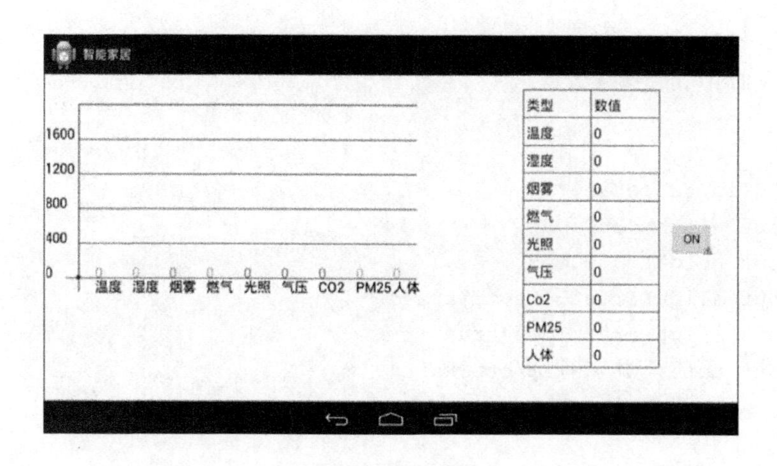

图 3-32　绘图界面

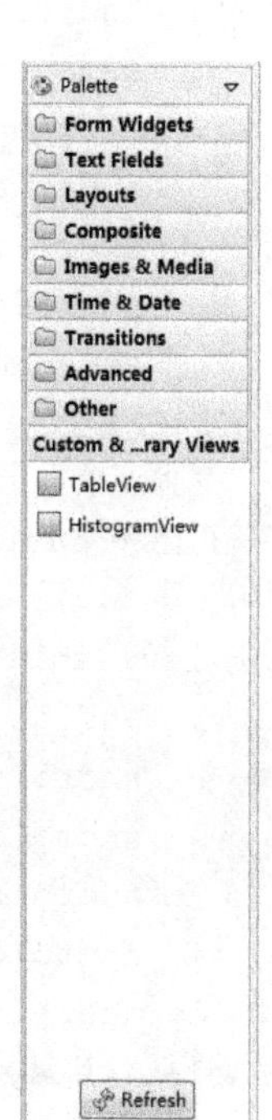

图 3-33　布局中的自定义视图

（3）绘图界面对应的布局源代码如【文件 3-12】所示。

【文件 3-12】fragment_paint.xml

```
<?xml version="1.0" encoding="utf-8"?>
<RelativeLayout
    xmlns:android="http://schemas.android.com/apk/res/android"
```

```
    android:layout_width="match_parent"
    android:layout_height="match_parent" >
    <!--
     为保证项目正常运行，在未完成 3.6.12.1 节和 3.6.12.2 节的代码前，
     可注释掉 HistogramView 的引用或不写
    -->
     <myview.HistogramView
        android:id="@+id/histogramView"
        android:layout_width="600dp"
        android:layout_height="300dp"
        android:layout_alignParentBottom="true"
        android:layout_alignParentLeft="true"
        android:layout_alignParentTop="true"
        android:layout_marginTop="43dp"
        android:layout_toLeftOf="@+id/tableView" />
    <Button
        android:id="@+id/btnStart"
        android:layout_width="wrap_content"
        android:layout_height="wrap_content"
        android:layout_alignParentRight="true"
        android:layout_centerVertical="true"
        android:layout_marginRight="36dp"
        android:text="ON"
        android:visibility="visible" />
   <!--
    为保证项目正常运行，在未完成 3.6.12.1 节和 3.6.12.2 节的代码前，
    可注释掉 TableView 的引用或不写
    -->
<myview.TableView
        android:id="@+id/tableView"
        android:layout_width="300dp"
        android:layout_height="300dp"
        android:layout_alignParentBottom="true"
        android:layout_alignParentTop="true"
        android:layout_toLeftOf="@+id/btnStart" />
</RelativeLayout>
```

（4）为保证项目正常运行，在未完成 3.6.12.2 节静态绘制柱状图和表格的代码前，不能使用自定义的控件即【HistogramView】和【TableView】。仅保持绘图布局文件的存在即可。

（5）在布局文件中注释掉【HistogramView】代码的截图如图 3-34 所示。

```
<!-- 为保证项目正常运行，在未完成3.6.12.2节静态绘制柱状图和表格的代码前，
可注释掉HistogramView的引用-->
<!--
    <myview.HistogramView
        android:id="@+id/histogramView"
        android:layout_width="600dp"
        android:layout_height="300dp"
        android:layout_alignParentBottom="true"
        android:layout_alignParentLeft="true"
        android:layout_alignParentTop="true"
        android:layout_marginTop="43dp"
        android:layout_toLeftOf="@+id/tableView" />
-->
```

图 3-34　注释掉【HistogramView】代码的截图

3.4　导航功能

基于【Tabs+Swip】导航类型实现导航功能需要四步：一是新建所需要的源代码文件；二是重写创建视图方法，绑定源代码与布局文件；三是修改【viewPager】控件的适配器的 getItem(int position)方法，根据当前位置返回需要的类；四是修改 Tab 的监听事件，以实现单击 Tab 时能够切换界面。

3.4.1　新建功能界面源代码文件

新建功能界面有 5 个，包括选择界面、基本界面、联动界面、绘图界面和模式界面。本节将建立功能界面对应的源代码文件。由于五个源代码文件放置在【myfragment】包中，所以要先创建包再创建源代码文件。

（1）右击【src】文件夹，在弹出的快捷菜单中选择【New】→【Package】命令，如图 3-35 所示。

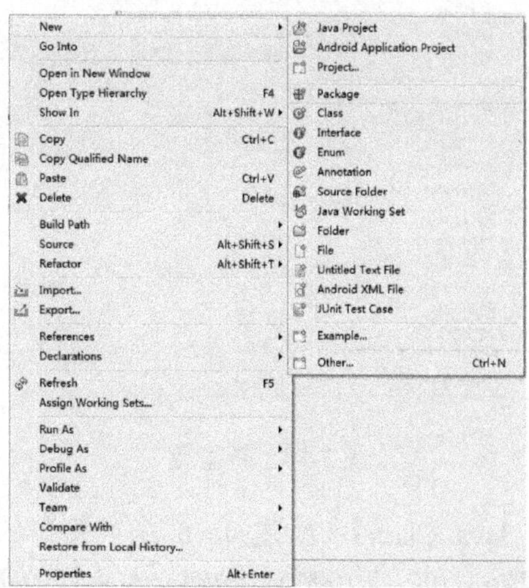

图 3-35　新建包

（2）在【New Java Package】窗口中，输入包名“myfragment”，如图 3-36 所示。

（3）在【myfragment】包下新建 5 个类文件，类名分别为【BasicFragment】、【ChooseFragment】、【LinkageFragment】、【PaintFragment】和【SceneFragment】，分别对应基本界面、选择界面、联动界面、绘图界面和模式界面。新建 5 个类文件后的【myfragment】文件结构如图 3-37 所示。

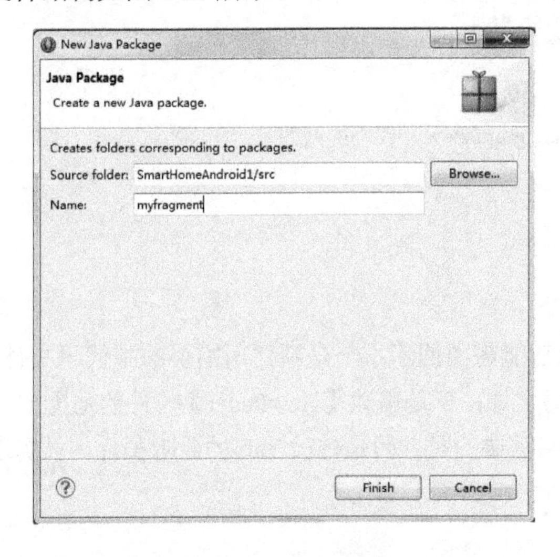

图 3-36　新建包 输入包名

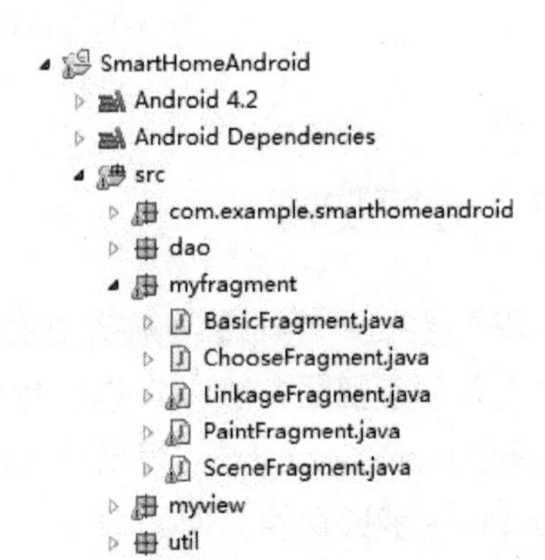

图 3-37　【myfragment】文件结构

（4）以新建【ChooseFragment.java】源文件为例。右击【myfragment】包，依次选择【New】→【Class】命令，如图 3-38 所示。

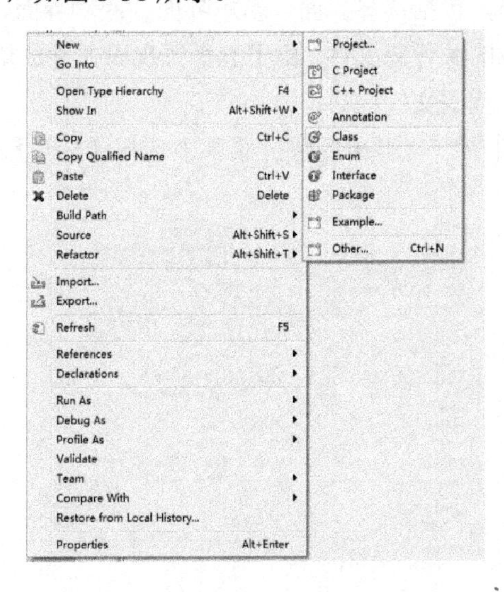

图 3-38　新建类

（5）在出现的【New Java Class】（新建 Java 类）窗口的【Name】中输入名字为“ChooseFragment”，单击【Browse...】（浏览）按钮，在出现的【Superclass Selection】（超类选择）窗口的【Choose a type】（选择类型）中输入“fragment”后，选择列表中的【Fragment

–android.support.v4.app】条目，然后单击【OK】按钮即可。注意，选择的【Fragment】类所在的包是“android.support.v4.app”，如图 3-39 所示。

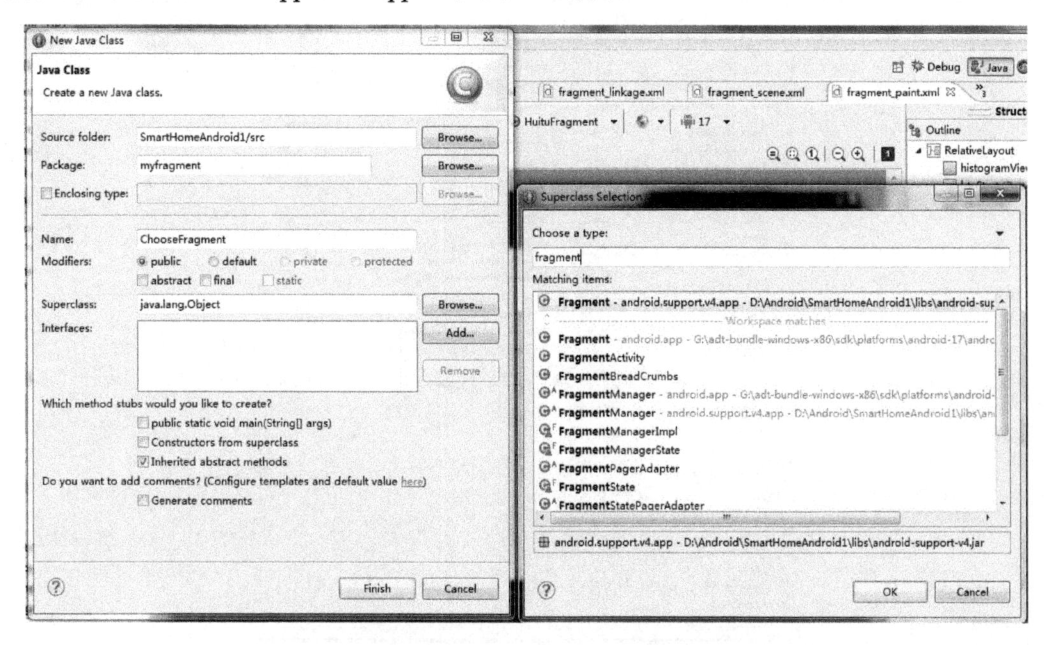

图 3-39　新建【ChooseFragment.java】

3.4.2　创建视图方法的使用

本节将【myfragment】包中的源代码文件与对应的布局文件进行绑定，使程序运行后能够加载各界面，其对应关系见表 3-2。

表 3-2　布局文件与源文件绑定

源文件	布局文件
BasicFragment.java	fragment_basic.xml
ChooseFragment.java	fragment_choose.xml
LinkageFragment.java	fragment_linkage.xml
PaintFragment.java	fragment_paint.xml
SceneFragment.java	fragment_scene.xml

（1）以【ChooseFragment.java】为例。在【ChooseFragment.java】内部空白处右击，在弹出的快捷菜单中依次选择【Source】→【Override/Implement Methods…】命令，进行方法重写，如图 3-40 所示。

（2）选择【onCreateView（LayoutInflater，ViewGroup，Bundle）】方法，如图 3-41 所示，单击【OK】按钮完成重写方法的选择。

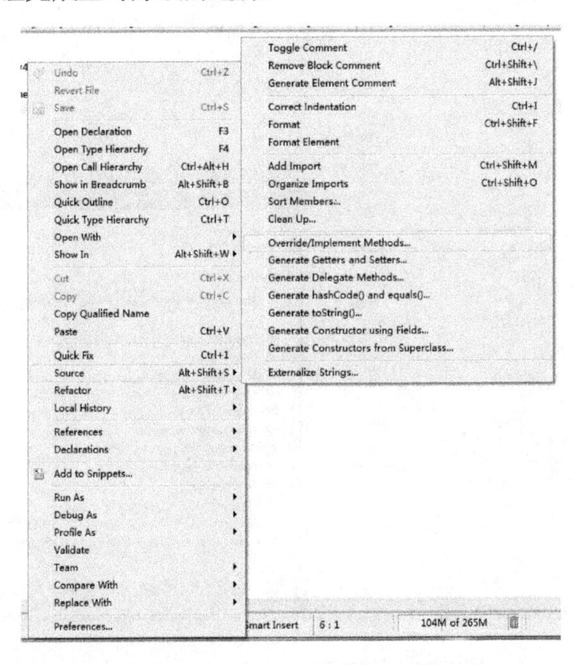

图 3-40　重写方法

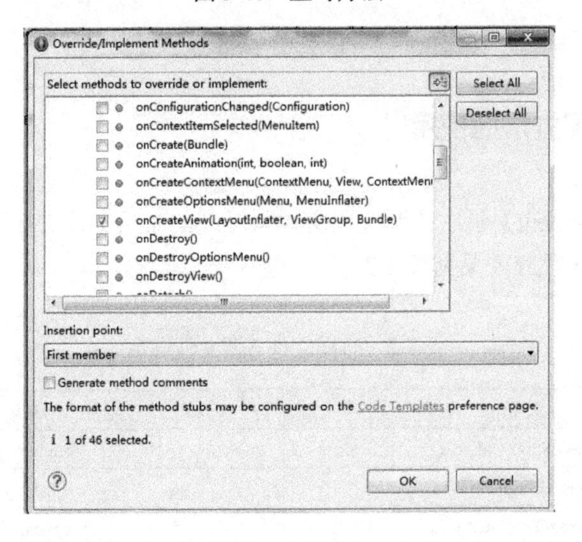

图 3-41　选择 OnCreateView（LayoutInflater，ViewGroup，Bundle）方法

（3）将源代码所对应的布局文件绑定，并编辑代码，例如在【ChooseFragment.java】源文件中编辑代码如【文件 3-13】所示。

【文件 3-13】ChooseFragment.java 的创建视图方法

```
package myfragment;
import com.example. smarthomeandroid.R;
```

```
import android.os.Bundle;
import android.support.v4.app.Fragment;
import android.view.LayoutInflater;
import android.view.View;
import android.view.ViewGroup;
public class ChooseFragment extends Fragment{
 //变量声明
 private View view;//声明View
 @Override
 public View onCreateView(LayoutInflater inflater, ViewGroup container,
        Bundle savedInstanceState) {
    // TODO Auto-generated method stub
    view = inflater.inflate(R.layout.fragment_choose, null);//绑定布局
      return  view;//返回view
 }
}
```

（4）请重复步骤（3），按照表 3-2 所示的对应关系，来完成其他 4 个源文件与其布局文件的绑定。

3.4.3　修改适配器的 getItem(int position)方法

【viewPager】控件左右滑动切换界面的效果与其适配器的【getItem(int position)】方法相关。由于左右滑动时会导致【viewPager】控件的页面索引发生变化，所以需要根据【viewPager】控件的当前索引加载相应的功能界面。

（1）双击打开【MainActivity.java】源文件，找到【getItem(int)】方法，修改代码如【文件 3-14】所示。

【文件 3-14】修改适配器中 Fragment getItem（int position）方法

```
@Override
    public Fragment getItem(int position) {
        Fragment ft = null;
        switch(position){
        case 0:
            ft = new ChooseFragment();//根据索引 0 返回选择界面
            break;
        case 1:
            ft = new BasicFragment();//根据索引 1 返回基本界面
```

```
            break;
        case 2:
            ft = new LinkageFragment();//根据索引 2 返回联动界面
            break;
        case 3:
            ft = new SceneFragment();//根据索引 3 返回模式界面
            break;
        case 4:
            ft = new PaintFragment();//根据索引 4 返回绘图界面
            break;
        }
        return ft;
    }
```

【技术点评】

修改【getItem(int)】方法，是显示界面的关键。

3.5 新建活动

在 3.3 节中，已经创建好了需要的登录界面的布局文件【activity_login.xml】、注册界面的布局文件【activity_regist.xml】、闪屏加载界面的布局文件【activity_splash.xml】。本节讲述新建活动——Activity，依次新建闪屏加载活动【SplashActivity】、登录活动【LoginActivity】和注册活动【RegistActivity】，并实现活动与布局文件的绑定。

新建一个活动需要三步：第一，新建布局文件，参考 3.3.1 节；第二，新建 Activity 的源代码文件，然后重写【onCreate(Bundle)】方法，设置 Activity 要显示的布局和界面标题；第三，在【AndroidMainifest.xml】配置文件内注册此活动。

3.5.1 引入外部类库

智能家居移动终端软件开发需要引入必要的底层类库，以支持信息采集和控制功能的实现。

（1）外部类库为【LibSmartHomeForAndroid.jar】包，文件所在位置是“智能家居安装与维护资源\开发环境\android 环境\LibSmartHomeForAndroid.jar”，如图 3-42 所示。

（2）将“LibSmartHomeForAndroid.jar”复制到工程目录的【libs】目录下，如图 3-43 所示。

图 3-42　“lib”素材

图 3-43　类库位置

3.5.2　新建闪屏加载活动

本节以新建【SplashActivity.java】源文件为例，讲述如何创建 Activity。

（1）参考 3.3.1 节新建布局文件。

（2）创建 Activity。

①右击【com.example.smarthomeandroid】包，依次选择【New】→【Class】命令，如 3.4.1 节的图 3-38 所示，完成后会出现图 3-44 所示的界面。

图 3-44　新建 Java 类

②在【Name】中输入名字为“SplashActivity”后，单击【Browse…】按钮，弹出【Superclass Selection】窗口，在【Choose a type】输入框中输入“ac”关键字后，选择匹配列表中的【Activity

–android.support.v4.app】条目，如图 3-45 所示。单击【OK】按钮完成超类的选择，最后单击【Finish】按钮，完成继承至【Activity】的【SplashActivity】类的创建。

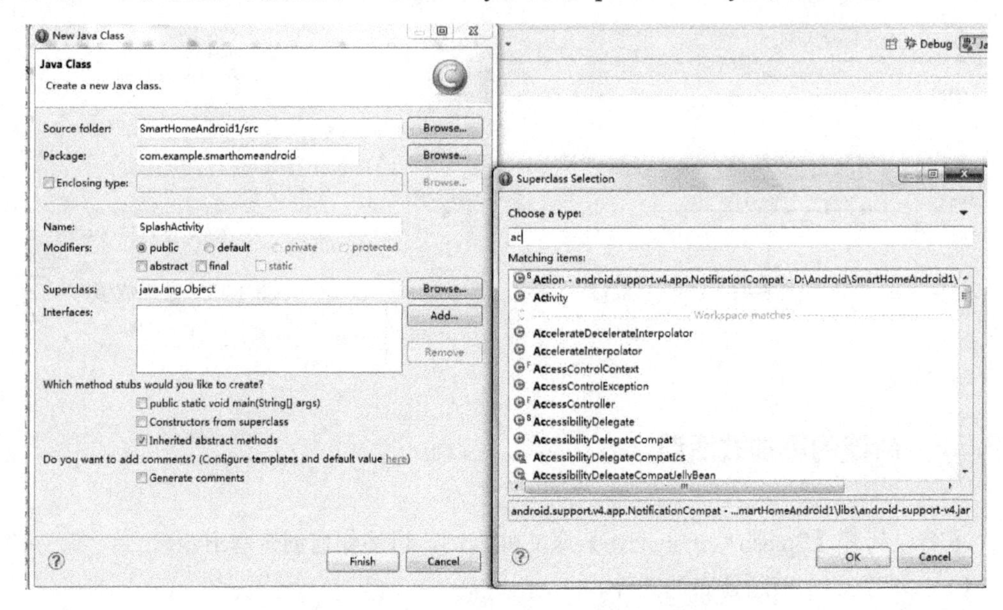

图 3-45　新建“SplashActivity”

③得到的代码视图如图 3-46 所示。

```
package com.example.smarthomeandroid;

import android.app.Activity;

public class SplashActivity extends Activity {

}
```

图 3-46　SplashActivity 创建完成后的代码视图

（3）重写【onCreate()】方法，设置 Activity 要显示的布局。

①在【SplashActivity.java】源文件内部空白处右击，依次选择【Source】→【Override/Implement Methods…】命令，选择【OnCreate（Bundle)】方法，在进行方法重写后，单击【OK】按钮完成重写方法的选择，会出现如图 3-47 所示的代码。

```
package com.example.smarthomeandroid;

import android.app.Activity;
import android.os.Bundle;

public class SplashActivity extends Activity {

    @Override
    protected void onCreate(Bundle savedInstanceState) {
        // TODO Auto-generated method stub
        super.onCreate(savedInstanceState);
    }

}
```

图 3-47　准备重写 onCreate()方法

②设置内容视图。调用【setContentView(int)】方法设置【SplashActivity】类加载【activity_splash.xml】布局文件，如图 3-48 所示。

```
package com.example.smarthomeandroid;

import android.app.Activity;
import android.os.Bundle;

public class SplashActivity extends Activity {

    @Override
    protected void onCreate(Bundle savedInstanceState) {
        // TODO Auto-generated method stub
        super.onCreate(savedInstanceState);
        setContentView(R.layout.activity_splash);
    }

}
```

图 3-48 绑定【activity_splash.xml】布局文件

（4）接下来还需要为界面添加标题，以闪屏加载界面为例，在【onCreate(Bundle)】方法内部，设置内容视图后添加以下代码，使闪屏加载界面的标题是“智能家居”：

```
//为“SplashActivity”添加标题为智能家居
setTitle("智能家居");
```

3.5.3 新建登录活动

重复 3.5.2 节的操作，创建的类名为【LoginActivity】，绑定的布局文件是【activity_login.xml】。完成后的代码如图 3-49 所示。

```
package com.example.smarthomeandroid;

import android.app.Activity;
import android.os.Bundle;

public class LoginActivity extends Activity {

    @Override
    protected void onCreate(Bundle savedInstanceState) {
        // TODO Auto-generated method stub
        super.onCreate(savedInstanceState);
        setContentView(R.layout.activity_login);
    }

}
```

图 3-49 绑定【activity_login.xml】布局文件

3.5.4 新建注册活动

重复 3.5.2 节的操作，创建的类名为【RegistActivity】，绑定的布局文件是【activity_regist.xml】。完成后的代码如图 3-50 所示。

```
package com.example.smarthomeandroid;

import android.app.Activity;
import android.os.Bundle;

public class RegistActivity extends Activity {

    @Override
    protected void onCreate(Bundle savedInstanceState) {
        // TODO Auto-generated method stub
        super.onCreate(savedInstanceState);
        setContentView(R.layout.activity_regist);
    }

}
```

图 3-50　绑定【activity_regist.xml】布局文件

3.5.5　注册 Activity

新建的 3 个 Activity 需要在【AndroidManifest.xml】配置文件中注册。

（1）在项目工程目录的最后找到【AndroidManifest.xml】配置文件，如图 3-51 所示。双击打开【AndroidManifest.xml】配置文件，会出现如图 3-52 所示的图形化操作界面。

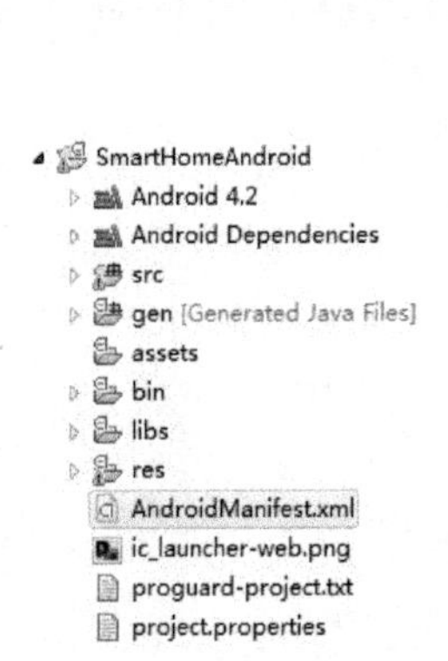

图 3-51　【AndroidManifest.xml】所在工程目录的位置

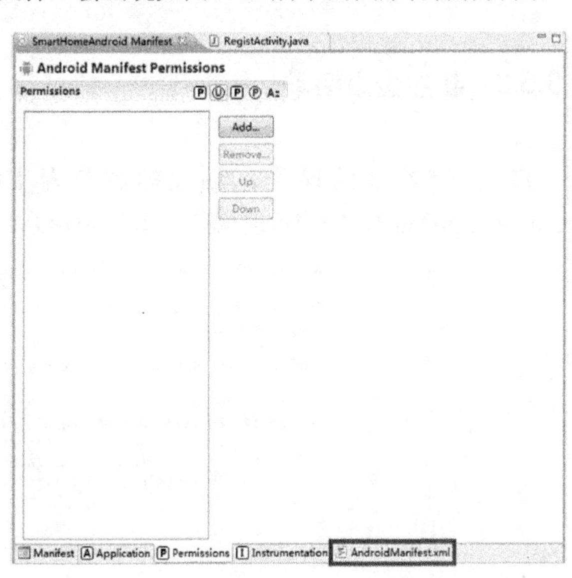

图 3-52　【AndroidManifest.xml】的图形化操作界面

（2）单击右下角的【AndroidManifest.xml】选项卡，转到 XML 设计视图，如图 3-53 所示。

（3）在【AndroidManifest.xml】配置文件内注册新建的活动，包括【SplashActivity】、【LoginActivity】和【RegistActivity】。设置应用程序首次启动【SplashActivity】活动，而不是默认的【MainActivity】，所以应该将【<intent-filter>……</intent-filter>】这对标签包

含的内容移动到【SplashActivity】活动声明的内部。修改后的【AndroidManifest.xml】配置文件内容如【文件 3-15】所示。

```
1  <?xml version="1.0" encoding="utf-8"?>
2  <manifest xmlns:android="http://schemas.android.com/apk/res/android"
3      package="com.example.smarthomeandroid"
4      android:versionCode="1"
5      android:versionName="1.0" >
6
7      <uses-sdk
8          android:minSdkVersion="14"
9          android:targetSdkVersion="17" />
10
11     <application
12         android:allowBackup="true"
13         android:icon="@drawable/ic_launcher"
14         android:label="@string/app_name"
15         android:theme="@style/AppTheme" >
16         <activity
17             android:name="com.example.smarthomeandroid.MainActivity"
18             android:label="@string/app_name" >
19         </activity>
20
21         <intent-filter>
22             <action android:name="android.intent.action.MAIN" />
23
24             <category android:name="android.intent.category.LAUNCHER" />
25         </intent-filter>
26
27     </application>
28
29 </manifest>
```

图 3-53　XML 设计视图

【文件 3-15】AndroidManifest.xml 注册 Activity

```
<application
        android:allowBackup="true"
        android:icon="@drawable/ic_launcher"
        android:label="@string/app_name"
        android:theme="@style/AppTheme" >
          <!-- 注册 MainActivity -->
        <activity
            android:name="com.example.smarthomeandroid.MainActivity"
            android:label="@string/app_name" >
        </activity>
            <!-- 注册 SplashActivity 并将此设为启动项 -->
        <activity
            android:name="com.example.smarthomeandroid.SplashActivity">
               <intent-filter>
               <action android:name="android.intent.action.MAIN" />
                <category android:name="android.intent.category.LAUNCHER"
        />
            </intent-filter>
        </activity>
               <!-- 注册 RegistActivity -->
        <activity
```

```
            android:name="com.example.smarthomeandroid.RegistActivity">
        </activity>
          <!-- 注册  LoginActivity-->
        <activity
            android:name="com.example.smarthomeandroid.LoginActivity">
        </activity>
    </application>
```

【技术点评】

【<intent-filter> </intent-filter>】这对标签一定要在【<activity </activity>】这对标签的内部添加，否则系统不会进入任何一个界面。按照项目功能要求，首界面是闪屏加载界面，所以应该将【<intent-filter> </intent-filter>】这对标签移动到【SplashActivity】活动的注册中。

3.6 功能实现

本章节将实现智能家居移动终端软件的主要功能，包括加载功能、数据库操作功能、SharedPreferences 工具的使用、登录功能、注册功能、主界面功能（含信息采集）、基本界面功能、选择功能、联动控制、模式控制和绘图功能。

3.6.1 代码书写约定

为顺利实现工程项目的建立与运行，请按照章节顺序依次实现项目功能，代码书写位置的约定如下。

（1）控件声明的代码放在类内部的首行。

（2）按照章节顺序依次追加代码。

（3）要求写在【onCreate(Bundle)】方法内部的，每次都在其“}”前书写代码，即在方法内部追加代码即可。要求写在【onCreateView(LayoutInflater, ViewGroup, Bundle)】方法内部的，每次都在其“return view”这句代码前追加代码即可。

（4）编辑代码后要保存，否则代码不能生效。

（5）自定义方法的声明要写在类声明的内部，与【onCreate(Bundle)】方法或者【onCreateView(LayoutInflater, ViewGroup, Bundle)】方法并列。

3.6.2 加载功能

加载功能包括实现欢迎文字的跑马灯效果，以及实现加载动画和百分比变化的效果。在实现这两种效果前要先加载界面变量声明与控件绑定，因为变量声明与控件绑定是实现功能的基础。

3.6.2.1 加载界面变量声明与控件绑定

加载界面的变量声明与控件绑定，详细代码如【文件 3-16】所示。

【文件 3-16】SplashActivity 内变量声明与控件绑定

```
public class SplashActivity extends Activity {
 //变量声明
 int count=0; //计数
 TimerTask task; //计时器任务
 Timer timer; //计时器声明，用于加载动画和百分比变化
 TextView tvLoading,tvProgress;
 @Override
 protected void onCreate(Bundle savedInstanceState) {
     // TODO Auto-generated method stub
     super.onCreate(savedInstanceState);
     setContentView(R.layout.activity_splash);
     //控件绑定
     tvLoading = (TextView) findViewById(R.id.tvLoading);
     tvProgress = (TextView) findViewById(R.id.tvProgress);
 }
}
```

3.6.2.2 跑马灯

跑马灯效果的实现：将需要实现跑马灯效果的文本视图【tvMarquee】的属性设置为如【文件 3-17】所示的属性。注意，【tvMarquee】文本视图的文本内容必须填充至整个屏幕，可用空格代替，见代码下划线。【文件 3-17】的内容选自 3.3.3 节闪屏加载界面。

【文件 3-17】实现跑马灯的 TextView

```
<TextView
       android:id="@+id/tvMarquee"
       android:layout_width="wrap_content"
       android:layout_height="wrap_content"
       android:layout_alignParentLeft="true"
       android:layout_alignParentTop="true"
```

```
        android:singleLine="true"
        android:ellipsize="marquee"
        android:focusableInTouchMode="true"
        android:focusable="true"
        android:text="欢迎来到智能世界!          "
        android:textColor="#ff00"
        android:textSize="40sp" />
```

【技术点评】

注意：实现跑马灯的【TextView】的文本里要有足够多的空白使文本占满屏幕宽度，如果文本宽度不足以填充屏幕，文字将不会有跑马灯效果。

3.6.2.3 加载动画与百分比

在【SplashActivity.java】源文件内部中的【OnCreate(Bundle)】方法中，使用【Timer】（计时器）实现加载动画与百分比变化的具体代码，如【文件 3-18】所示。

【文件 3-18】SplashActivity.java 中实现的加载动画与百分比变化

```
/***计时器实现加载动画（该代码放在控件绑定之后）**/
//timerTask 实现进度和百分比的变化
    timer = new Timer();//实例化 Timer
    task = new TimerTask() { //计时器任务的实例化
        @Override
        public void run() {
            // TODO Auto-generated method stub
            runOnUiThread(new Runnable() {
                public void run() {
                    // TODO Auto-generated method stub
                    count++;
                   //显示加载百分比
                   tvProgress.setText("Loading..."+count+"%");
                   //显示加载动画
                    switch(count){
                    case 10:
                        tvLoading.setText("正在加载，请稍后.");
                        break;
                    case 20:
                        tvLoading.setText("正在加载，请稍后..");
```

```
                    break;
                case 30:
                    tvLoading.setText("正在加载，请稍后...");
                    break;
                case 40:
                    tvLoading.setText("正在加载，请稍后.");
                    break;
                case 50:
                    tvLoading.setText("正在加载，请稍后..");
                    break;
                case 60:
                    tvLoading.setText("正在加载，请稍后...");
                    break;
                case 70:
                    tvLoading.setText("正在加载，请稍后.");
                    break;
                case 80:
                    tvLoading.setText("正在加载，请稍后..");
                    break;
                case 90:
                    tvLoading.setText("正在加载，请稍后...");
                    break;
                case 99:
                    tvLoading.setText("正在加载，请稍后.");
                    task.cancel();  //取消 task
                    //跳转界面，从 SplashActivity 到 LoginActivity
                    startActivity(new Intent(SplashActivity.this,
                    LoginActivity.class));
                    break;
                }
            }
        });
    }
};
timer.schedule(task, 0,100);//timer 的启动，每隔 100ms 执行一次计时器任务
```

【技术点评】

利用计时器和 switch-case 结构按一定时间间隔改变文本状态，可形成加载动画。

3.6.3 数据库操作功能

智能家居移动终端软件开发涉及的数据库操作有创建数据库，实现数据库的增加和查询。本节将创建【dao】包，在其下创建【UserDao.java】和【UserHelper.java】两个源代码文件。

右击【src】文件夹，依次选择【New】→【Package】命令，输入包名“dao”，在【dao】包下新建两个类【UserDao】和【UserHelper】，数据库文件结构如图 3-54 所示。

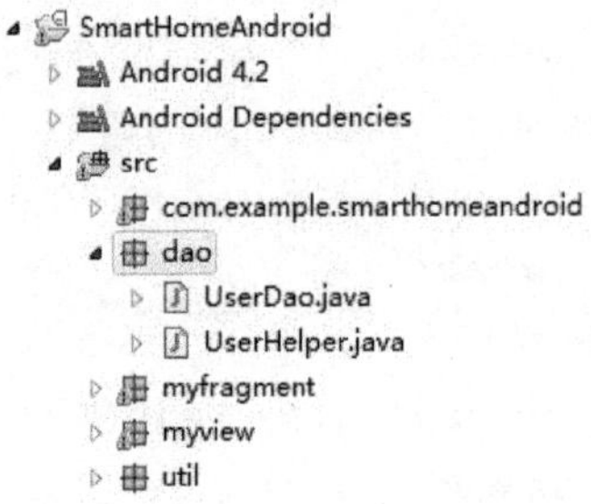

SmartHomeAndroid
Android 4.2
Android Dependencies
src
com.example.smarthomeandroid
dao
UserDao.java
UserHelper.java
myfragment
myview
util

图 3-54　数据库文件结构

3.6.3.1　创建数据库

在【UserHelper.java】源文件中实现数据库的创建，代码如【文件 3-19】所示。数据库创建是通过【SQLiteDatabase】对象的【execSQL(String)】方法实现的。

【文件 3-19】UserHelper.java

```
public class UserHelper extends SQLiteOpenHelper{
 public UserHelper(Context context) {
     super(context, "20171127.db", null, 2); // 创建数据库,名字为 20171127.db
 }
 @Override
 public void onCreate(SQLiteDatabase db) {
     // TODO Auto-generated method stub
     //_user 代表用户名  _pwd 代表密码
     db.execSQL("create table userTable(_user text,_pwd text)");
 }
 @Override
 public void onUpgrade(SQLiteDatabase db, int oldVersion, int newVersion) {
     // TODO Auto-generated method stub
     db.execSQL("onUpgrade");
 }
}
```

3.6.3.2 实现数据库的增加和查询

在【UserDao.java】源文件中实现数据库的增加和查询，代码如【文件 3-20】所示。向数据库增加一条记录是通过【SQLiteDatabase】对象的【insert（String,String, ContentValues）】方法实现的。查询数据库则通过【SQLiteDatabase】对象的【query（String,String[],String,String[],String,String,String）】方法实现的。

【文件 3-20】UserDao.java

```
public class UserDao {
 private UserHelper helper;
 public UserDao(Context context){
     helper = new UserHelper(context);
 }
 /**
  * 方法名称：insert
  * 方法功能：添加用户和密码
  * 返回值： long
  */
 public long insert(String user,String _pwd){
     SQLiteDatabase db = helper.getWritableDatabase();
     ContentValues values = new ContentValues();
     values.put("_user", user);
     values.put("_pwd", _pwd);
     long id = db.insert("userTable", null, values);
     db.close();
     return id;
 }
 /**
  * 方法名称：isUserExist
  * 方法功能：查询用户是否存在
  * 返回值：boolean
  */
 public boolean isUserExist(String user){
     SQLiteDatabase db = helper.getReadableDatabase();
     Cursor cursor = db.query("userTable", null, "_user=?",
         new String[]{user}, null, null, null);
     if (cursor!=null) {
         while(cursor.moveToNext()){
             return true;
         }
     }
     cursor.close();
```

```
        db.close();
        return false;
    }
    /**
     * 方法名称：getPasswordByUser
     * 方法功能：根据用户名查询密码
     * 返回值：String
     */
    public String getPasswordByUser(String user){
        String _pwd = "";
        SQLiteDatabase db = helper.getReadableDatabase();
        Cursor cursor = db.query("userTable", null, "_user=?",
            new String[]{user}, null, null, null);
        if (cursor!=null) {
            while(cursor.moveToNext()){
                _pwd = cursor.getString(cursor.getColumnIndex("_pwd"));
            }
        }
        cursor.close();
        db.close();
        return _pwd;
    }
}
```

3.6.4 SharedPreferences 工具的使用

SharedPreferences 是 Android 平台上一个轻量级的存储类，主要用于存储一些应用程序的配置参数。本节讲述如何使用 SharedPreferences 工具，主要是通过【SharedPreferences】类存储数据和获取数据，具体来说是保存最近一次的用户名和密码，以便在登录界面时加载出来。

3.6.4.1 创建工具类

右击【src】文件夹，在弹出的快捷菜单中选择【New】→【Package】命令，输入包名“util”，创建方法参考 3.4.1 节新建【myfragment】包的过程。在【util】包下新建【SharedPreUtils.java】源文件，创建方法详见 3.4.1 节新建功能界面源代码文件，只是不需要继承任何父类，即不需要单击【Browse...】按钮，而是直接输入类名后，单击【Finish】按钮即可完成创建。完成后的文件目录结构如图 3-55 所示。

SmartHomeAndroid
Android 4.2
Android Dependencies
src
com.example.smarthomeandroid
dao
myfragment
myview
util
SharedPreUtils.java

图 3-55　【util】文件目录结构

3.6.4.2　SharedPreferences 存储与获取数据

双击打开【SharedPreUtils.java】源文件，实现对数据的存储与获取，代码如【文件 3-21】所示。

【文件 3-21】SharedPreUtils.java

```
public class SharedPreUtils {
//存储数据
public static boolean saveInfo(Context context,String number,String
    password){
     SharedPreferences sp = context.getSharedPreferences("sp_user",
        Context.MODE_PRIVATE);
     Editor editor = sp.edit();
     editor.putString("number", number);
     editor.putString("password", password);
     editor.commit();
     return false;
 }
//获取数据
public static Map<String, String>getInfo(Context context){
     SharedPreferences sp = context.getSharedPreferences("sp_user",
          Context.MODE_PRIVATE);
     String number = sp.getString("number", null);
     String password = sp.getString("password", null);
     Map<String, String>userInfo = new HashMap<String, String>();
     userInfo.put("password", password);
     userInfo.put("number", number);
     return userInfo;
 }
}
```

【技术点评】

利用【SharedPreference.xml】文件，来放置和存取字符串变量【number】和【password】的值，为实现记住用户名和密码做准备。

3.6.5 登录功能

登录功能包括实现以下功能：加载上次的用户名和密码、使用计时器实现加载完毕的闪烁动画与显示系统日期和时间、验证逻辑与跳转。其中，计时器的使用会在之后的功能实现中反复用到，详见 3.6.5.5 节的技术点评。

3.6.5.1 登录界面的变量声明与控件绑定

在【LoginActivity.java】源文件中进行变量声明，在其【onCreate(Bundle)】方法内部进行控件绑定，代码如【文件 3-22】所示。

【文件 3-22】登录界面变量声明与控件绑定

```
public class LoginActivity extends Activity {
 //变量声明
 UserDao dao;
 Timer timer; //计时器
 TimerTask task; //计时器任务 实现系统时间的每秒刷新显示
 EditText etUser,etPassword,etPort,etIp;
 Button btnLogin,btnRegist;
 TextView tvTime,tvLoaded;
 int count=0;
 @Override
 protected void onCreate(Bundle savedInstanceState) {
     super.onCreate(savedInstanceState);
     setContentView(R.layout.activity_login);
     //实例化数据库
     dao = new UserDao(this);
     //控件绑定
     etUser = (EditText) findViewById(R.id.etUser);
     etPassword = (EditText) findViewById(R.id.etPassword);
     etIp = (EditText) findViewById(R.id.etIp);
     etPort = (EditText) findViewById(R.id.etPort);
     btnRegist = (Button) findViewById(R.id.btnRegist);
     btnLogin = (Button) findViewById(R.id.btnLogin);
     tvTime = (TextView) findViewById(R.id.tvLoginTime);
     tvLoaded = (TextView) findViewById(R.id.tvLoaded);
 }
}
```

3.6.5.2　加载上次的用户名和密码

在【LoginActivity.java】源文件的【onCreate(Bundle)】方法的绑定控件之后，加入如【文件 3-23】所示的代码。实现自动加载上次登录的用户名和密码。如何记住用户名和密码，见 3.6.5.6 节登录按钮的监听事件。

【文件 3-23】加载上次登录的用户名和密码

```
//调用工具类实现上次登录的用户名和密码的自动加载
Map<String, String>getuserInfo =
SharedPreUtils.getInfo(LoginActivity.this);
    if (getuserInfo!=null) {
        etUser.setText(getuserInfo.get("number"));
        etPassword.setText(getuserInfo.get("password"));
    }
```

> **【技术点评】**
>
> 利用 3.6.4 节的工具获取保存的用户名和密码，在输入框中显示。

3.6.5.3　显示系统日期和时间

双击打开【LoginActivity.java】源文件，在【LoginActivity】类的内部自定义【showTime()】方法，具体代码如【文件 3-24】所示。

【文件 3-24】public void Time() 显示系统日期和时间

```
/**
 * 方法名称：showTime
 * 方法功能：显示系统日期和时间
 * 返回值  ：无
 */
public void showTime (){
    SimpleDateFormat format = new SimpleDateFormat("yyyy 年 MM 月 dd 日
   HH:mm:ss");
   //要 import java.util.Date
    Date curDate = new Date(System.currentTimeMillis());
    String string = format.format(curDate);
    tvTime.setText(string+"");
}
```

3.6.5.4 加载完毕的闪烁动画

双击打开【LoginActivity.java】源文件，在【onCreate(Bundle)】方法后面自定义【flashing()】方法，实现加载完毕的闪烁动画。具体代码如【文件 3-25】所示。

【文件 3-25】public void flashing( ) 加载完毕的闪烁动画

```
/**
 * 方法名称：flashing
 * 方法功能：闪烁
 * 返回值  ：无
 */
public void flashing(){
    count++;
    switch(count%2){
    case 0:
        tvLoaded.setText("加载完毕，请登录...");
        break;
    case 1:
        tvLoaded.setText("");
        break;
    }
}
```

【技术点评】

利用 int 变量 count 对 2 取余，则第一秒显示文本，第二秒显示空，如此循环。

3.6.5.5 计时器的使用

如【文件 3-26】所示，在【LoginActivity.java】源文件的【onCreate(Bundle)】方法的绑定控件之后，实例化计时器和计时器任务并启动计时器。在计时器任务中调用 3.6.5.3 节声明的【showTime()】方法和 3.6.5.4 节中声明的【flashing()】方法，实现系统时间的实时刷新和加载动画的闪烁。

【文件 3-26】计时器中调用自定义方法

```
/***计时器实现闪烁动画和系统时间的显示**/
timer = new Timer();
    task = new TimerTask() {//计时器任务的实例化

        @Override
```

```
        public void run() {
            // TODO Auto-generated method stub
            runOnUiThread(new Runnable() {
                public void run() {
                    // TODO Auto-generated method stub
                    flashing();//闪烁动画
                    showTime ();//显示系统时间
                }
            });
        }
    };
    timer.schedule(task, 0,1000); //启动timer，每隔1秒执行一次计时器任务
```

【技术点评】

计时器用于反复执行代码。像加载动画、显示系统时间以及后面讲到的单步控制逻辑、传感器数据的显示、联动功能、模式功能和绘图功能都要写在计时器任务中，用于不断判断或执行。只要是在计时器任务中实现的代码，都需要实现如【文件 3-26】所示的计时器任务的实例化代码。

3.6.5.6　验证逻辑与跳转

在【LoginActivity.java】源文件的控件绑定之后，设置登录按钮【btnLogin】的监听事件，具体代码如【文件 3-27】所示。

【文件 3-27】登录按钮的监听事件

```
btnLogin.setOnClickListener(new OnClickListener() {
        public void onClick(View v) {
            // TODO Auto-generated method stub
            String user = etUser.getText().toString();
            String password = etPassword.getText().toString();
           //若用户存在且密码正确
             if (dao.isUserExist(user) &&
             dao.getPasswordByUser(user).equals(password)) {
                //记住此用户名和密码
               SharedPreUtils.saveInfo(LoginActivity.this, user,
                     password);
               //服务器端口设置
               SocketThread.Port =
                     Integer.parseInt(etPort.getText().toString());
```

```
                //服务器 IP 设置
                SocketThread.SocketIp = etIp.getText().toString();
                startActivity(new Intent(LoginActivity.this,
                    MainActivity.class)); //界面跳转
            }else {
                Toast.makeText(LoginActivity.this,
                    "用户名或密码有误", 500).show();
            }
        }
    });
```

【技术点评】

要先注册一个账号方可完成登录的测试，注册功能详见 3.6.6 节。

利用【if-else】结构判断登录条件是否满足，当用户存在且密码正确时，设置端口号和服务器 IP，失败时，用 Toast 提示。下面验证登录逻辑：

(1) 输入用户名为“bizideal1”，密码为“123456@”，单击【登录】按钮，看是否出现“用户名或密码错误”的警告框；

(2) 改变用户名为“bizideal”，密码为“1234567”，看是否出现“用户名或密码错误”的警告框；

(3) 改变用户名为“bizideal”，密码为“123456@”，看是否成功进入主界面。

可在登录按钮的监听事件后，设置注册按钮【btnRegist】的监听事件，代码如【文件 3-28】所示。

【文件 3-28】注册按钮的监听事件

```
btnRegist.setOnClickListener(new OnClickListener() {
        public void onClick(View v) {
            // TODO Auto-generated method stub
            startActivity(new
            Intent(LoginActivity.this,RegistActivity.class));
        }
    });
```

注意：设置登录按钮【btnLogin】的监听事件时，由于是首次设置监听事件，之前尚未引入过头文件，会报错，如图 3-56 所示。将光标移动到【OnClickListener】类名上方，会显示出解决方案，这里单击系统提供的第三个解决方案【Import 'OnClickListener' (android.view.View)】，即可引入相应头文件。

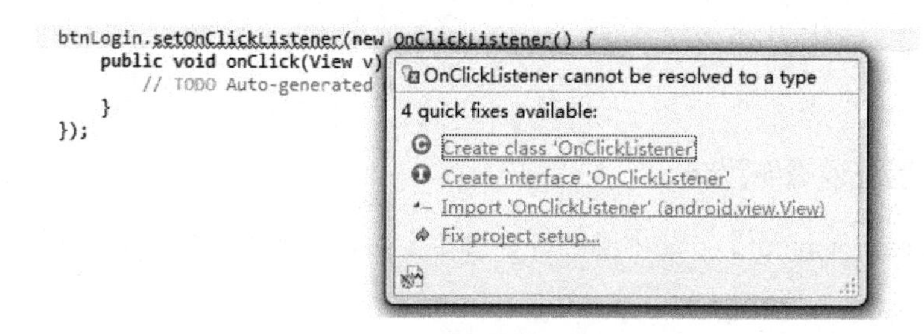

图 3-56　设置监听报错解决方案

3.6.6　注册功能

实现注册功能的重点是验证逻辑与跳转，即验证用户输入的用户名和密码是否符合要求，具体见附录 A 第三部分。

3.6.6.1　注册界面变量声明与控件绑定

在【RegistActivity.java】源文件中进行变量声明，在其【onCreate(Bundle)】方法内部进行控件绑定，代码如【文件 3-29】所示。

【文件 3-29】注册界面的变量声明与控件绑定

```
public class RegistActivity extends Activity {
//变量声明
UserDao dao;
EditText etUser,etPassword,etConfirmPwd;
Button btnOK,btnClose;
@Override
protected void onCreate(Bundle savedInstanceState) {
    // TODO Auto-generated method stub
    super.onCreate(savedInstanceState);
    setContentView(R.layout.activity_regist);
    //实例化数据库
    dao = new UserDao(this);
    //控件绑定
    etUser = (EditText) findViewById(R.id.etZczh);
    etPassword = (EditText) findViewById(R.id.regist_etPassword);
    etConfirmPwd = (EditText) findViewById(R.id.etConfirmPwd);
    btnClose = (Button) findViewById(R.id.btnClose);
    btnOK = (Button) findViewById(R.id.btnOK);
```

```
    }
}
```

3.6.6.2 验证逻辑与跳转

在【onCreate(Bundle)】方法内部的控件绑定之后，添加确定按钮的监听代码，如【文件 3-30】所示。

【文件 3-30】确定按钮 btnOK 的监听事件

```
btnOK.setOnClickListener(new OnClickListener() {
        public void onClick(View v) {
            // TODO Auto-generated method stub
            String user =etUser.getText().toString();
            String password = etPassword.getText().toString();
            String confirmPwd = etConfirmPwd.getText().toString();
            String patternStr = "[A-Za-z0-9]+$";
            Pattern pattern = Pattern.compile(patternStr);
            Matcher matcher = pattern.matcher(password);
            boolean isMatched = matcher.matches();
            if (!dao.isUserExist(user)) {         //若用户不存在
                if (user.length()>0) {            //若用户名的长度大于 0
                    if (password.length()>=6) {//若密码的长度大于等于 6
                        if (!isMatched) {         //若不是只包含数字和字母
                        //若密码与确认密码一致
                            if (password.equals(confirmPwd)) {
                                dao.insert(user, password);
                                Toast.makeText(RegistActivity.this,
                                    "用户注册成功", 500).show();
                            }else {
                               Toast.makeText(RegistActivity.this,
                                   "验证密码不一致", 500).show();
                            }
                        }else {
                            Toast.makeText(RegistActivity.this,
                                "密码格式有误", 500).show();
                        }
                    }else {
                        Toast.makeText(RegistActivity.this,
                            "密码长度不足 6 位", 500).show();
                    }
```

```
                }else {
                    Toast.makeText(RegistActivity.this,
                        "用户名不能为空", 500).show();
                }
            }else {
                Toast.makeText(RegistActivity.this,
                    "用户已经存在", 500).show();
            }
        }
    });
```

【技术点评】

利用【if-else】结构来判断注册条件是否满足。其中判断密码格式是否有误用到了正则表达式，“[A-Za-z0-9]+$”用来匹配由字母和数字组成的字符串。

注册功能写完后，要进行模块测试。测试的原则是先验证错误，后验证成功。

验证注册和登录的功能是否正确的步骤如下：

(1) 程序运行后，单击【注册】按钮，进入注册界面后再次单击【注册】按钮，看是否出现“用户名不能为空”的警告框；

(2) 输入用户名“bizideal”，单击【注册】按钮，看是否出现“密码长度不足 6 位”的警告框；

(3) 输入密码“123456”，单击【注册】按钮，看是否出现“密码格式有误”的警告框；

(4) 输入密码“123456@”，单击【注册】按钮，看是否出现“验证密码不一致”的警告框；

(5) 输入确认密码“123456@”，单击【注册】按钮，看是否出现“用户注册成功”的警告框；

(6) 最后单击【注册】按钮，看是否出现“用户已经存在”的警告框。

至此注册逻辑已经验证完毕，下面验证登录逻辑：

(7) 返回到登录界面，输入用户名为“bizideal1”，密码为“123456”，单击【登录】，看是否出现“用户名或密码错误”的警告框；

(8) 改变用户名为“bizideal”，密码为“1234567”，看是否出现“用户名或密码错误”的警告框；

(9) 改变用户名为“bizideal”，密码为“123456”，看是否成功进入主界面。

3.6.6.3 关闭注册界面

在【onCreate(Bundle)】方法内部的控件绑定之后，设置退出按钮【btnClose】的监听事件，代码如【文件 3-31】所示。

【文件 3-31】退出按钮 btnClose 的监听事件

```
btnClose.setOnClickListener(new OnClickListener() {

        public void onClick(View v) {
           // TODO Auto-generated method stub
           //从 RegistActivity 跳转到 LoginActivity
            startActivity(new
           Intent(RegistActivity.this,LoginActivity.class));
        }
    });
```

3.6.7 主界面功能

主界面功能包括显示系统日期时间、返回选择界面、信息采集和单步控制逻辑。其中信息采集包括实现信息采集的线程、进行网络监听和添加 INTERNET 权限。

3.6.7.1 主界面变量声明与控件绑定

依次单击展开【src】→【com.example.smarthomeandroid】目录，双击打开【MainActivity.java】源文件，在【MainActivity】类中声明信息采集所需的成员变量，如【文件 3-32】所示。

【文件 3-32】主界面的成员变量声明与控件绑定

```
public class MainActivity extends FragmentActivity implements
    ActionBar.TabListener {
   //变量声明
 //信息采集和单步控制用到的处理对象 js
 public static json_dispose js = new json_dispose();
 public static Thread updateThread; //信息采集用到的更新线程
 public static double[] sensorData = new double[9];//保存最新的传感器数据
public static int count=1; //count:网络监听的标志
// controlType:控制类型,用于区分当前模式, 0->单步
```

```
public static int controlType=0;
 /**k 代表控制变量，z 代表状态变量，例如 kWarningLight 代表报警灯的控制命
 令,zWarningLight 代表当前报警灯的状态:1 开 0 关*/
public static int kWarningLight,zWarningLight,kLamp,zLamp,kRfid,
                zRfid,KFan,zFan,kCurtain,zCurtain,kTv,zTv,kAir,zAir,
                kDVD,zDVD;
Timer timer;
TimerTask task;
TextView tvTime;
ImageView imvHome;//返回选择界面的图像按钮
@Override
protected void onCreate(Bundle savedInstanceState) {
    super.onCreate(savedInstanceState);
    setContentView(R.layout.activity_main);
//控件绑定
    tvTime = (TextView) findViewById(R.id.tvTime);
    imvHome = (ImageView) findViewById(R.id.imvHome);
}
}
```

3.6.7.2　显示系统日期时间

主界面的系统日期时间的显示可参考 3.6.5.3 节，在【MainActivity.java】源文件中声明自定义方法【showTime()】，在它的【onCreate(Bundle)】方法中通过计时器任务调用【showTime()】方法，从而刷新显示系统时间，计时器的使用可以参考 3.6.5.5 节。

3.6.7.3　返回选择界面

在【MainActivity.java】源文件的【onCreate(Bundle)】方法中，为执行返回功能的图像按钮【imvHome】设置监听事件，具体代码如【文件 3-33】所示。

【文件 3-33】imvHome 的监听事件，返回选择界面

```
    // 返回选择界面的监听
imvHome.setOnClickListener(new OnClickListener() {
            public void onClick(View v) {
            // TODO Auto-generated method stub
            mViewPager.setCurrentItem(0); //回到 viewPager 的第一页(选择界面)
        }
    });
```

【技术点评】

调用【mViewPager】对象的【setCurrentItem(int)】方法，可以回到索引为0的界面，即选择界面。

3.6.7.4 信息采集

要实现信息采集需要三步：第一，实现信息采集的线程；第二，进行网络监听；第三，为应用程序添加INTERNET权限。

1. 实现信息采集的线程

在【onCreate(Bundle)】方法内部，实现信息采集的线程，为传感器数据的显示做准备，传感器数据放在【sensorData[]】数组中，具体代码如【文件3-34】所示。

【文件 3-34】实现信息采集的线程

```
//实现信息采集的线程
    updateThread = new Thread(new Updata_activity());
    updateThread.start();
    Updata_activity.updatahandler = new Handler(){
        @Override
        public void handleMessage(Message msg) {
            // TODO Auto-generated method stub
            super.handleMessage(msg);
            if (js.receive()) {
                try {
                    sensorData[0] = Double.valueOf(js.receive_data.
                        get(Json_data.Temp).toString());//保存温度值
                    //保存湿度值
                    sensorData[1] = Double.valueOf(js.receive_data.
                        get (Json_data.Humidity).toString());
                    //保存光照值
                    sensorData[2] = Double.valueOf(js.receive_data.
                        get (Json_data.Illumination).toString());
                    sensorData[3] = Double.valueOf(js.receive_data.
                        get (Json_data.Gas).toString());//保存燃气值
                    sensorData[4] = Double.valueOf(js.receive_data.
                        get (Json_data.Smoke).toString());//保存烟雾值
                    //保存气压值
                    sensorData[5] = Double.valueOf(js.receive_data.
                        get (Json_data.AirPressure).toString());
                    //保存CO2值
                    sensorData[6] = Double.valueOf(js.receive_data.
                        get (Json_data.Co2).toString());
```

```
                    sensorData[7] = Double.valueOf(js.receive_data.
                        get (Json_data.PM25).toString());//保存 PM2.5 值
                    //保存人体红外值
                    sensorData[8] = Double.valueOf(js.receive_data.
                        get (Json_data.StateHumanInfrared).toString());
                } catch (NumberFormatException e) {
                    // TODO Auto-generated catch block
                    e.printStackTrace();
                } catch (JSONException e) {
                    // TODO Auto-generated catch block
                    e.printStackTrace();
                }
            }
        }
    };
```

2．进行网络监听

在【onCreate(Bundle)】方法内部信息采集线程的后面进行网络监听，代码如【文件 3-35】所示。

【文件 3-35】进行网络监听

```
//进行网络监听
    SocketThread.mHandlerSocketState = new Handler(){

        @Override
        public void handleMessage(Message msg) {
            // TODO Auto-generated method stub
            super.handleMessage(msg);
            Bundle bundle = msg.getData();
            if (count==1) {
                count = 0;
                if (bundle.getString("SocketThread_State")=="error") {
                    Toast.makeText(MainActivity.this,
                        "网络连接失败", 500).show();
                }else {
                    Toast.makeText(MainActivity.this,
                        "网络连接成功", 500).show();
                }
            }
        }
    };
```

3．添加 INTERNET 权限

添加 INTERNET 权限的目的是使应用程序具有访问网络的权限，否则网络监听无法生效。

（1）双击打开【AndroidManifest.xml】配置文件，如图 3-57 所示。

（2）单击【Permissions】选项卡，进入权限配置界面，如图 3-58 所示。

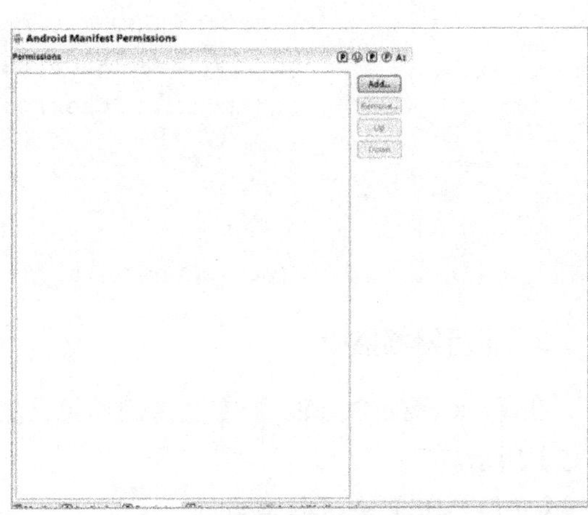

图 3-57　【AndroidManifest.xml】界面　　　　图 3-58　权限配置界面

（3）单击【Add】按钮，选择最后一项【Uses Permission】元素，如图 3-59 所示。

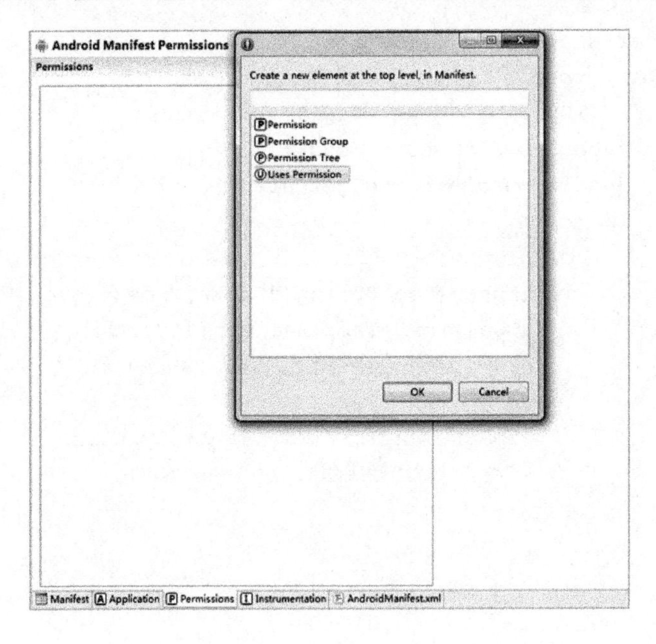

图 3-59　选择【Uses Permission】元素

（4）单击【OK】按钮后，右侧会出现权限名字的配置，在【Name】下拉框列表中选择【android.permission.INTERNET】权限选项，如图 3-60 所示，在保存文件后完成 INTERNET 权限的添加。

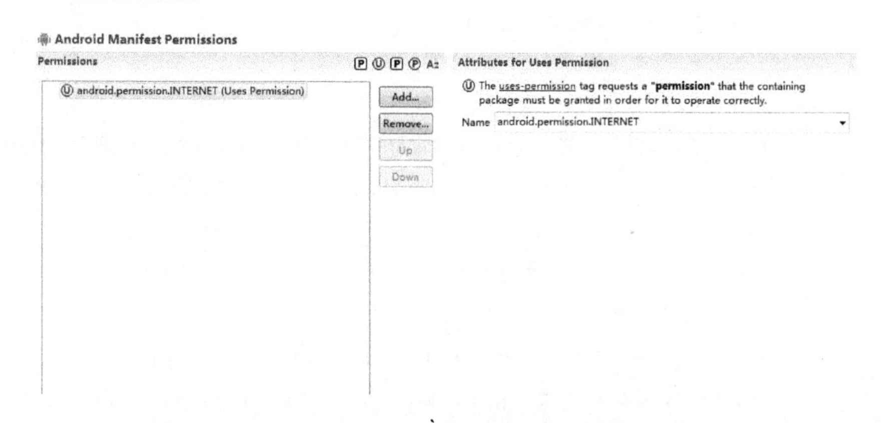

图 3-60　选择【android.permission.INTERNET】权限选项

注意：本节完成了信息采集的过程，但是信息采集数据的显示要在 3.6.8.3 节传感器数据的显示完成之后方可实现。

3.6.7.5　单步控制逻辑

在 3.6.7.1 节中，声明控制变量（以 k 开头）和状态变量（以 z 开头），现在在【MainActivity.java】源文件中自定义【control()】方法，代码如【文件 3-36】所示，用于实现当控制变量发生变化时对设备进行控制。

注意：【control()】方法需要在 3.6.7.2 节中用到的计时器任务中调用，以保证实时执行。

【文件 3-36】单步控制逻辑

```
/**
 * 方法名称：control
 * 方法功能：单步控制
 * 返回值：无
 */
   public void control(){
   if (kLamp!=zLamp) {
       js.control(Json_data.Lamp, 0, kLamp); //控制 LED 射灯
       zLamp = kLamp; //记录 LED 射灯的状态
       Log.i("kz"," kLamp="+ kLamp);//Log 输出
   }else if (kWarningLight!=zWarningLight) {
       js.control(Json_data.WarningLight, 0, kWarningLight); //控制报警灯
       zWarningLight = kWarningLight; //记录报警灯的状态
       Log.i("kz"," kWarningLight ="+ kWarningLight);//Log 输出
```

```
    }
    else if (KFan!=zFan) {
        js.control(Json_data.Fan, 0, KFan); //控制风扇
        zFan = KFan; //记录风扇的状态
        Log.i("kz"," KFan ="+ KFan);//Log 输出
    }else if (kRfid!=zRfid) {
        if(kRfid==1){ //控制命令等于 1 时控制 RFID 门禁，RFID 门禁无关闭操作
        js.control(Json_data.RFID_Open_Door, 0, kRfid); //控制 RFID 门禁
        }
        zRfid = kRfid; //记录 RFID 门禁的状态
        Log.i("kz","kRfid="+ kRfid);//Log 输出
    }else if (kCurtain!=zCurtain) {
        js.control(Json_data.Curtain, 0, kCurtain); //控制窗帘
        zCurtain = kCurtain; //记录窗帘的状态
        Log.i("kz","kCurtain="+ kCurtain);//Log 输出
    }
    else if (kTv!=zTv) {
        js.control(Json_data.InfraredLaunch, 0, 1); //控制电视
        zTv = kTv; //记录电视的状态
        Log.i("kz","kTv ="+ kTv);//Log 输出
    }else if (kAir!=zAir) {
        js.control(Json_data.InfraredLaunch, 0, 2); //控制空调
        zAir = kAir; //记录空调的状态
        Log.i("kz","kAir ="+ kAir);//Log 输出
    }else if (kDVD!=zDVD) {
        js.control(Json_data.InfraredLaunch, 0, 3); //控制 DVD
        zDVD = kDVD; //记录 DVD 的状态
        Log.i("kz","kDVD ="+ kDVD);//Log 输出
    }
}
```

【技术点评】

在这里，运用了 k 变量（控制变量）和 z 变量（状态变量）。当要进行设备控制时，只需要给 k 变量赋值即可。在计时器任务中判断 k 变量和 z 变量不同的情况下，执行器件的开启或关闭。这样在各种控制模式下，不会使控制器件反复进行同一动作。

3.6.8 基本界面功能

基本界面功能包括取消输入框焦点、显示传感器数据、实现单步控制和实现缩放动画。

3.6.8.1 基本界面的变量声明与控件绑定

在【BasicFragment.java】源文件中进行变量声明，在其【onCreateView(LayoutInflater, ViewGroup,Bundle)】方法内部进行变量声明和控件绑定，代码如【文件 3-37】所示。

【文件 3-37】基本界面的变量声明与控件绑定

```
public class BasicFragment extends Fragment{
 //变量声明
 private View view;
 ToggleButton tbLamp1,tbLamp2,tbCurtain,tbFan,tbRfid,
            tbTv,tbAir,tbDVD,tbWarningLight;
 EditText etTemp,etHumidity,etIllumination,etGas,etSmoke,
        etAirPressure,etCo2,etPm25,etStateHumanInfrared;
 TextView tvWelcome;
 Timer timer;
 @Override
 public View onCreateView(LayoutInflater inflater, ViewGroup container,
        Bundle savedInstanceState) {
     // TODO Auto-generated method stub
     view = inflater.inflate(R.layout.fragment_basic, null);//绑定布局
     //控件绑定
     etCo2 = (EditText) view.findViewById(R.id.etCo2);
     etTemp = (EditText) view.findViewById(R.id.etTemp);
     etHumidity = (EditText) view.findViewById(R.id.etHumidity);
     etIllumination = (EditText) view.findViewById(R.id.etIllumination);
     etGas = (EditText) view.findViewById(R.id.etGas);
     etSmoke = (EditText) view.findViewById(R.id.etSmoke);
     etAirPressure = (EditText) view.findViewById(R.id.etAirPressure);
     etPm25 = (EditText) view.findViewById(R.id.etPm25);
     etStateHumanInfrared = (EditText) view.
     findViewById(R.id.etStateHumanInfrared);
     tvWelcome = (TextView) view.findViewById(R.id.tvZoom);
     tbLamp1 = (ToggleButton) view.findViewById(R.id.tbLamp1);
     tbLamp2 = (ToggleButton) view.findViewById(R.id.tbLamp2);
```

```
        tbCurtain = (ToggleButton) view.findViewById(R.id.tbCurtain);
        tbFan = (ToggleButton) view.findViewById(R.id.tbFan);
        tbRfid = (ToggleButton) view.findViewById(R.id.tbRfid);
        tbTv = (ToggleButton) view.findViewById(R.id.tbTv);
        tbAir = (ToggleButton) view.findViewById(R.id.tbAir);
        tbDVD = (ToggleButton) view.findViewById(R.id.tbDVD);
        tbWarningLight = (ToggleButton) view.
        findViewById(R.id.tbWarningLight);
    return view; //返回 view
    }
    }
```

3.6.8.2 取消输入框焦点

取消输入框焦点的意义在于禁止用户在传感器数据输入框中手动输入数据。在【BasicFragment.java】源文件的【onCreateView(LayoutInflater, ViewGroup,Bundle)】方法内的控件绑定之后，为信息采集用到的【EditText】控件取消输入框焦点，具体代码如【文件 3-38】所示。

【文件 3-38】取消输入框焦点

```
    //取消输入框焦点(代码放在控件绑定后)
        etTemp.setFocusable(false);
        etHumidity.setFocusable(false);
        etIllumination.setFocusable(false);
        etGas.setFocusable(false);
        etSmoke.setFocusable(false);
        etAirPressure.setFocusable(false);
        etPm25.setFocusable(false);
        etStateHumanInfrared.setFocusable(false);
        etCo2.setFocusable(false);
```

【技术点评】

调用【setFocusable (boolean)】方法为每一个显示传感器数据的输入框取消焦点，代码要放在【onCreateView(LayoutInflater, ViewGroup,Bundle)】方法内，以保证加载界面时取消焦点。

3.6.8.3 显示传感器数据

在 3.6.7.4 节中，信息采集的传感器数据保存在了【sensorData[]】数组内，本节将此数组的元素值显示在基本界面对应的【EditText】控件上。

（1）在【BasicFragment.java】源文件内声明传感器数据显示的自定义方法【showInfo()】，具体代码如【文件 3-39】所示。

【文件 3-39】public void showInfo() 传感器数据的显示

```
/**
 * 方法名称：showInfo
 * 方法功能：显示传感器数据
 * 返回值  ：无
 */
public void showInfo(){
    try {
        etTemp.setText(MainActivity.sensorData[0]+"");
        etHumidity.setText(MainActivity.sensorData[1]+"");
        etIllumination.setText(MainActivity.sensorData[2]+"");
        etGas.setText(MainActivity.sensorData[3]+"");
        etSmoke.setText(MainActivity.sensorData[4]+"");
        etAirPressure.setText(MainActivity.sensorData[5]+"");
        etCo2.setText(MainActivity.sensorData[6]+"");
        etPm25.setText(MainActivity.sensorData[7]+"");
        etStateHumanInfrared.setText(MainActivity.sensorData[8]+"");
    } catch (Exception e) {
        // TODO Auto-generated catch block
        e.printStackTrace();
    }
}
```

【技术点评】

在基本界面显示传感器数据，这里用到了在【MainActivity】类中声明的静态数组【sensorData[]】。静态变量要通过类名进行引用。

（2）【在 onCreateView(LayoutInflater, ViewGroup,Bundle)】方法内部添加计时器相关代码。

（3）在计时器任务中调用【showInfo()】方法，并且每秒刷新一次，第（2）步和第（3）步完成后的代码如【文件 3-40】所示。

【文件 3-40】计时器任务，每秒刷新一次传感器数据的显示

```
//计时器任务，每秒刷新一次传感器数据的显示
```

```
final Handler handler = new Handler(){//需要 import android.os.Handler
        @Override
        public void handleMessage(Message msg) {
            // TODO Auto-generated method stub
            super.handleMessage(msg);
            showInfo();//调用 showInfo()方法
        }
    };
    TimerTask task = new TimerTask() {
        @Override
        public void run() {
            // TODO Auto-generated method stub
            Message msg = new Message();
            handler.sendMessage(msg);
        }
    };
    timer = new Timer(true);
    timer.schedule(task, 0,1000);
```

3.6.8.4 实现单步控制

在【BasicFragment.java】源文件的【onCreateView(LayoutInflater, ViewGroup,Bundle)】方法内的控件绑定之后，实现 LED 射灯 1、LED 射灯 2、报警灯、风扇、RFID 门禁、窗帘和红外（电视、空调、DVD）的相应控制具体代码如【文件 3-41】所示。

【文件 3-41】单步控制功能实现

```
//LED 射灯 1 的控制
    tbLamp1.setOnClickListener(new OnClickListener() {
        public void onClick(View v) {
            // TODO Auto-generated method stub
            //controlType 为 0 代表是单步模式
            MainActivity.controlType=0;
            if (tbLamp1.isChecked()) {
                MainActivity.kLamp = 2; //控制 LED 射灯 1 开
                tbLamp2.setChecked(false); //LED 射灯 2 按钮状态切换为关闭
            }else {
                MainActivity.kLamp = 3; //控制 LED 射灯 1 关
            }
        }
    });
//LED 射灯 2 的控制
    tbLamp2.setOnClickListener(new OnClickListener() {
```

```
    public void onClick(View v) {
        // TODO Auto-generated method stub
        //controlType 为 0 代表是单步模式
        MainActivity.controlType=0;
        if (tbLamp1.isChecked()) {
            MainActivity.kLamp = 4; //控制 LED 射灯 2 开
            tbLamp1.setChecked(false); //LED 射灯 1 按钮状态切换为关闭
            }else {
                MainActivity.kLamp = 5; //控制 LED 射灯 2 关
            }
        }
    });
//报警灯的控制
      tbWarningLight.setOnCheckedChangeListener(new
          OnCheckedChangeListener() {
          public void onCheckedChanged(CompoundButton buttonView,
          boolean isChecked) {
              // TODO Auto-generated method stub
              //controlType 为 0 代表是单步模式
              MainActivity.controlType=0;
              if (isChecked) {
                  MainActivity.kWarningLight = 1; //控制报警灯开
              }else {
                  MainActivity.kWarningLight = 0; //控制报警灯关
              }
          }
      });
 //风扇的控制
    tbFan.setOnCheckedChangeListener(new
           OnCheckedChangeListener() {
          public void onCheckedChanged(CompoundButton buttonView,
          boolean isChecked) {
              // TODO Auto-generated method stub
             //controlType 为 0 代表是单步模式
              MainActivity.controlType=0;
              if (isChecked) {
                  MainActivity.KFan = 1; //控制风扇开
              }else {
                  MainActivity.KFan = 0; //控制风扇关
              }
          }
      });
//RFID 门禁的控制
       tbRfid.setOnCheckedChangeListener(new
       OnCheckedChangeListener() {
        public  void  onCheckedChanged(CompoundButton  buttonView,
            boolean isChecked) {
```

```
                // TODO Auto-generated method stub
                //controlType 为 0 代表是单步模式
                MainActivity.controlType=0;
                if (isChecked) {
                    Animation animation = AnimationUtils.
                    loadAnimation((MainActivity)getActivity(),
                    R.anim.set_scaling); // 加载动画
                    tvWelcome.startAnimation(animation); // 动画开始
                    tvWelcome.setVisibility(View.VISIBLE);
                    MainActivity.kRfid = 1; //控制门禁开
                }else {
                    tvWelcome.setVisibility(View.INVISIBLE);
                    tvWelcome.clearAnimation();// 清除动画
                    MainActivity.kRfid = 0; //无动作
                }
            }
        });
//窗帘的控制
        tbCurtain.setOnCheckedChangeListener(new
        OnCheckedChangeListener() {
            public void onCheckedChanged(CompoundButton buttonView,
            boolean isChecked) {
                // TODO Auto-generated method stub
                //controlType 为 0 代表是单步模式
                MainActivity.controlType=0;
                if (isChecked) {
                    MainActivity.kCurtain =2; //控制窗帘开
                }else {
                    MainActivity.kCurtain =1; //控制窗帘关
                }
            }
        });
//电视的控制
        tbTv.setOnCheckedChangeListener(new
            OnCheckedChangeListener() {
            public void onCheckedChanged(CompoundButton buttonView,
            boolean isChecked) {
                // TODO Auto-generated method stub
                //controlType 为 0 代表是单步模式
                MainActivity.controlType=0;
                if (isChecked) {
                    MainActivity.kTv = 1; //控制电视开
                }else {
                    MainActivity.kTv = 0; //无动作
                }
            }
        });
```

```
    //空调的控制
        tbAir.setOnCheckedChangeListener(new
        OnCheckedChangeListener() {
                public void onCheckedChanged(CompoundButton buttonView,
                boolean isChecked) {
                    // TODO Auto-generated method stub
                   //controlType 为 0 代表是单步模式
                    MainActivity.controlType=0;
                    if (isChecked) {
                        MainActivity.kAir = 1; //控制空调开
                    }else {
                        MainActivity.kAir = 0;//无动作
                    }
                }
            });
    //DVD 的控制
        tbDVD.setOnCheckedChangeListener(new
        OnCheckedChangeListener() {
              public void onCheckedChanged(CompoundButton buttonView,
              boolean isChecked) {
                    // TODO Auto-generated method stub
                   //controlType 为 0 代表是单步模式
                    MainActivity.controlType=0;
                    if (isChecked) {
                        MainActivity.kDVD = 1; //控制 DVD 开
                    }else {
                        MainActivity.kDVD = 0;//无动作
                    }
                }
            });
```

注意：若 RFID 门禁控制的代码部分报错，将 3.6.8.5 节缩放动画要求新建的动画文件建好即可消除错误，正常运行。

【技术点评】

注意：LED 射灯 1，LED 射灯 2 设置的是单击监听，而其余的控件是状态发生改变的监听。LED 射灯 1，LED 射灯 2 的开关命令是移动终端开发人员与智能家居网关程序开发者约定的开关命令，可参见 2.6.15 节“与服务器的交互”的 LED 射灯代码块。

3.6.8.5　实现缩放动画

缩放动画的实现需要两步：一是创建动画文件；二是加载动画。

（1）右击【res】文件夹，在弹出的快捷菜单中选择【New】→【Folder】命令，将文件夹命名为“anim”后，单击【Finish】按钮完成动画文件夹的创建。右击【anim】文件夹，在弹出的快捷菜单中依次选择【New】→【Android XML File】命令，将根元素【Root Element】选择为【set】元素，如图 3-61 所示。

（2）文件名输入为“set_scaling”，单击【Finish】按钮完成动画文件的创建，完成后的文件结构如图 3-62 所示。

图 3-61　新建动画文件

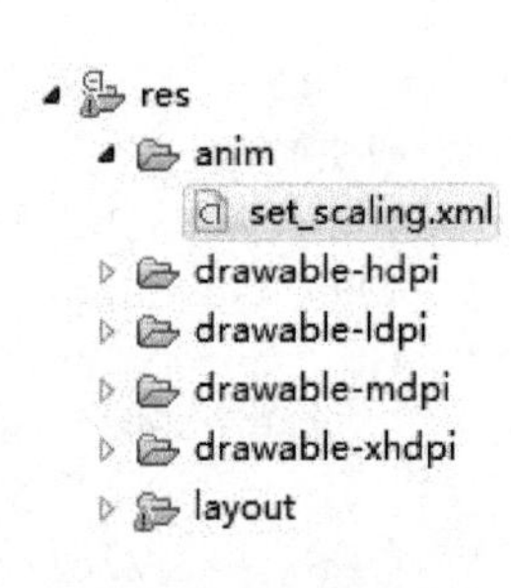

图 3-62　动画文件结构

（3）双击打开【set_scaling.xml】文件，为它添加缩放动画所需要的代码，具体代码如【文件 3-42】所示。

【文件 3-42】set_scaling.xml

```
<?xml version="1.0" encoding="utf-8"?>
<set xmlns:android="http://schemas.android.com/apk/res/android">
    <scale
        android:repeatMode="restart"
        android:repeatCount="infinite"
        android:duration="3000"
        android:fromXScale="1.0"
        android:fromYScale="1.0"
        android:toXScale="2.0"
        android:toYScale="0.5"
        android:pivotX="50%"
        android:pivotY="50%"/>
</set>
```

【技术点评】

repeatMode：动画重复的方式
repeatCount：动画重复的次数
duration：持续时间
fromXScale：制定动画开始时 X 轴上的缩放系数
fromYScale：制定动画开始时 Y 轴上的缩放系数
toXScale：制定动画结束时 X 轴上的缩放系数
toYScale：制定动画结束时 Y 轴上的缩放系数
pivotX：指定轴心的 X 坐标
pivotY：指定轴心的 Y 坐标

缩放动画的使用参见 3.6.8.4 节【文件 3-41】的 RFID 门禁的控制。关键是加载动画、动画开始和清除动画的代码实现，具体代码如下：

```
// 加载动画
Animation animation = AnimationUtils.
loadAnimation((MainActivity)getActivity(), R.anim.set_scaling);
tvWelcome.startAnimation(animation); // 动画开始
tvWelcome.clearAnimation();// 清除动画
```

上述代码已经在 3.6.8.4 节 RFID 门禁控制部分给出。

3.6.9　选择功能

选择功能涉及图像的显示与隐藏以及界面的切换。依次单击展开【src】→【myfragment】目录后，双击打开【ChooseFragment.java】源文件，首先进行变量声明并为所需要用到的控件进行绑定，然后为执行选择功能的图像按钮设置监听事件，具体代码如【文件 3-43】所示。

【文件 3-43】ChooseFragment.java

```
package myfragment;
import com.example.smarthomeandroid.MainActivity;
import com.example.smarthomeandroid.R;
import android.os.Bundle;
import android.support.v4.app.Fragment;
import android.view.LayoutInflater;
import android.view.View;
```

```
import android.view.View.OnClickListener;
import android.view.ViewGroup;
import android.widget.ImageView;
import android.widget.TextView;
public class ChooseFragment extends Fragment{
 //变量声明
 private View view;
 TextView tvBasic,tvScene,tvLinkage,tvPaint;
 ImageView imvBasic,imvScene,imvPaint,imvLinkage;
 @Override
 public View onCreateView(LayoutInflater inflater, ViewGroup container,
        Bundle savedInstanceState) {
     // TODO Auto-generated method stub
     view = inflater.inflate(R.layout.fragment_choose, null);//绑定布局
     //控件绑定
     tvBasic = (TextView) view.findViewById(R.id.tvBasic);
     tvScene = (TextView) view.findViewById(R.id.tvScene);
     tvLinkage = (TextView) view.findViewById(R.id.tvLinkage);
     tvPaint = (TextView) view.findViewById(R.id.tvPaint);
     imvBasic = (ImageView) view.findViewById(R.id.imvBasic);
     imvScene = (ImageView) view.findViewById(R.id.imvScene);
     imvLinkage = (ImageView) view.findViewById(R.id.imvLinkage);
     imvPaint = (ImageView) view.findViewById(R.id.imvPaint);
//设置监听
     tvBasic.setOnClickListener(new OnClickListener() {
         public void onClick(View v) {
             // TODO Auto-generated method stub
             if (imvBasic.getVisibility()==View.VISIBLE) {
                 MainActivity activity = (MainActivity)getActivity();
                 activity.setPage(1);//跳转到基本界面
             }else {
                 setImvInvisible();
                 imvBasic.setVisibility(View.VISIBLE);
             }
         }
     });
     tvScene.setOnClickListener(new OnClickListener() {
         public void onClick(View v) {
             // TODO Auto-generated method stub
```

```
            if (imvScene.getVisibility()==View.VISIBLE) {
                MainActivity activity = (MainActivity)getActivity();
                activity.setPage(3);//跳转到模式界面
            }else {
                setImvInvisible();
                imvScene.setVisibility(View.VISIBLE);
            }
        }
    });
    tvLinkage.setOnClickListener(new OnClickListener() {
        public void onClick(View v) {
            // TODO Auto-generated method stub
            if (imvLinkage.getVisibility()==View.VISIBLE) {
                MainActivity activity = (MainActivity)getActivity();
                activity.setPage(2);//跳转到联动界面
            }else {
                setImvInvisible();
                imvLinkage.setVisibility(View.VISIBLE);
            }
        }
    });
    tvPaint.setOnClickListener(new OnClickListener() {
        public void onClick(View v) {
            // TODO Auto-generated method stub
            if (imvPaint.getVisibility()==View.VISIBLE) {
                MainActivity activity = (MainActivity)getActivity();
                activity.setPage(4);//跳转到绘图界面
            }else {
                setImvInvisible();
                imvPaint.setVisibility(View.VISIBLE);
            }
        }
    });
    return view; //返回 view
}
/**
 * 方法名称：setImvInvisible
 * 方法功能：隐藏所有图形按钮
 * 返回值：无
```

```
     */
    private void setImvInvisible() {
        imvBasic.setVisibility(View.INVISIBLE);
        imvScene.setVisibility(View.INVISIBLE);
        imvLinkage.setVisibility(View.INVISIBLE);
        imvPaint.setVisibility(View.INVISIBLE);
    }
}
```

其中，【setPage(int)】方法是在【MainActivity】类中声明的自定义方法，具体代码如下：

```
/**
 * 方法名称：setPage
 * 方法功能：设置 ViewPager 显示项
 * 返回值：无
 */
public void setPage(int page){
    mViewPager.setCurrentItem(page);
}
```

3.6.10 联动控制

联动控制的功能主要有下拉框选项的加载与记录、控制类型的记录、判断设置的条件是否符合当前的环境条件、实现联动控制逻辑和使用计时器实现联动代码的不断循环执行。

3.6.10.1 联动界面变量声明与控件绑定

依次单击展开【src】→【myfragment】目录后，双击打开【LinkageFragment.java】源文件，为联动界面所需的变量或控件进行声明与控件绑定，具体代码如【文件 3-44】所示。

【文件 3-44】联动界面的变量声明与控件绑定

```
public class LinkageFragment extends Fragment {
 //变量声明
 private View view;
 Spinner spSensors,spCompare1,spCompare2,spDevices;
 int sensorIndex=0;
int compare1Index=0;
int devicesIndex=0;
int compare2Index=0; //索引默认为 0
 CheckBox cb1,cb2;
```

```
    EditText etThreshold1,etThreshold2;
    Timer timer;
    @Override
    public View onCreateView(LayoutInflater inflater, ViewGroup container,
            Bundle savedInstanceState) {
        // TODO Auto-generated method stub
        view = inflater.inflate(R.layout.fragment_linkage, null);//绑定布局
        //控件绑定
        etThreshold2 = (EditText) view.findViewById(R.id.etThreshold2);
        etThreshold1 = (EditText) view.findViewById(R.id.etThreshold1);
        cb1 = (CheckBox) view.findViewById(R.id.checkBox1);
        cb2 = (CheckBox) view.findViewById(R.id.CheckBox01);
        spDevices = (Spinner) view.findViewById(R.id.spDevices);
        spCompare2 = (Spinner) view.findViewById(R.id.spCompare2);
        spSensors = (Spinner) view.findViewById(R.id.spSensors);
        spCompare1 = (Spinner) view.findViewById(R.id.spCompare1);
        return view;     //返回 view
    }
   }
```

3.6.10.2　下拉框选项的加载与记录

本节将通过图形化操作，静态加载下拉框的选项。

（1）右击工程目录中的【values】文件夹，依次选择【New】→【Android XML File】命令后，在此文件下新建一个【New Android XML File】文件，如图 3-63 所示。

图 3-63　【New Android XML File】文件

（2）输入文件命名为“item”，根元素【Root Element】选择为【resources】元素后，单击【Finish】按钮完成资源文件的创建，这时会出现如图 3-64 的默认的资源界面（若非图形化界面，可单击黑框标注的【Resources】选项卡）。

图 3-64　默认的资源界面

（3）单击【Add...】按钮，选择【String Array】选项后，再单击【OK】按钮，在右侧【Name】处输入名字“Sensors”，如图 3-65 所示。

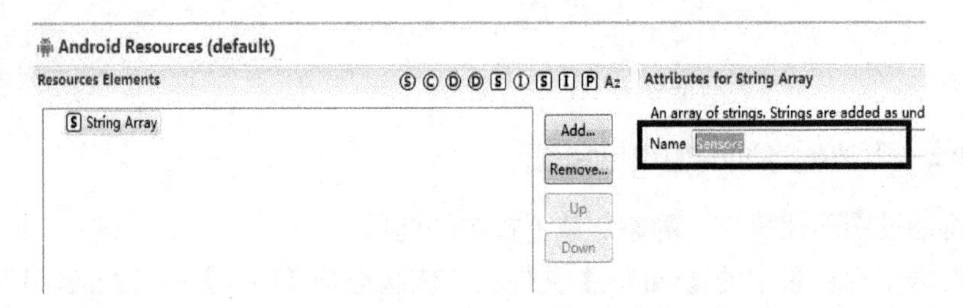

图 3-65　添加名字

（4）在窗口左侧的【Resource Elements】资源元素列表中，选中【Sensors(String Array)】元素，单击【Add...】按钮后，再选择【Item】元素，如图 3-66 所示。

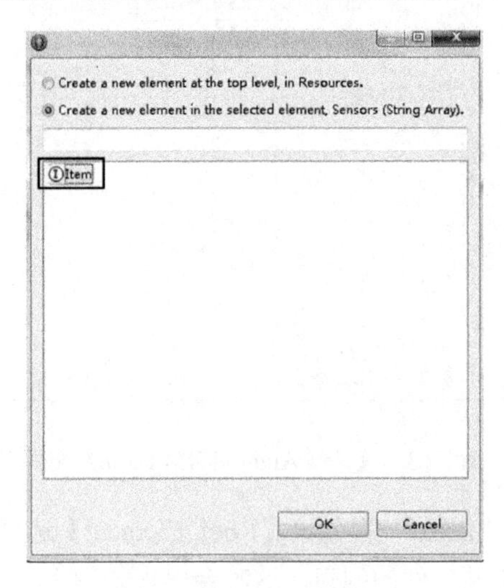

图 3-66　添加【Item】元素

（5）单击【OK】按钮后，在左侧列表中选中【Item】，在右侧的【Value】值中设置为“温度”，如图 3-67 所示。

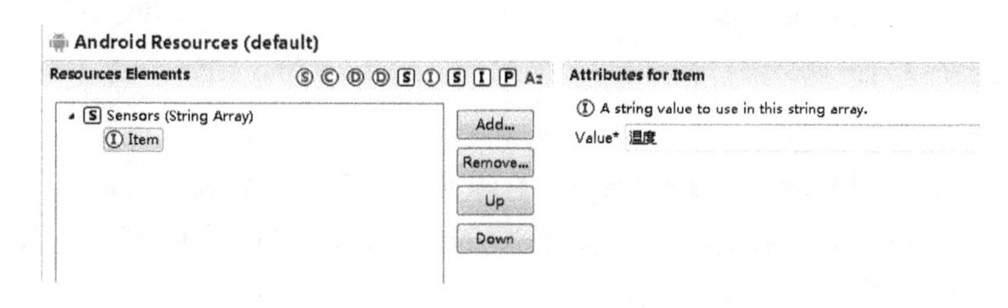

图 3-67　设置【Item】值

接着再添加一个【Item】并在右侧的【Value】值中设置为“光照”。

（6）重复（3）、（4）步骤，创建两个比较条件所需的【Compare1】元素和【Compare2】元素，以及设备控制所需的设备元素【Devices】，创建完成后的结构如图 3-68 所示，其 item.xml 代码如【文件 3-45】所示。

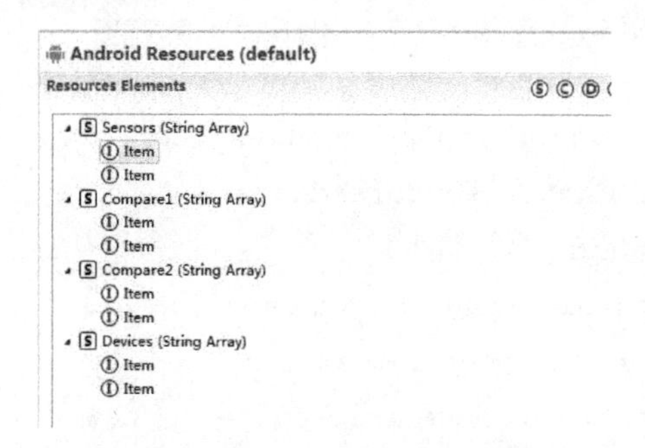

图 3-68　“item.xml”资源结构

【文件 3-45】item.xml

```
<?xml version="1.0" encoding="utf-8"?>
<resources>
    <string-array name="Sensors">
        <item >温度</item>
        <item >光照</item>
    </string-array>
    <string-array name="Compare1">
        <item >&gt;</item>
        <item >&lt;=</item>
    </string-array>
    <string-array name="Compare2">
        <item >&gt;</item>
        <item >&lt;=</item>
    </string-array>
```

```
<string-array name="Devices">
    <item >报警灯开</item>
    <item >LED 射灯全开</item>
</string-array>
</resources>
```

（7）双击打开【LinkageFragment.java】源文件，在【onCreateView (LayoutInflater, ViewGroup,Bundle)】方法内的控件绑定之后，再加载选项，并在设置监听中记录选中项的索引。具体代码如【文件 3-46】所示。

【文件 3-46】下拉框选项的加载与监听

```
//将 item.xml 的选项显示到下拉框中
//温度和光照选项的显示
String[] sensorsStrings = getResources().
getStringArray(R.array.Sensors);
ArrayAdapter<String> sensorsAdapter = new
    ArrayAdapter<String> ((MainActivity)getActivity(),
   android.R.layout.simple_dropdown_item_1line,sensorsStrings);
spSensors.setAdapter(sensorsAdapter);
//条件 1 >、<的显示
String[] compare1Strings = getResources().
getStringArray (R.array.Compare1);
ArrayAdapter<String> compare1Adapter = new
    ArrayAdapter<String> ((MainActivity)getActivity(),
    android.R.layout.simple_dropdown_item_1line,compare1Strings);
spCompare1.setAdapter(compare1Adapter);
//条件 2 >、<的显示
String[] compare2Strings = getResources().
getStringArray(R.array. Compare2);
ArrayAdapter<String> compare2Adapter = new
     ArrayAdapter<String> ((MainActivity)getActivity(),
     android.R.layout.simple_dropdown_item_1line, compare2Strings);
spCompare2.setAdapter(compare2Adapter);
//报警灯开、LED 射灯全开选项的显示
String[] devicesStrings = getResources().
getStringArray(R.array. Devices);
ArrayAdapter<String> devicesAdapter = new
     ArrayAdapter<String> ((MainActivity)getActivity(),
     android.R.layout.simple_dropdown_item_1line,devicesStrings);
spDevices.setAdapter(devicesAdapter);
```

```
//设置监听
    spDevices.setOnItemSelectedListener(new OnItemSelectedListener() {
        public void onItemSelected(AdapterView<?> arg0, View arg1,
                int arg2, long arg3) {
            // TODO Auto-generated method stub
            devicesIndex = arg2; //记录Devices选项的索引
        }
        public void onNothingSelected(AdapterView<?> arg0) {
            // TODO Auto-generated method stub
        }
    });
    spCompare2.setOnItemSelectedListener(new OnItemSelectedListener() {
        public void onItemSelected(AdapterView<?> arg0, View arg1,
                int arg2, long arg3) {
            // TODO Auto-generated method stub
            compare2Index = arg2; //记录Compare2选项的索引
        }
        public void onNothingSelected(AdapterView<?> arg0) {
            // TODO Auto-generated method stub
        }
    });
    spSensors.setOnItemSelectedListener(new OnItemSelectedListener() {
        public void onItemSelected(AdapterView<?> arg0, View arg1,
                int arg2, long arg3) {
            // TODO Auto-generated method stub
            sensorIndex = arg2; //记录Sensors选项的索引
        }
        public void onNothingSelected(AdapterView<?> arg0) {
            // TODO Auto-generated method stub
        }
    });
    spCompare1.setOnItemSelectedListener(new OnItemSelectedListener() {
        public void onItemSelected(AdapterView<?> arg0, View arg1,
                int arg2, long arg3) {
            // TODO Auto-generated method stub
            compare1Index = arg2; //记录条件1Compare1选项的索引
        }
        public void onNothingSelected(AdapterView<?> arg0) {
            // TODO Auto-generated method stub
```

```
        }
    });
```

3.6.10.3 控制类型的记录

控制类型有多种，一是单步控制（【controlType】为 0），二是联动控制（【controlType】为 1 或 2 或 3 或 4，具体作用见代码【文件 3-47】），三是模式控制（【controlType】为 6 或 7），【controlType】在不同值的情况下代表不同的控制类型。对于联动控制来说，界面上对两个复选框的选中决定了当前联动控制的控制类型是什么，这里简称为复选框 1 和复选框 2，相对应的功能简称为功能 1 和功能 2。

双击打开【LinkageFragment.java】源文件，在【onCreateView (LayoutInflater, ViewGroup,Bundle)】方法内的控件绑定之后，设置复选框状态发生改变的监听，记录当前的控制类型，代码如【文件 3-47】所示。

【文件 3-47】控制类型的记录

```
cb1.setOnCheckedChangeListener(new OnCheckedChangeListener() {

        public void onCheckedChanged(CompoundButton buttonView,
           boolean isChecked) {
            // TODO Auto-generated method stub
            if (isChecked) {
                MainActivity.controlType = 1; // 控制类型赋值为 1
            }else {
                MainActivity.controlType = 2; // 控制类型赋值为 2
            }
        }
    });
    cb2.setOnCheckedChangeListener(new OnCheckedChangeListener() {

        public void onCheckedChanged(CompoundButton buttonView,
            boolean isChecked) {
            // TODO Auto-generated method stub
            if (isChecked) {
                MainActivity.controlType = 3; // 控制类型赋值为 3
            }else {
                MainActivity.controlType = 4; // 控制类型赋值为 4
            }
        }
    });
```

【技术点评】

利用控制类型变量【controlType】区分当前处于何种控制。当复选框 1 被选中，控制类型 controlType 赋值为 1，否则为 2。当复选框 2 被选中，控制类型 controlType 赋值为 3，否则为 4。

3.6.10.4　判断条件是否符合

判断条件是否符合指的是判断用户设置的条件是否符合当前环境条件。双击打开【LinkageFragment.java】源文件，在其内部声明自定义方法【isRight(int,double,double)】。具体代码如【文件 3-48】所示。

【文件 3-48】public boolean isRight(int,double,double)

```
/**
 * 方法名称：isRight
 * 方法功能：根据条件（大于或者小于）的选择，判断传感器数据 enValue 与阈值 threshold
是否符合条件，符合返回 true，否则返回 false
 * 返回值：boolean
 *
 */
public boolean isRight (int index,double enValue,double threshold){
    switch(index){
    case 0:
        return enValue > threshold?true:false;
    case 1:
        return enValue <= threshold?true:false;
    }
    return false;
}
```

3.6.10.5　联动控制逻辑

有了前面几节的基础，实现联动控制逻辑则变得比较简单：判断当前处于何种控制类型，调用【isRight(int,double,double)】方法判断条件设置是否符合当前的环境条件，若符合则执行联动控制，若输入有误则进行相应提示并取消复选框的选中。双击打开【LinkageFragment.java】源文件，在其内部声明自定义方法【linkageControl ()】。具体代码如【文件 3-49】所示。

【文件 3-49】public void linkageControl()

```
/**
 * 方法名称：linkageControl
 * 方法功能：联动控制
 * 返回值：无
 *
 */
public void linkageControl(){
    try {
        if (MainActivity.controlType==1) {
            // 控制类型为 1，代表复选框 1 被选中
            String yuzhi =etThreshold1.getText().toString();
            if (sensorIndex!=0) {
                sensorIndex = 2;
            }
            // 若传感器数据和阈值符合比较条件
            if (isRight(compare1Index,
                Double.valueOf(MainActivity. sensorData[sensorIndex]),
                Double.valueOf(yuzhi))) {
                MainActivity.KFan = 1; // 控制风扇开
            }else {
            //否则
                MainActivity.KFan = 0; // 控制风扇关
        }
        // 若取消复选框 1 的选中，控制风扇关
        }else if (MainActivity.controlType==2) {
            MainActivity.KFan = 0;
        }
    } catch (NumberFormatException e) {
        // 当阈值为空或阈值输入错误时捕捉错误
        // TODO Auto-generated catch block
        e.printStackTrace();
        cb1.setChecked(false);
        if (etThreshold1.getText().toString().equals("")) {
            Toast.makeText((MainActivity)getActivity(),
                "阈值不能为空", 500).show();
        }else {
            Toast.makeText((MainActivity)getActivity(),
```

```
                "阈值输入错误", 500).show();
        }
    }
    try {
        if (MainActivity.controlType==3) {
            // 控制类型为 3 时代表复选框 2 被选中
            String yuzhi =etThreshold2.getText().toString();
            // 若传感器数据和阈值符合比较条件
            if (isRight(compare2Index,
                Double.valueOf(MainActivity.sensorData[2]),
                Double.valueOf(yuzhi))) {
                if (devicesIndex==0) {// 若当前选项是报警灯开
                    MainActivity.kWarningLight = 1; // 控制报警灯开
                }else if (devicesIndex==1) {// 若当前选项是 LED 射灯全开
                    MainActivity.kLamp = 1; // 控制 LED 射灯开
                }
            }else {// 否则不符合条件时
                if (devicesIndex==0) {// 若当前选项是报警灯开
                    MainActivity.kWarningLight = 0; // 控制报警灯关
                }else if (devicesIndex==1) {// 否则若选项是 LED 射灯全开
                    MainActivity.kLamp = 0; // 控制 LED 射灯关
                }
            }
          // 若取消复选框 2 的选中，控制相应设备的关
          }else if (MainActivity.controlType==4) {
            if (devicesIndex==0) {
                MainActivity.kWarningLight = 0;
            }else if (devicesIndex==1) {
                MainActivity.kLamp = 0;
            }
        }
    } catch (NumberFormatException e) {
    // 当阈值为空或阈值输入错误时捕捉错误
        e.printStackTrace();
        cb2.setChecked(false);
        if (etThreshold2.getText().toString().equals("")) {
            Toast.makeText((MainActivity)getActivity(),
                "阈值不能为空", 500).show();
        }else {
```

```
                Toast.makeText((MainActivity)getActivity(),
                    "阈值输入错误", 500).show();
            }
        }
    }
```

【技术点评】

当复选框 1 被选中时，判断温度或湿度阈值是否符合环境条件，执行相应控件的联动，若阈值输入的格式有误则捕捉异常，执行 catch 代码块，用 Toast 提示阈值为空或者输入有误。当复选框 2 被选中时，逻辑与上述类似。

3.6.10.6 计时器的使用

不同于 3.6.5.5 节计时器的使用，这一节用到的计时器是在【Fragment】类中，需要通过 Handler 通信机制实现计时器任务的执行。双击打开【LinkageFragment.java】源文件，在【onCreateView (LayoutInflater, ViewGroup,Bundle)】方法内部添加计时器代码块，用于不断循环执行联动控制的代码。具体代码如【文件 3-50】所示。

【文件 3-50】timer 线程不断循环执行联动逻辑

```
// 计时器实现联动控制
final Handler handler = new Handler(){
        @Override
        public void handleMessage(Message msg) {
            // TODO Auto-generated method stub
            super.handleMessage(msg);
            linkageControl();// 联动控制
        }
    };
    TimerTask task = new TimerTask() {
        @Override
        public void run() {
            // TODO Auto-generated method stub
            Message msg = new Message();
            handler.sendMessage(msg);
        }
    };
    timer = new Timer(true);
    timer.schedule(task, 0,1000);
```

【技术点评】

联动控制的测试逻辑如下：

(1) 进入联动控制界面后，直接单击选中复选框 1，看是否有 Toast 提示“阈值不能为空”；

(2) 在功能 1 的阈值框中输入“26a”，单击复选框 1，看是否有 Toast 提示“阈值输入错误”；

(3) 将功能 1 的阈值改为“26”，单击复选框 1，看是否能够在条件符合的情况下打开设备，在不符合的情况下关闭设备；改变功能 1 的环境条件，选为“光照”，看是否能够达到上述的控制逻辑；

(4) 改变功能 1 的比较条件，选为“<=”，看是否能够在条件符合的情况下打开设备，在不符合的情况下关闭设备；

(5) 功能 2 的测试与功能 1 类似，这里不再赘述。测试的原则是保证控制逻辑代码全部被执行到，注意看条件符合的时候是否能够控制设备，条件不符合的时候是否能够关闭设备。

3.6.11　模式控制

模式控制功能：实现模式控制的开始与关闭、实现模式控制逻辑和使用计时器不断循环执行模式控制的代码。

3.6.11.1　模式界面变量声明与控件绑定

双击打开【SceneFragment.java】源文件，加入变量声明、控件声明与绑定的代码，如【文件 3-51】所示。

【文件 3-51】模式界面变量声明与控件绑定

```
public class SceneFragment extends Fragment{
 //变量声明
 private View view;
 Timer timer;
 RadioButton raDay,raNight,raMusic,raSecurity;
 int count;
 ToggleButton tbStart;
     @Override
 public View onCreateView(LayoutInflater inflater, ViewGroup container,
        Bundle savedInstanceState) {
```

```
        // TODO Auto-generated method stub
        view = inflater.inflate(R.layout.fragment_scene, null);//绑定布局
        //控件绑定
        tbStart = (ToggleButton) view.findViewById(R.id.tbStart);
        raDay = (RadioButton) view.findViewById(R.id.raDay);
        raNight = (RadioButton) view.findViewById(R.id.raNight);
        raMusic = (RadioButton) view.findViewById(R.id.raMusic);
        raSecurity = (RadioButton) view.findViewById(R.id.raSecurity);
    return view; //返回view
    }
    }
```

3.6.11.2　模式控制开关

双击打开【SceneFragment.java】源文件，在【onCreateView (LayoutInflater, ViewGroup,Bundle)】方法内部的控件绑定之后，为开启模式控制的触发按钮【tbStart】设置监听事件，记录当前的控制类型，便于判断当前的模式状态，具体代码如【文件 3-52】所示。

【文件 3-52】触发按钮【tbStart】设置监听

```
    tbStart.setOnCheckedChangeListener(new OnCheckedChangeListener() {

            public void onCheckedChanged(CompoundButton buttonView,
                boolean isChecked) {
                // TODO Auto-generated method stub
                if (isChecked) {
                  // 触发按钮选中时，控制类型为 6，代表开启模式控制
                    MainActivity.controlType = 6;
                }else {
                  // 未选中触发按钮时，控制类型为 7，代表关闭模式控制
                    MainActivity.controlType = 7;
                  // 关闭模式控制时，关闭报警灯
                    MainActivity.kWarningLight = 0;
                }
            }
        });
```

3.6.11.3　模式控制逻辑

在【SceneFragment.java】中声明自定义方法【init()】，实现设备的初始化。声明自定义方法【sceneControl( )】实现模式控制，具体代码如【文件 3-53】所示。

【文件 3-53】public void init( )设备初始化

```
/**
 * 方法名称：init
 * 方法功能：设备初始化
 * 返回值：无
 */
public void init(){
    MainActivity.KFan = 0;
    MainActivity.kLamp = 0;
    MainActivity.kWarningLight = 0;
}
/**
 * 方法名称：sceneControl
 * 方法功能：模式控制
 * 返回值：无
 */
public void sceneControl(){
    if (MainActivity.controlType==6) { //控制类型为 6 时，开启模式控制
        if (raDay.isChecked()) {  //白天模式
            init();
            MainActivity.kLamp = 0;
            MainActivity.kCurtain = 2;
            if (Double.valueOf(MainActivity.sensorData[2])>200) {
                MainActivity.KFan = 1;
            }else {
                MainActivity.KFan = 0;
            }
        }else if (raNight.isChecked()) {  //夜间模式
            init();
            MainActivity.kLamp = 1;
            MainActivity.kCurtain = 1;
            if (Double.valueOf(MainActivity.sensorData[4])>230) {
                MainActivity.KFan = 1;
            }else {
                MainActivity.KFan = 0;
            }
        }else if (raMusic.isChecked()) {   //歌舞模式
            init();
            count++;
           MainActivity.KFan = 1;
            switch(count%5){
            case 0:
                MainActivity.kLamp = 1;
                break;
```

```
            case 4:
                MainActivity.kLamp = 0;
                break;
            }
        }else if (raSecurity.isChecked()) {  //安防模式
            init();
            if (Double.valueOf(MainActivity.sensorData[8])!=0) {
                MainActivity.kWarningLight = 1;
                MainActivity.kLamp = 1;
            }
        }
    }
}
```

【技术点评】

【MainActivity.controlType】为 6 时代表进入模式控制，根据各单选按钮的选中进入相应模式，通过给控制变量赋值，控制相应设备。

3.6.11.4 计时器的使用

利用计时器任务调用【sceneControl()】方法，从实现模式控制逻辑的不断循环执行，计时器的使用参见 3.6.10.6 节。

【技术点评】

为了看到明显调试效果，首先从夜晚模式开始调试；其次调试白天模式，再次调试歌舞模式，最后调试防盗模式。

单击选中【radiobutton】单选按钮，使程序进入相应模式，可借助【android.util.log】类的静态方法，在计时器任务中输出当前所处的模式，以判断模式之间是否能够正常跳转。能够正常跳转后，再确定相应模式是否按照题目要求控制了设备开关，若不能正常控制，请查看控制变量是否赋值正确。

3.6.12 绘图功能

实现绘图功能需要三步：第一，创建 View 类，为绘制自定义的图表控件做准备；第二，绘制静态的柱状图和表格；第三，通过计时器任务实现动态赋值，生成动态图表。

3.6.12.1　创建 View 类

创建 View 类与创建 Activity 或者 Fragment 类相似，不同的是继承的基类是【View】类。

（1）先在【src】文件夹下新建包，命名为“myview”（新建包的过程参考 3.4.1 节新建主界面源代码文件），再新建【Class】文件，命名为“HistogramView”，继承【View】，如图 3-69 所示。

（2）单击【Finish】按钮后，会出现报错信息，如图 3-70 所示。

（3）依次添加系统提示的 3 个解决方案，如图 3-71 所示。

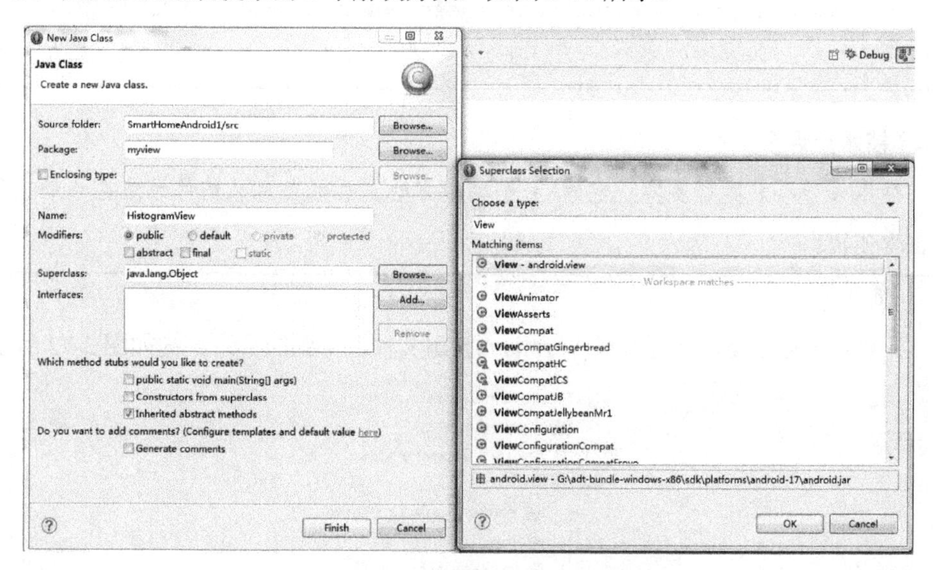

图 3-69　【HistogramView】类的创建

```
public class HistogramView extends View {

}
```

图 3-70　报错信息

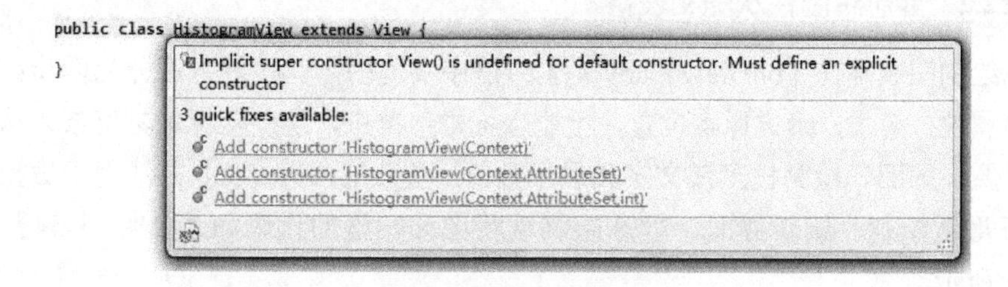

图 3-71　系统解决方案

（4）添加如图 3-71 所示的 3 个解决方案后（技巧：可注释掉已经添加的构造方法，继续添加未添加的方案，最后取消注释），会自动添加以下代码：

```
public HistogramView(Context context) {
    super(context);
```

```
        // TODO Auto-generated constructor stub
    }
    public HistogramView(Context context, AttributeSet attrs) {
        super(context, attrs);
        // TODO Auto-generated constructor stub
    }

    public HistogramView(Context context, AttributeSet attrs, int defStyle) {
        super(context, attrs, defStyle);
        // TODO Auto-generated constructor stub
    }
```

【技术点评】

继承【View】类需要实现它的 3 个构造方法，否则自定义控件无法在布局文件中正常使用。

（5）重复上述步骤，建【TableView.java】源文件，得到的目录结构如图 3-72 所示。

图 3-72　建自定义【View】后的目录结构

3.6.12.2　静态绘制柱状图和表格

静态绘制图表是在【onDraw(Canvas)】方法中实现的，其实现方法分为四步：第一，设置画笔属性；第二，确定原点位置，绘制坐标轴；第三，绘制坐标轴刻度或表格，并记录刻度位置；第四，绘制柱形或文字和显示数值。提供【reDraw()】方法用于数据发生改变后进行重新绘制，刷新界面。静态绘制柱状图和表格的代码如【文件 3-54】和【文件 3-55】所示。

【文件 3-54】HistogramView.java

```
public class HistogramView extends View{
// 传感器名字，显示在 X 坐标轴的标签
public static String[] sensorName  = new String[]{"温度","湿度","烟雾",
        "燃气","光照","气压","CO₂","PM25","人体"};
```

```
    // 传感器值
    public static String[] sensorData  = new String[]
        {"0","0","0","0","0","0","0","0","0"};
    // 颜色值
    private String colors[] = {"#2cbae7", "#ffa500", "#ff5b3b","#9fa0a4",
        "#6a71e5", "#f83f5d", "#64a300", "#64ef85", "#ffa500"};
   // 构造方法
    public HistogramView (Context context) {
        super(context);
        // TODO Auto-generated constructor stub
    }
   // 构造方法
    public HistogramView (Context context, AttributeSet attrs) {
        super(context, attrs);
        // TODO Auto-generated constructor stub
    }
   // 构造方法
    public HistogramView (Context context, AttributeSet attrs, int defStyle)
{
        super(context, attrs, defStyle);
        // TODO Auto-generated constructor stub
    }
    // 重写 onDraw(Canvas canvas)方法，画图开始
    @Override
    protected void onDraw(Canvas canvas) {
        // TODO Auto-generated method stub
        super.onDraw(canvas);
        Paint paint = new Paint(Paint.ANTI_ALIAS_FLAG); // 画笔 消除锯齿
   paint.setTextSize(20);//设置字体大小
        Point origin = new Point(50,250); // 原点坐标（50，250）
        //画出 X 轴
        canvas.drawLine(origin.x-20, origin.y, 500, origin.y, paint);
        //画出 Y 轴
        canvas.drawLine(origin.x, origin.y+20, origin.x, 0, paint);
        //画出原点
        canvas.drawCircle(origin.x, origin.y, 3, paint);
        //记录 X 坐标
        int[] xZhou = new int[9];
        for (int i = 1; i < 10; i++) {
```

```
            xZhou[i-1] = 20+i*55;;
        }
    //画 X 轴文字
            if (sensorName!=null) {
            for (int i = 0; i < sensorName.length; i++) {
                canvas.drawText(sensorName[i], xZhou[i], origin.y+20, paint);
            }
        }
        //记录 Y 坐标
        int[] yZhou = new int[9];
        for (int i = 0; i < 9; i++) {
            canvas.drawLine(origin.x, origin.y-i*50, origin.x+500, origin.
y-i*50, paint);
            yZhou[i] = origin.y-i*50;
        }
        //画 Y 轴刻度
        for (int i = 0; i < yZhou.length; i++) {
            canvas.drawText(i*400+"", 0, 250-i*50, paint);
        }
        float zoom = 50f/400; //缩放值
        for (int i = 0; i < 9; i++) {
            //设置颜色
            paint.setColor(Color.parseColor(colors[i]));
            //绘制柱状
            Rect rect = new Rect(xZhou[i],(int) (origin.y-(Float.
               parseFloat(sensorData[i])*zoom)),xZhou[i]+40,origin.y);
            canvas.drawRect(rect, paint);
            //柱状图的数值显示
            canvas.drawText(sensorData[i], xZhou[i], origin.y-(Float.
                parseFloat (sensorData[i])*zoom)-5, paint);
        }
    }
    //重新绘制，刷新界面
    public void reDraw(){
        postInvalidate();
    }
    }
```

【文件 3-55】TableView.java

```
public class TableView extends View{
// 传感器名字，显示在 x 坐标轴的标签
public static String[] sensorName = new String[]{"类型","温度","湿度",
    "烟雾","燃气","光照","气压","CO2","PM25","人体"};
// 传感器值
public static String[] value  = new String[]
    {"数值","0","0","0","0","0","0","0","0","0"};
public int count = 7; // 数值编号
// 构造方法
public TableView(Context context) {
    super(context);
    // TODO Auto-generated constructor stub
}
// 构造方法
public TableView(Context context, AttributeSet attrs) {
    super(context, attrs);
    // TODO Auto-generated constructor stub
}
// 构造方法
public TableView(Context context, AttributeSet attrs, int defStyle) {
    super(context, attrs, defStyle);
    // TODO Auto-generated constructor stub
}
// 重写 onDraw(Canvas canvas)方法，画图开始
@Override
protected void onDraw(Canvas canvas) {
    // TODO Auto-generated method stub
    super.onDraw(canvas);
   // 画笔的实例化， 消除锯齿
    Paint paint = new Paint(Paint.ANTI_ALIAS_FLAG);
    paint.setTextSize(20);//设置字体大小
    Point origin = new Point(20,20); // 原点坐标 (20, 20)
    // 画出表格的 11 根横线
    for (int i = 0; i < 11; i++) {
        canvas.drawLine(origin.x, origin.y+i*40,
            origin.x+200, origin.y+i*40, paint);
    }
```

```
    // 画出表格的 3 根竖线
    for (int i = 0; i < 3; i++) {
        canvas.drawLine(origin.x+i*100, origin.y,
            origin.x+i*100, origin.y+400, paint);
    }
    //画出传感器名字
    if (sensorName!=null) {
        for (int i = 0; i < sensorName.length; i++) {
            canvas.drawText(sensorName [i], origin.x+5,
                origin.y+30+i*40, paint);
        }
    }
//显示传感器的数值
    if (value!=null) {
        for (int i = 0; i < value.length; i++) {
            canvas.drawText(value[i], origin.y+105,
                origin.y+30+i*40, paint);
        }
    }
}
//重新绘制，刷新界面
public void reDraw(){
    postInvalidate();
}
}
```

3.6.12.3 动态赋值

【HistogramView】类的【sensorData】字符串数组和【TableView】类的【value】字符串数组都是为动态赋值提供的成员变量。只需要改变两个数组的元素值，再调用【reDraw()】方法即可实现动态图表的绘制。

（1）双击打开【fragment_paint.xml】文件，取消对【myview.HistogramView】控件和【myview. TableView】控件的注释，或者拖曳自定义的柱状图和表格到绘图界面，切换到【Graphical Layout】选项卡，可以看到自定义的静态视图。如 3.3.11 节绘图界面的图 3-32 所示。

（2）双击打开【PaintFragment.java】源文件，在【onCreateView(LayoutInflater, ViewGroup,Bundle)】方法内部添加如【文件 3-56】所示的【PaintFragment.java】源文件的代码。

【文件 3-56】PaintFragment.java

```
public class PaintFragment extends Fragment{
 //变量声明
 private View view;
 boolean isOn = false;
 String perString = "";
 Button btnStart;
 TableView tableView;
 int index;
 Timer timer;
 HistogramView histogramView;
 @Override
 public View onCreateView(LayoutInflater inflater, ViewGroup container,
         Bundle savedInstanceState) {
     // TODO Auto-generated method stub
     //控件绑定
     view = inflater.inflate(R.layout.fragment_paint, null);//绑定布局
     histogramView = (HistogramView) view.
         findViewById(R.id.histogramView);
     tableView = (TableView) view.findViewById(R.id.tableView);
     btnStart = (Button) view.findViewById(R.id.btnStart);
    //开关变量赋值，决定是否开启绘图
     btnStart.setOnClickListener(new OnClickListener() {

         public void onClick(View v) {
             // TODO Auto-generated method stub
             isOn = btnStart.getText().toString().
                   equals("ON")?true:false;
             if (isOn) {
                btnStart.setText("OFF");
             }else {
                btnStart.setText("ON");
             }
         }
     });

     final Handler handler = new Handler(){
```

```
        @Override
        public void handleMessage(Message msg) {
            // TODO Auto-generated method stub
            super.handleMessage(msg);
                histogramInformation();//表格数据更新
                tableInformation();//柱状图数据更新
                histogramView.reDraw();//重新绘图
                tableView.reDraw();//重新绘表
        }
    };
    TimerTask task = new TimerTask() {
        @Override
        public void run() {
            // 根据开关值决定是否进行重新绘图
            if (isOn) {
                Message msg = new Message();
                handler.sendMessage(msg);
            }
        }
    };
    timer = new Timer(true);
    timer.schedule(task, 0,1000);
    return view; //返回 view
}
/**
 * 方法名称：tableInformation
 * 方法功能：表格数据更新
 * 返回值：无
 *
 */
public void tableInformation(){
    try {
        tableView.value[1] = MainActivity.sensorData[0]+"";
        tableView.value[2] = MainActivity.sensorData[1]+"";
        tableView.value[3] = MainActivity.sensorData[4]+"";
        tableView.value[4] = MainActivity.sensorData[3]+"";
        tableView.value[5] = MainActivity.sensorData[2]+"";
        tableView.value[6] = MainActivity.sensorData[5]+"";
        tableView.value[7] = MainActivity.sensorData[6]+"";
```

```
            tableView.value[8] = MainActivity.sensorData[7]+"";
            tableView.value[9] = MainActivity.sensorData[8]+"";
        } catch (Exception e) {
            // TODO Auto-generated catch block
            e.printStackTrace();
        }
    }
    /**
     * 方法名称：histogramInformation
     * 方法功能：柱状图数据更新
     * 返回值：无
     *
     */
    public void histogramInformation(){
        try {
            histogramView. sensorData  [0] =MainActivity.sensorData[0]+"";
            histogramView. sensorData  [1] =MainActivity.sensorData[1]+"";
            histogramView. sensorData  [2] =MainActivity.sensorData[4]+"";
            histogramView. sensorData  [3] =MainActivity.sensorData[3]+"";
            histogramView. sensorData  [4] =MainActivity.sensorData[2]+"";
            histogramView. sensorData  [5] =MainActivity.sensorData[5]+"";
            histogramView. sensorData  [6] =MainActivity.sensorData[6]+"";
            histogramView. sensorData  [7] =MainActivity.sensorData[7]+"";
            histogramView. sensorData  [8] =MainActivity.sensorData[8]+"";
        } catch (Exception e) {
            // TODO Auto-generated catch block
            e.printStackTrace();
        }
    }
}
```

【技术点评】

在【timer()】里调用赋值时，一定要调用每一个画图的重新绘图方法【reDraw()】，否则只会执行一次画图。

【附录 A】2017 智能家居安装与维护试题

赛题说明

1．注意事项

（1）检查比赛中使用的硬件设备、连接线、工具、材料和软件等是否齐全，计算机设备是否能正常使用；并在设备确认单和材料确认单上签工位号（汉字大写）。

（2）禁止携带和使用移动存储设备、计算器、通信工具及参考资料。

（3）在操作过程中，需要及时保存设备配置。在比赛过程中，不要对任何设备添加密码。

（4）比赛中禁止改变软件原始存放位置。

（5）比赛中禁止触碰、拆卸带有警示标记的设备、线缆和插座。

（6）仔细阅读比赛试卷，分析需求，按照试卷要求，进行设备配置和调试。

（7）比赛完成后，不得切断任何设备的电源，需保持所有设备处于工作状态。

（8）比赛完成后，比赛设备和比赛试卷请保留在座位上，禁止带出考场。

2．比赛软件环境

（1）物理机

- 操作系统：Windows 7（32 位）
- 开发环境：Eclipse
- 智能家居开发库、开发文档、配置文件
- 样板间控制软件

（2）虚拟机

- 操作系统：Ubuntu 10.10
- 开发环境：Qt Creator 2.4.1

3．赛题说明

（1）本次比赛的赛题由三部分组成，考核内容相互独立，单独评分。

（2）第一部分为智能家居设备安装调试以及应用配置，第二部分为智能家居网关应用配置，第三部分为智能家居移动终端软件应用配置。

（3）比赛时间总计 180 分钟，参赛选手可自由分配任务及时间。

（4）参赛选手需仔细阅读试题，按照试题要求填写答案或提交竞赛成果。

赛　　题

任务描述

某集团是一家从事高科技产品研发、生产和销售的大型企业，鉴于物联网技术的飞速发展，且应用越来越丰富，公司决定进军民用市场空间巨大的智能家居行业。经过几年的研发，公司已有一批较成熟的产品，现公司需要在盐城物联网产品与应用发布会上进行现场展示，要求你作为安装维护工程师来实现智能家居相关设备的安装和配置，以确保达到良好的产品与应用的展示效果。

方案设计

第一部分　智能家居设备安装调试以及应用配置

任务实施

本部分要求完成节点板配置。完成智能家居设备的安装、连线以及软件调试，实现如图 A-1 所示样板间电器布局图的效果（不含接线）。

说明：样板间里所有涉及 220V 强电部分都已经安装完毕，选手仅需针对弱电接线。相应软件存放在“桌面\竞赛材料”文件夹中。

图 A-1　样板间电器布局图

图 A-1 中的数字分别表示以下模块：

1：烟雾探测器

2：燃气探测器

3：人体红外监测器

4：PM2.5 监测器

5：CO_2 监测器

6：报警灯模块

7：换气扇模块

8：电视机模块

9：门禁模块

10～12：温、湿度，光照度模块

13：空调模块

14：DVD 模块

15：窗帘电机模块

16：A8 网关

17：路由器

18：智能网关

19：LED 射灯

一、设备配置

请根据表 A-1 所示的设备列表，使用智能家居应用配置软件，来配置对应的传感器设备和控制设备，使整个智能家居无线网络建立起来。

表 A-1　设备列表

序号	设备名称	板号
1	温、湿度监测器	4
2	照度监测器	5
3	烟雾探测器	6
4	燃气探测器	7
5	CO_2 监测器	13
6	PM2.5 监测器	8
7	气压监测器	3
8	人体红外监测器	2
9	LED 射灯	11
10	电动窗帘	10
11	电视机、空调、DVD	1
12	换气扇	12
13	报警灯	9

续表

序号	设备名称	板号
14	门禁系统	14
15	智能网关	无
16	无线路由器	无
17	云端服务器	无

二、设备安装

（1）温湿度监测器：按照样板间电器布局图，将温湿度监测器安装至指定位置并固定，完成设备供电。

（2）照度监测器：按照样板间电器布局图，将照度监测器安装至指定位置并固定，完成设备供电。

（3）烟雾探测器：按照样板间电器布局图，将烟雾探测器安装至指定位置并固定，完成设备供电。

（4）燃气探测器：按照样板间电器布局图，将燃气探测器安装至指定位置并固定，完成设备供电。

（5）CO_2 监测器：按照样板间电器布局图，将 CO_2 监测器安装至指定位置并固定，完成设备供电。

（6）PM2.5 监测器：按照样板间电器布局图，将 PM2.5 监测器安装至指定位置并固定，完成设备供电。

（7）气压监测器：按照样板间电器布局图，将气压监测器安装至指定位置并固定，完成设备供电。

（8）人体红外监测器：按照样板间电器布局图，将人体红外监测器安装至指定位置并固定，完成设备供电。

（9）LED 射灯：按照样板间电器布局图，将 LED 射灯安装至指定位置并固定，完成设备供电。

（10）电动窗帘：按照样板间电器布局图，将节点型继电器和电动窗帘导轨安装至指定位置并固定，完成设备供电。

（11）换气扇：按照样板间电器布局图，将电压型继电器和换气扇安装至指定位置并固定，完成设备供电。

（12）报警灯：按照样板间电器布局图，将报警灯安装至指定位置并固定，完成设备供电。

（13）空调：按照样板间电器布局图，将空调安装至指定位置并固定，完成设备供电。

（14）电视机：按照样板间电器布局图，将电视机安装至指定位置并固定，完成设备供电。

（15）DVD：按照样板间电器布局图，将 DVD 和音响安装至指定位置并固定，完成设备供电。

（16）门禁系统：按照样板间电器布局图，将电子插锁、刷卡器、门铃、开门按钮安装至指定位置，并固定。

（17）A8 网关：按照样板间电器布局图，将 A8 网关安装至指定位置并固定，完成设备供电。

（18）无线路由器、智能网关按照布局图，安装至指定位置，并按标准制作连接网线三根。

三、设备连接与调试

设计设备的连接线路，连线设备的电源线确认无误后通电运行，并进行设备调试。

（1）根据下列配置要求，完成智能家居样板间中硬件和软件的配置。

① 请根据设备列表配置表，来完成对传感器设备的配置工作。

② 完成对红外转发器红外通道配置工作，参考表 A-2。

表 A-2　红外模块功能对应学习频道号

红外模块功能	学习频道号
电视机开关功能	1
空调开关功能	2
DVD 开关仓功能（请选手自行打开电源）	3

（2）完成所有子系统的设备链连接工作，并对安装好的设备进行调试。

四、软件调试

（1）完成对无线路由器的配置，参考表 A-3。

（2）完成智能网关的配置。

（3）所有结果通过终端接入配置好的无线网络，结合第二部分与第三部分的软件，进行智能采集和智能操作控制。

表 A-3　配置表

项目	设定值
路由器 IP	18.1.10.1
服务器 IP	18.1.10.22
网关 IP	18.1.10.1～18.1.10.100
服务器掩码	255.255.0.0

第二部分　智能家居网关应用配置

任务实施

本部分要求完成智能家居网关与协调器的连接，智能家居网关与服务器的连接，实现QT 项目的创建以及界面、数据采集功能，实现对智能家居设备的控制和模拟应用配置，并完成网关移植。

说明：虚拟机登录及提升权限的密码是“bizideal”，所使用到的动态链接库lib-SmartHomeGateway-X86.so、lib-SmartHomeGateway-ARM.so,存放于虚拟机桌面素材(包括所有图片，完整头文件qextserialport.h、qextserialbase.h、posix_qextserialport.h、command.h、configure.h、jsoncommand.h、sql.h、log.h、tcpclientthread.h、tcpserver.h、tcpthread.h、VariableDefinition.h）文件夹中。烧写所使用的 Minitool 软件存放于桌面（竞赛材料)。

一、设备连接

完成 A8 网关与协调器的连接，A8 网关与服务器的连接。

二、保存方法

将整个 QT 工程保存到“虚拟机桌面\QT 工程×××”文件夹中（其中×××代表 3 位的工位号）。

三、界面及功能实现

（1）在图 A-2 中单击【注册账户】按钮进入如图 A-3 所示注册界面；单击【查看账户】按钮进入如图 A-9 所示查询界面；单击【管理账户】进入如图 A-10 所示管理界面；单击【关闭系统】退出系统；输入用户名、密码、服务器 IP、端口号后，单击“登录”按钮，若信息输入正确则进入如图 A-11 所示主界面（要求用户名、密码、服务器 IP、端口号有默认值）。

图 A-2　登录界面

（2）在没有输入用户名信息时单击注册，弹出如图 A-4 所示提示对话框；输入用户名没有输入密码，弹出图 A-5；没有输入确认密码，弹出如图 A-6 所示提示对话框；两次输入密码不一致时，弹出如图 A-7 所示提示对话框；输入正确密码后，弹出如图 A-8 所示提示对话框，单击右下角按钮返回图标，返回至登录界面。

图 A-3 注册界面

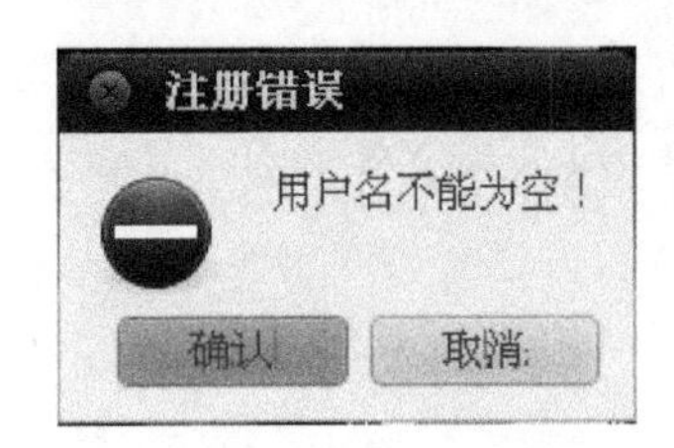

图 A-4 提示“用户名不能为空！”

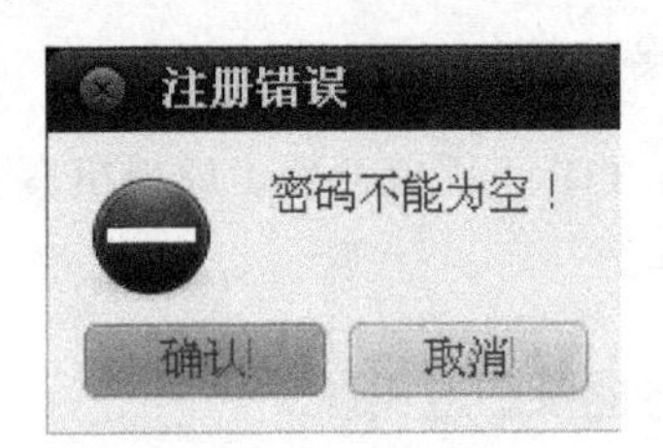

图 A-5 提示“密码不能为空！”

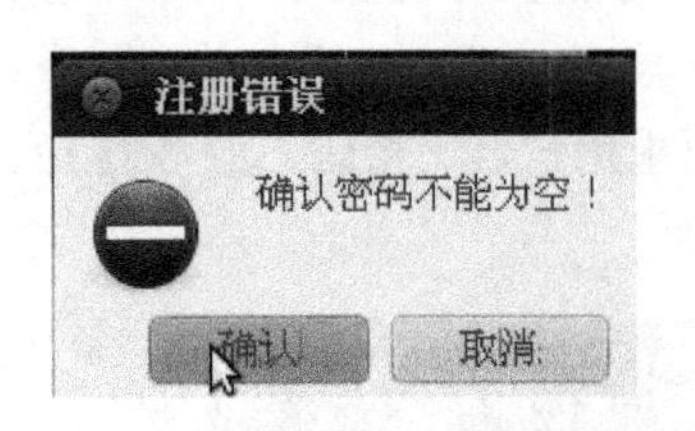

图 A-6 提示“确认密码不能为空！”

图 A-7 提示“两次密码不同！”

图 A-8 提示“欢迎使用”

（3）在图A-9中，单击右下角按钮，退出图A-9返回到图2-1中。

（4）在图A-10中，单击选中任意一行的某个单元格后，单击【删除账户】按钮后，删除选中的账户。表要同步更新。单击右下角按钮，关闭本窗口，返回到图A-2中。

图A-9　查询界面

图A-10　管理界面

（5）在图A-11中，选择正确的串口号、波特率、校验位、数据位（默认选择正确值）后，单击【打开串口】打开实际串口，同时按钮上的文字变化为【关闭串口】，单击【关闭串口】按钮，关闭实际串口。

图A-11　主界面

（6）服务器IP后的label显示正确的服务器IP（与路由器设置的服务器IP保持一致），端口号后的label显示应监听的服务器端口。单击【连接服务器】按钮，连接到样板间服务器上，此时按钮上的文字变为“已连接服务器”，并能正确传输数据。单击【监听】按钮，能正确识别连接，同时按钮上的文字变为“已监听”。

四、信息采集

（1）采集所有传感器的信息并在界面上显示。将数据采集界面截屏并以“数据采集图

a.png”名字保存至“虚拟机桌面\QT 工程×××”文件夹中。

（2）单击“图表”按钮，绘制光照值的折线图，如图 A-12 所示。要求：当最大值超过 250 时，Y 轴刻度随之变化为合适的刻度，即 Y 轴刻度随光照值中的最大值的变化而变化，限定最大值不超过 2000。

（3）系统日志：将单控操作的时间和动作记录到系统日志中，在需要读取时，只要选中【读取日志】复选框，便可读取日志，而需读取的内容是：时间+单控动作，如图 A-13 所示，单击【返回】按钮，便可返回到如图 A-11 所示界面。

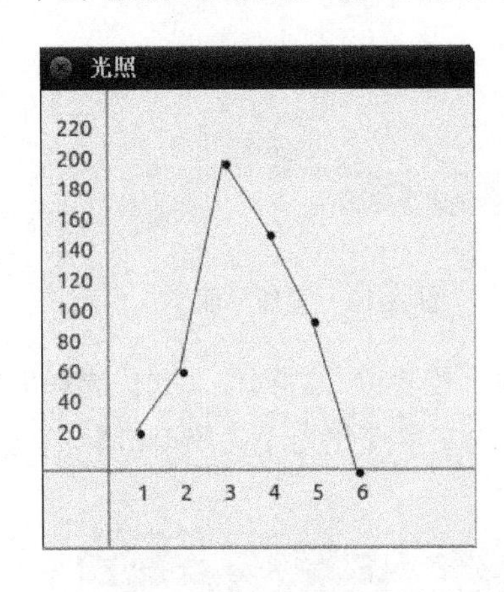

图 A-12　光照折线图

图 A-13　读取日志

五、控制功能实现

（1）单击界面左上的灯图片（见图 A-11），打开样板间的一个射灯，同时图片上的灯变为亮效果，再次单击该图片，关灯，图片变为图 A-11 中的效果；单击左下的灯图片，打开样板间另外一个射灯，同时图片上的灯变为亮效果，再次单击该图片，关闭灯，图片变为图 A-11 中的效果。要求界面、样板间器件实现同步变化。

（2）单击图 A-11 中的电视机，打开样板间的电视机，再次单击该图片，关闭样板间的电视机。

（3）单击图 A-11 中的空调，打开样板间的空调，再次单击该图片，关闭样板间内的空调。

（4）单击图 A-11 中的窗帘，打开样板间的窗帘，同时图上的窗帘变为打开状态，再次单击该窗帘，关闭样板间内的窗帘，图 A-11 上的窗帘变为关闭状态。

（5）单击图 A-11 中的，打开样板间内的 DVD，再次单击 DVD，关闭样板间的 DVD。

（6）离家模式控制：关闭报警灯和射灯。

（7）夜间模式控制：打开射灯。当温度高于 28℃时打开换气扇，否则关闭换气扇。

（8）白天模式控制：关闭射灯。当光照度小于 80Lux 时打开窗帘，否则关闭窗帘。

（9）安防模式控制：关门，关闭射灯、换气扇；当人体红外感应到人时，打开报警灯。

（10）在监测对象选取光照或烟雾传感器时，监测出最大值后显示该传感器的历史最大值。

注意：完成真实器件动作的同时，更新相应功能按钮在界面对应区域中的显示状态。

六、网关移植

要求：将实现的智能家居模拟应用制作成镜像，用USB方式（使用【MiniTools】软件）将镜像移植到网关上，并能够正常运行。

第三部分　智能家居应用软件配置

任务实施

此部分要求完成设备连接、上机位UI设计、实现界面逻辑流程与软件逻辑流程。

一、设备连接

将服务器和嵌入式移动教学套件箱正确连接。

二、上位机开发界面设计

参赛者使用Eclipse开发完成智能家居安卓客户端软件软件界面参照以下截图，所有素材存放在“桌面\竞赛材料”文件夹中。

保存方法：将整个安卓工程保存到“桌面\安卓工程×××”文件夹中（其中×××代表3位的工位号，下同）。

三、功能模块实现要求

（1）进入系统后，首先进入的是“加载界面”，如图A-14所示，界面顶部为1个TextView，其文本显示为“欢迎进入智能世界！”，文本大小为30sp，颜色为红色，持续处于跑马灯的效果。界面中部为1个TextView，其文本显示为“正在加载，请稍后…”，文本大小为30sp，颜色为白色，而文本后的“.”初始时为1个，1s后为2个，2s后为3个，3s恢复为1个，如此反复。同时在大约9s内右下角TextView的文本“Loading”后面的百分比从“0%”逐渐变为“99%”，文本大小为20sp，颜色为白色。随后进入登录界面，如图A-15所示。登录界面要求记住并加载上次登录的用户名和密码，端口号和IP地址要有正确的默认值。

（2）单击【注册】按钮，进入注册界面，如图A-16所示。在注册界面中，单击【关闭】按钮退出该界面。注册时要求用户名不能为空否则Toast提示“用户名不能为空”，密码长度不少于6位，否则Toast提示“密码长度不足6位”，密码必须包含非字母数字，否则Toast提示“密码格式有误”。按照要求输入正确的账号、密码及确认密码后，则Toast提示“用户注册成功”，同时将账号、密码插入到数据库中。当密码及确认密码不一致时Toast提示“验证密码不一致”，当注册成功后，再注册相同账号时Toast显示“用户已经存在”。

图 A-14　加载界面

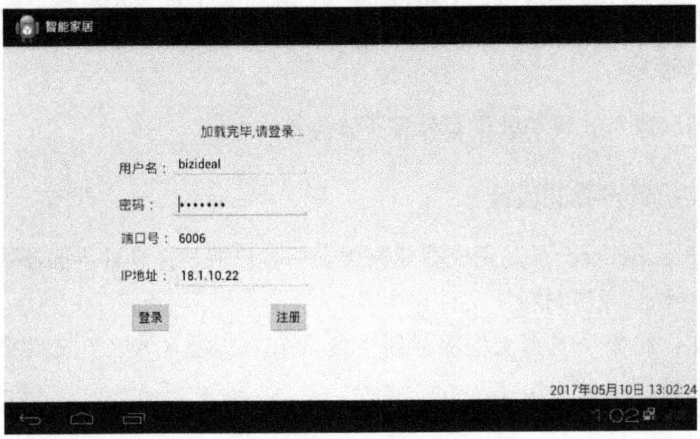

图 A-15　登录界面

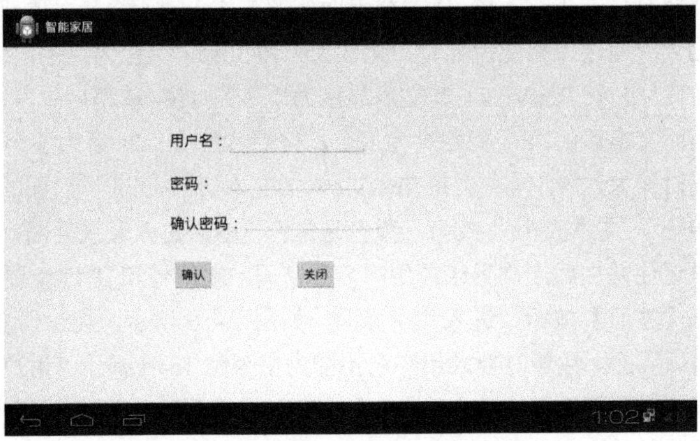

图 A-16　注册界面

（3）如图 A-15 所示，登录界面的右下角显示系统日期和时间并每秒实时更新（之后每个界面也拥有该功能）。界面中上部的 TextView 切换文本为“加载完毕，请登录…”，并且持续闪烁，频率为 1Hz。界面正中部位为 4 个 TextView 和 4 个 EditText，其中“IP 地址”和“端口号”应填服务器的 IP 地址和端口号，密码显示为“*”。当单击【登录】按钮时，用户名和密码正确与否用 Toast 提示，如果用户名和密码正确则进入选择界面，如图 A-17 所示，否则 Toast 提示“用户名或密码有误”。

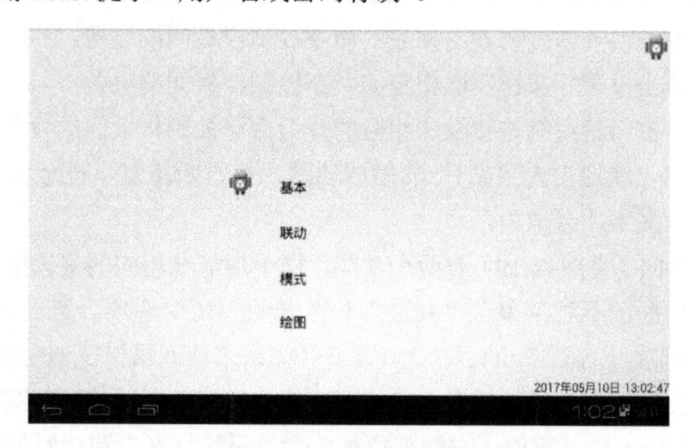

图 A-17　选择界面

（4）选择界面正中位置含四个 TextView，初始时，【基本】左侧有一个安卓机器人图片，如果此时单击其他 TextView，那么图片会出现在相应的 TextView 的左侧（同一时刻有且只有一个 TextView 左侧有图片）。当单击已有图片的那个 TextView 后，会进入对应界面。当进入相应界面后，若想返回选择界面时，只要单击该界面右上角的安卓机器人图片，即可返回“选择界面”（其余界面同样拥有该功能）。也可以左右滑动切换界面或者通过单击动作条上的选项进行切换。

（5）基本界面包含了所有简单功能，如图 A-18 所示，“采集参数”的各个 EditText 设置为不能获取焦点，收到的数据每 5s 会实时更新显示到这些 EditText 上。

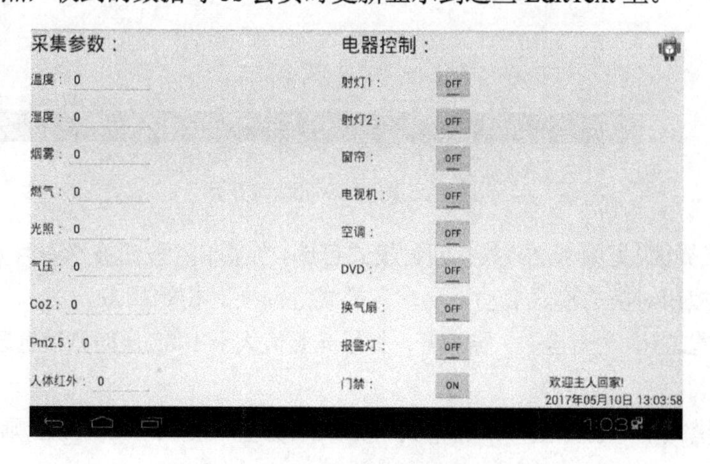

图 A-18　基本界面

- 完成单击射灯 1 按钮发送相应的命令控制样板间的设备，同步界面显示。
- 完成单击射灯 2 按钮发送相应的命令控制样板间的设备，同步界面显示。

- 完成单击窗帘按钮发送相应的命令控制样板间的设备。
- 完成单击电视机按钮发送相应的命令控制样板间的设备。
- 完成单击空调按钮发送相应的命令控制样板间的设备。
- 完成单击 DVD 按钮发送相应的命令控制样板间的设备。
- 完成单击换气扇按钮发送相应的命令控制样板间的设备。
- 完成单击报警灯按钮发送相应的命令控制样板间的设备。
- 完成单击门禁系统按钮发送相应的开门命令控制样板间的设备，此时在按钮右侧会出现“欢迎主人回家！”的缩放动画，且不断重复，直至再次单击门禁系统按钮后，文字才会消失。

（6）联动界面（见图 A-19）有两个功能，每个功能在相应的复选框打勾时生效。第一个功能“当”后面的下拉菜单含“温度”和“光照”两个选项，第二个下拉菜单含“>”和“<=”两个选项，右侧 EditText 应填数值（如果未填或填错在该功能打勾时应用 Toast 提示，并强制去掉勾选，下同）。第二个功能“当光照度”后面的下拉菜单含“>”和“<=”两个选项，EditText 应填数值，右侧下拉菜单含“报警灯开”和“射灯全开”两个选项。任意功能打勾且条件满足时设备做相应的动作，取消勾选或者不满足执行联动的条件时，关闭相应设备。

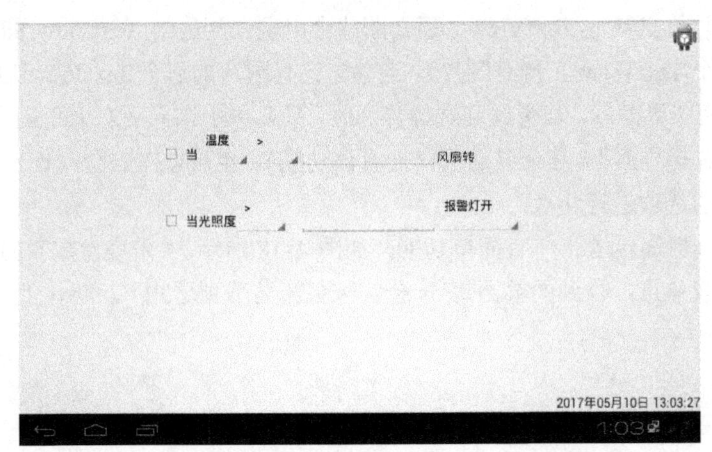

图 A-19　联动界面

（7）模式界面（见图 A-20）共有四种模式可选，当某单选按钮被选中且开关按钮为“ON”时，该单选按钮对应的模式启动。要求各模式之间要有初始状态。

①白天模式下，射灯全关，窗帘开，如果光照值大于 100Lux 时则换气扇开，否则关闭换气扇；

②夜晚模式下，射灯全开，窗帘关，如果烟雾值浓度大于 230ppm 则换气扇开，否则关闭换气扇；

③歌舞模式下，换气扇开，两射灯以每 5s 切换射灯的开与关状态；

④防盗模式下，如果人体红外感应出有人，则报警灯开，射灯全开。如果此时开关按钮置为“OFF”则报警灯关。其余模式下开关按钮置为“OFF”时保持所有设备现状。

图 A-20　模式界面

（8）图表界面（见图 A-21），单击选中开关按钮，使其开关状态置为“ON”，绘制采集到的传感器信息的柱状图（颜色值从左到右依次为"#2cbae7"，"#ffa500"，"#ff5b3b"，"#9fa0a4"，"#6a71e5"，"#f83f5d"，"#64a300"，"#64ef85"，"#ffa500"）和表格，并实时更新。如果将开关按钮置为“OFF”，柱状图和表格内容保持不变。

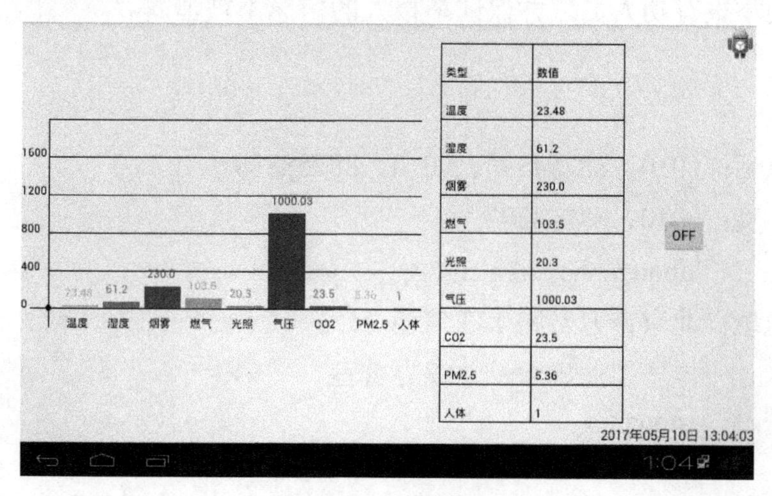

图 A-21　图表界面

反侵权盗版声明

举报电话：（010）88254396；（010）88258888

传　　真：（010）88254397

E-mail:　　dbqq@phei.com.cn

通信地址：北京市万寿路 173 信箱

　　　　　电子工业出版社总编办公室

邮　　编：100036